清华社"视频大讲堂"大系

CAD/CAM/CAE技术视频大讲堂

基于 BIM 的
Revit Structure 2022
建筑结构设计从入门到精通

CAD/CAM/CAE 技术联盟　编著

清华大学出版社

北　京

内 容 简 介

本书重点介绍了 Revit 2022 在建筑结构设计中的应用方法与技巧。全书共 11 章，主要包括 Revit 2022 简介、绘图和辅助工具、布局、基础、结构柱、梁、结构楼板、墙和楼梯、结构配筋、结构分析模型以及出图相关内容。全书内容由浅入深，从易到难，图文并茂，语言简洁，思路清晰。书中知识点配有视频讲解，以加深读者的理解，帮助读者进一步巩固并综合运用所学知识。

本书适合建筑工程设计入门级读者学习使用，也适合有一定基础的读者参考使用，还可用作职业培训、职业教育的教材。

另外，本书还配备了极为丰富的学习资源，具体内容如下。

（1）67 集高清同步微课视频，可像看电影一样轻松学习，然后对照书中实例进行练习。

（2）全书实例的源文件和素材，方便按照书中实例操作时直接调用。

（3）《中国市政设计行业 BIM 实施指南（2015 版）》电子书，方便随时查阅。

（4）"1+X" BIM 职业技能等级考试真题，可快速提升技能。

（5）中国图学学会 BIM 技能等级考试一、二、三级真题，会做才是硬道理。

图书在版编目（CIP）数据

基于 BIM 的 Revit Structure 2022 建筑结构设计从入门到精通/CAD/CAM/CAE 技术联盟编著. —北京：清华大学出版社，2023.3

（清华社"视频大讲堂"大系．CAD/CAM/CAE 技术视频大讲堂）

ISBN 978-7-302-63095-1

Ⅰ. ①基... Ⅱ. ①C... Ⅲ. ①建筑设计—计算机辅助设计—应用软件 Ⅳ. ①TU201.4

中国国家版本馆 CIP 数据核字（2023）第 047592 号

责任编辑：贾小红
封面设计：鑫途文化
版式设计：文森时代
责任校对：马军令
责任印制：朱雨萌

出版发行：清华大学出版社
  网 址：http://www.tup.com.cn，http://www.wqbook.com
  地 址：北京清华大学学研大厦 A 座   邮 编：100084
  社 总 机：010-83470000   邮 购：010-62786544
  投稿与读者服务：010-62776969，c-service@tup.tsinghua.edu.cn
  质量反馈：010-62772015，zhiliang@tup.tsinghua.edu.cn
印 装 者：北京鑫海金澳胶印有限公司
经 销：全国新华书店
开 本：203mm×260mm 印 张：21.75 字 数：612 千字
版 次：2023 年 5 月第 1 版 印 次：2023 年 5 月第 1 次印刷
定 价：99.80 元

产品编号：097531-01

前 言
Preface

　　建筑结构系统是建筑学对各种结构形式的称谓，一般而言还包含这些结构形式涵盖或衍生的行为。建筑结构系统是建筑设计得以实现的基础和前提，是建筑产品得以存在的先决条件。结构设计不仅要注意安全性，还要关注经济合理性，而后者恰恰是投资方比较重视的一点，因此结构设计必须经过若干方案的计算比较，其结构计算量几乎占结构设计总工作量的一半。

　　Autodesk Revit Structure 软件是专为结构工程公司定制的建筑信息模型（building information model，简称 BIM）解决方案，拥有用于结构设计与分析的强大工具。Revit Structure 将多材质的物理模型与独立、可编辑的分析模型进行了集成，可实现高效的结构分析，并为常用的结构分析软件提供了双向链接。

一、编写目的

　　鉴于 Autodesk Revit Structure 强大的功能和深厚的工程应用底蕴，我们力图开发一种全方位介绍 Autodesk Revit Structure 在建筑结构工程中实际应用的书籍。我们不求将 Autodesk Revit Structure 知识点全面讲解清楚，而是针对建筑结构工程设计的需要，利用 Autodesk Revit Structure 大体知识脉络作为线索，以实例作为"抓手"，帮助读者掌握利用 Autodesk Revit Structure 进行建筑结构工程设计的基本技能。

二、本书特点

　　☑　**专业性强**

　　本书作者拥有多年计算机辅助设计领域的工作和教学经验，他们总结设计经验以及教学中的心得体会，历时多年精心编著本书，力求全面、细致地展现 Revit Structure 2022 在建筑工程设计应用领域的各种功能和使用方法。在具体讲解的过程中，严格遵守工程设计相关规范和国家标准，并将这种一丝不苟的作风融入字里行间，目的是培养读者严谨细致的工程素养，传播规范的工程设计理论与应用知识。

　　☑　**实例丰富**

　　全书包含不同类型的实例，可让读者在学习案例的过程中快速了解 Revit Structure 2022 的用途，并加强对知识点的掌握，同时通过实例的演练帮助读者更好地学习 Revit Structure 2022。

　　☑　**涵盖面广**

　　本书在有限的篇幅内，包罗了对 Revit Structure 2022 几乎全部常用功能的讲解，涵盖了 Revit 2022 简介、绘图和辅助工具、布局、基础、结构柱、梁、结构楼板、墙和楼梯、结构配筋、结构分析模型

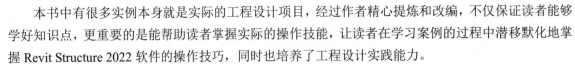

以及出图等知识。

　　☑　**突出技能提升**

　　本书中有很多实例本身就是实际的工程设计项目，经过作者精心提炼和改编，不仅保证读者能够学好知识点，更重要的是能帮助读者掌握实际的操作技能，让读者在学习案例的过程中潜移默化地掌握 Revit Structure 2022 软件的操作技巧，同时也培养了工程设计实践能力。

三、本书的配套资源

　　本书提供了极为丰富的学习配套资源，读者可扫描封底的"文泉云盘"二维码获取下载方式，以便在最短的时间内学会并掌握这门技术。

　　☑　**配套教学视频**

　　针对本书实例专门制作了 67 集同步教学视频，读者可以扫描书中的二维码观看视频，像看电影一样轻松愉悦地学习本书内容，然后再对照课本加以实践和练习，可以大大提高学习效率。

　　☑　**全书实例的源文件和素材**

　　本书配套资源中包含实例的源文件和素材，读者可以在安装软件后，打开并使用它们。

　　☑　**实施指南电子书和等级考试真题**

　　超值赠送《中国市政设计行业 BIM 实施指南（2015 版）》电子书和"1+X"BIM 职业技能等级考试真题，以及中国图学学会 BIM 技能等级考试一、二、三级真题，以便读者快速提升实战技能。

四、关于本书的服务

　　☑　**"Autodesk Revit Structure 2022"软件的获取**

　　按照本书的实例进行操作练习，以及使用"Autodesk Revit Structure 2022"进行绘图，需要事先在计算机上安装软件。读者可以登录其官方网站联系购买正版软件，或者使用其试用版。

　　☑　**关于本书的技术问题或有关本书信息的发布**

　　读者遇到有关本书的技术问题，可以扫描封底"文泉云盘"二维码查看是否已发布相关勘误/解疑文档。如果没有，可在页码下方寻找加入学习群的方式，联系我们，我们将尽快回复。

　　☑　**关于手机在线学习**

　　扫描封底刮刮卡（需刮开涂层）二维码，即可获取书中二维码的读取权限，再扫描书中二维码，就可以在手机中观看对应的教学视频，充分利用碎片化时间，随时随地学习。需要强调的是，书中给出的只是实例的重点步骤，实例的详细操作过程还需要通过观看视频来仔细领会。

五、关于作者

　　本书由 CAD/CAM/CAE 技术联盟组织编写。CAD/CAM/CAE 技术联盟是一个集 CAD/CAM/CAE 技术研讨、工程开发、培训咨询和图书创作于一体的工程技术人员协作联盟，包含众多专职和兼职 CAD/CAM/CAE 工程技术专家。

　　CAD/CAM/CAE 技术联盟负责人由 Autodesk 中国认证考试中心首席专家担任，全面负责 Autodesk

中国官方认证考试大纲制定、题库建设、技术咨询和师资力量培训工作，成员精通 Autodesk 系列软件。其编写的很多教材已成为国内具有引导性的旗帜作品，在国内相关专业方向图书创作领域具有举足轻重的地位。

六、致谢

在本书的写作过程中，编辑贾小红和艾子琪女士给予了很大的帮助和支持，提出了很多中肯的建议，在此表示感谢。同时，还要感谢清华大学出版社的所有编审人员为本书的出版所付出的辛勤劳动。本书的成功出版是大家共同努力的结果，谢谢所有给予支持和帮助的人。

编　者

目 录

Contents

Revit 2022 简介

 知识导引

  Revit 作为一款专为建筑行业 BIM 而构建的软件，帮助了许多专业的设计和施工人员使用协调一致的基于模型的新办公方式与流程，将设计创意从最初的概念变为现实的构造。

- ⊙ 结构设计要点
- ⊙ Revit 2022 界面
- ⊙ 环境设置
- ⊙ Autodesk Revit Structure 概述
- ⊙ 文件管理

🖉 任务驱动&项目案例

1.1　结构设计要点

建筑结构系统是建筑学对各种结构形式的称谓，一般而言还包含这些结构形式涵盖或衍生的行为。结构系统在建筑领域的功能，是不同于土木工程或机械工程等领域的，因为建筑有其艺术意义，所以需以建筑美学为出发点，结构系统是辅助达成美学目的的元素，同时兼具力学功用；但亦有许多出色的建筑案例，是由于力学原理的和谐性，进而导引出建筑设计的概念；所以结合美学与力学为建筑与结构的共同目标。建筑结构系统是建筑设计得以实现的基础和前提，是建筑产品得以存在的先决条件。但是，其表现形式往往淡出人们的视线。因为其功能单一、思维简单是人们的普遍看法，而真正具体实施，则需要很深厚的专业技术基础。

对于一个建筑物的设计，首先要进行建筑方案设计，其次才能进行结构设计。结构设计不仅要注意安全性，还要同时关注经济合理性，而后者恰恰是投资方看得见摸得着的，因此结构设计必须经过若干方案的计算比较，其结构计算量

几乎占结构设计总工作量的一半。

1.1.1　结构设计的基本过程

为了更加有效地做好建筑结构设计工作，要遵循以下步骤进行。

（1）在建筑方案设计阶段，结构专业人员应该关注并适时介入，给建筑专业设计人员提供必要的合理化建议，积极主动地改变被动接受不合理建筑方案的局面，只要结构设计人员摆正心态，尽心为完成更完美的建筑创作出主意、想办法，建筑师也会认同的。

（2）建筑方案设计阶段的结构配合，应选派有丰富结构设计经验的设计人员参与，及时给予指点和提醒，避免不合理的建筑方案直接面对投资方。如果建筑方案新颖且可行，只是造价偏高，那么就需要结构专业提前进行必要的草算，做出大概的造价分析以提供建筑专业和投资方参考。

（3）建筑方案一旦确定，结构专业应及时配备人力，对已确定的建筑方案进行结构多方案比较，其中包括竖向及抗侧力体系、楼屋面结构体系以及地基基础的选型等，通过结构专业参与人员的广泛讨论，选择既安全可靠又经济合理的结构方案作为实施方案，必要时应对建筑专业及投资方作全面的汇报。

（4）结构方案确定后，作为结构工种（专业）负责人，应及时起草工程结构设计统一技术条件，其中包括工程概况、设计依据、自然条件、荷载取值及地震作用参数、结构选型、基础选型、所采用的结构分析软件及版本、计算参数取值以及特殊结构处理等，以此作为结构设计人员共同遵守的设计条件，提升协调性和统一性。

（5）加强设计人员的协调和组织，每个设计人员都有其优势和劣势，作为结构工种负责人，应透彻掌握每个设计人员的素质情况，在责任与分工上要以能调动大家的积极性和主动性为前提，充分发挥每个设计人员的智慧和能力，集思广益。设计中的难点问题的提出与解决应经大家讨论，群策群力，共同进步。

（6）为了在有限的设计周期内完成繁重的结构设计工作任务，应注意合理安排时间，结构分析与制图最好同步进行，以便及时发现和解决问题，同时可以为其他专业提供资料提前做好准备。在结

构布置被作为资料提交各专业前，结构工种负责人应进行全面校审，以免给其他专业造成误解和返工。

（7）基础设计在初步设计期间应尽量考虑完善，以满足提前出图要求。

（8）计算与制图的校审工作应尽量提前介入，尤其对计算参数和结构布置草图等，一定经校审后再实施计算和制图工作，只有保证设计前提的正确，才能使后续工作顺利有效地进行，同时避免带来本专业内的不必要返工。

（9）校审系统的建立与实施也是保证设计质量的重要措施，结构计算和图纸的最终成果必须至少由三个不同设计人员经手，即设计人、校对人和审核人，而每个不同职能的设计人员都应有相应的资质和水平要求。校审记录应有设计人、校审人和修改人签字并注明修改意见，校审记录随设计成果资料归档备查。

（10）建筑结构设计过程中难免存在某个单项的设计分包情况，对此应格外慎重对待。首先要求承担分包任务的设计方必须具有相应的设计资质、设计水平和资源，签订单项分包协议，明确分包任务，提出问题和成果要求，明确责任分工以及设计费用和支付方法等，以免造成设计混乱，出现问题后责任不清。

1.1.2　结构设计中需要注意的问题

在对结构进行整体分析后，也要对构件进行验算，验算要根据承载能力极限状态及正常使用极限状态的要求，分别按下列规定进行计算和验算。

（1）承载力及稳定：所有结构构件均应进行承载力（包括失稳）计算；对于混凝土结构失稳的问题不是很严重，尤其是对于钢结构构件，必须进行失稳验算。必要时尚应进行结构的倾覆、滑移及漂浮验算；有抗震设防要求的结构尚应进行结构构件抗震的承载力验算。

（2）疲劳：直接承受吊车的构件应进行疲劳验算；但直接承受安装或检修用吊车的构件，根据使用情况和设计经验可不作疲劳验算。

（3）变形：对使用上需要控制变形值的结构构件，应进行变形验算。例如，预应力游泳池变形过大会导致荷载分布不均匀，荷载不均匀会导致超载，严重的会造成结构的破坏。

（4）抗裂和裂缝宽度：对使用上要求不出现裂缝的构件，应进行混凝土拉应力验算；对使用上允许出现裂缝的构件，应进行裂缝宽度验算；对叠合式受弯构件，尚应进行纵向钢筋拉应力验算。

（5）其他：结构及结构构件的承载力（包括失稳）计算和倾覆、滑移及漂浮验算，均应采用荷载设计值；疲劳、变形、抗裂及裂缝宽度验算，均应采用相应的荷载代表值；直接承受吊车的结构构件，在计算承载力及验算疲劳、抗裂时，应考虑吊车荷载的动力系数。

预制构件尚应按制作、运输及安装时相应的荷载值进行施工阶段验算。预制构件吊装的验算，应将构件自重乘以动力系数，动力系数可以取 1.5，并可根据构件吊装时的受力情况适当增减。

对现浇结构，必要时应进行施工阶段的验算。结构应具有整体稳定性，结构的局部被破坏不应导致大范围倒塌。

1.2　Autodesk Revit Structure 概述

Autodesk Revit Structure 软件是专为结构工程公司定制的建筑信息模型（BIM）解决方案，拥有用于结构设计与分析的强大工具。Revit Structure 将多材质的物理模型与独立、可编辑的分析模型进行了集成，可实现高效的结构分析，并为常用的结构分析软件提供了双向链接。它可以帮助用户在施工前对建筑结构进行更精确的可视化，从而在设计阶段早期制定更加明智的决策。Revit Structure 为用户提供了 BIM 所拥有的优势，可帮助用户提高编制结构设计文档的多专业协调能力，最大限度地减少错误，并能够加强工程团队与建筑团队之间的合作。

用于 BIM 的 Revit Structure 平台式建筑设计和文档系统，它支持建筑项目所需的设计、图纸以及明细表。BIM 提供了用户需要的有关项目设计、范围、数量和阶段等信息。

在 Revit Structure 模型中，所有的图纸、二维视图和三维视图以及明细表都是同一个基本建筑模型数据库的信息表现形式。在图纸视图和明细表视图中操作时，Revit Structure 将收集有关建筑项目的信息，并在项目的其他所有表现形式中协调该信息。Revit Structure 参数化修改引擎可自动协调在任何位置（模型视图、图纸、明细表、剖面和平面中）进行的修改。

在项目中，Revit Structure 使用如下 3 种类型的图元。

（1）模型图元：表示建筑的实际三维几何图形。它们显示在模型的相关视图中。例如，结构墙、楼板、坡道和屋顶都是模型图元。模型图元有两种类型。

☑　主体：通常在构造场地在位构建。例如，结构墙和屋顶都是主体。

☑　模型构件：是结构模型中其他所有类型的图元。例如，梁、结构柱和三维钢筋都是模型构件。

（2）基准图元：可帮助定义项目上下文。例如，轴网、标高和参照平面都是基准图元。

（3）视图专有图元：指示显示在放置这些图元的视图中。它们有助于描述和示范模型。例如，尺寸标注、标记和二维详图构件都是视图专有图元。视图专有图元有两种类型。

☑　注释图元：是对模型进行归档并在图纸上保持比例的二维构件。例如，尺寸标注、标记和符号都是注释图元。

☑　详图：是在特定视图中提供有关结构模型详细信息的二维项，如详图线、填充区域和二维详图构件。

在 Revit Structure 中，图元通常根据其在结构中的位置来确定自己的行为。上下文是由构件的位置方式，以及该构件与其他构件之间建立的约束关系确定的。通常，要建立这些关系，无须执行任何操作，用户执行的设计操作和绘制方式已包含了这些关系。在其他情况下，可以显示控制这些关系。例如，通过锁定尺寸标注或对齐两面墙。

1.3　Revit 2022 界面

Revit 是一款功能强大的适用于 Microsoft Windows 操作系统的 CAD 产品。其界面与其他适用于 Windows 的产品的界面类似，都具备一个功能区，其中包含用于完成任务的工具。

Revit 界面中的许多构件（如墙、梁和柱）在单击某一按钮时即处于可用状态，可将这些构件拖放到图纸中，因此可确定这些构件是否满足设计要求。

双击桌面上的 Revit 2022 图标 R，进入如图 1-1 所示的 Autodesk Revit 2022 主页，新建一个结构项目文件或打开结构文件，进入 Revit 2022 绘图界面，如图 1-2 所示。单击"主视图"按钮 ⬓，可以在主页和绘图界面之间切换。

图 1-1 Revit 2022 主页

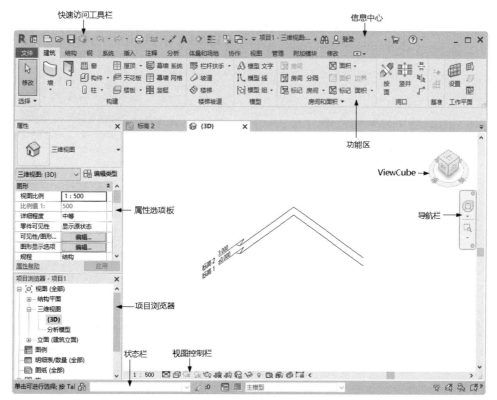

图 1-2 Revit 2022 结构绘图界面

Revit 界面旨在简化工作流程。通过几次单击便可修改界面，以提供更好的、适合用户的使用方式。例如，用户可以将功能区设置为三种显示设置之一，以便使界面使用达到最佳效果。还可以同时显示若干个项目视图，或按层次放置视图，以仅看到最上面的视图。

1.3.1　文件程序菜单

文件程序菜单上提供了常用的文件操作，如"新建""打开"和"保存"等。还允许使用更高级的工具（如"导出"）来管理文件。单击"文件"打开程序菜单，如图 1-3 所示。"文件"程序菜单无法在功能区中移动。

要查看每个菜单的选择项，单击其右侧的箭头，打开下一级菜单，单击所需的项进行操作即可。也可以直接单击应用程序菜单中左侧的主要按钮来执行默认的操作。

1.3.2　快速访问工具栏

快速访问工具栏默认放置一些常用的工具按钮。

单击快速访问工具栏上的"自定义快速访问工具栏"按钮，打开如图 1-4 所示的下拉菜单，可以对该工具栏进行自定义，勾选命令可以在快速访问工具栏上显示该命令，取消勾选命令则在快速访问工具栏中隐藏该命令。

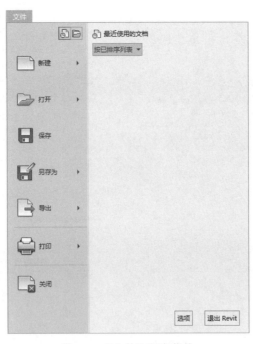

图 1-3　"文件"程序菜单　　　　　　　　　　　图 1-4　下拉菜单

在快速访问工具栏的某个工具按钮上单击鼠标右键，打开如图 1-5 所示的快捷菜单，选择"从快速访问工具栏中删除"命令，将删除选中工具按钮。选择"添加分隔符"命令，可以在工具的右侧添加分隔线。单击"在功能区下方显示快速访问工具栏"命令，快速访问工具栏可以显示在功能区的上方或下方。单击"自定义快速访问工具栏"命令，打开如图 1-6 所示的"自定义快速访问工具栏"对话框，可以对快速访问工具栏中的工具按钮进行排序、添加或删除分隔线操作。

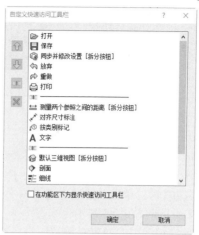

图 1-5　快捷菜单　　　　　图 1-6　"自定义快速访问工具栏"对话框

☑　上移⬆或下移⬇：在对话框的列表中选择命令，然后单击⬆（上移）或⬇（下移）可以将该工具移动到所需位置。

☑　添加分隔符≡：选择要显示在分隔线上方的工具，然后单击"添加分隔符"按钮，可以添加分隔线。

☑　删除✖：从工具栏中删除工具或分隔线。

在功能区上的任意工具按钮上单击鼠标右键，打开快捷菜单，然后单击"添加到快速访问工具栏"命令，即可将工具按钮添加到快速访问工具栏中。

🔊注意：上下文选项卡中的某些工具无法添加到快速访问工具栏中。

1.3.3　信息中心

如图 1-7 所示，信息中心工具栏包括一些常用的数据交互访问工具，可以访问许多与产品相关的信息源。

信息中心工具栏的选项说明如下。

图 1-7　信息中心

☑　搜索：在搜索框中输入要搜索信息的关键字，然后单击"搜索"按钮🔍，可以在联机帮助中快速查找信息。

☑　Autodesk Account：使用该工具可以登录 Autodesk Account 以访问与桌面软件集成的联机服务器。

☑　Autodesk App Store：单击此按钮，可以登录 Autodesk 官方的 App 网站下载不同系列软件的插件。

1.3.4　功能区

创建或打开文件时，功能区会显示系统提供创建项目或族所需的全部工具，如图 1-8 所示。调整窗口的大小时，功能区中的工具会根据可用的空间自动调整大小。每个选项卡都集成了相关的操作工具，方便了用户的使用。用户可以单击功能区选项后面的🔽按钮控制功能的展开与收缩。

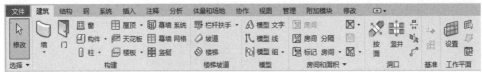

图 1-8　功能区

功能区包含功能区选项卡、功能区子选项卡和面板等部分。其中，每个选项卡都将其命令工具细分为几个面板进行集中管理。而当选择某图元或者激活某命令时，系统将在功能区主选项卡后添加相应的子选项卡，且该子选项卡中列出了和该图元或命令相关的所有子命令工具，用户不必再在下拉菜单中逐级查找子命令。

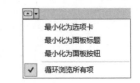

图 1-9　下拉菜单

☑　修改功能区：单击功能区选项卡右侧的向右箭头，系统提供了功能区的显示方式："最小化为选项卡""最小化为面板标题""最小化为面板按钮""循环浏览所有项"，如图 1-9 所示。

☑　移动面板：面板可以在绘图区"浮动"，在面板上按住鼠标左键并拖动（见图 1-10），将其放置到绘图区域或桌面上即可。将鼠标放到浮动面板的右上角位置，会显示"将面板返回到功能区"，如图 1-11 所示。单击此处，可使它变为"固定"面板。将鼠标移动到面板上以显示一个夹子，拖动该夹子到所需位置，可移动面板。

图 1-10　拖动面板　　　　　　　　　　图 1-11　固定面板

☑　展开面板：面板标题旁的箭头▼表示该面板可以展开，单击可以显示相关的工具和控件，如图 1-12 所示。默认情况下单击面板以外的区域时，展开的面板会自动关闭。单击图钉按钮，面板在其功能区选项卡显示期间将始终保持展开状态。

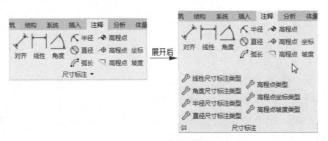

图 1-12　展开面板

☑　上下文功能区选项卡：使用某些工具或者选择图元时，上下文功能区选项卡中会显示与该工具或图元的上下文相关的工具，如图 1-13 所示。退出该工具或清除选择时，该选项卡将关闭。

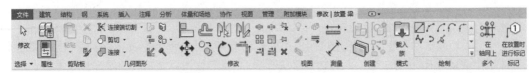

图 1-13　上下文功能区选项卡

1.3.5 属性选项板

"属性"选项板是一个无模式对话框，通过该对话框可以查看和修改用来定义图元属性的参数。

第一次启动 Revit 时，"属性"选项板处于打开状态并固定在绘图区域左侧"项目浏览器"的上方，如图 1-14 所示。

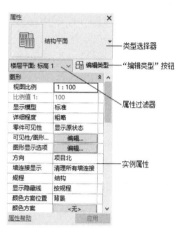

图 1-14 "属性"选项板

- ☑ 类型选择器：显示当前选择的族类型，并提供一个可以从中选择其他类型的下拉列表，如图 1-15 所示。
- ☑ 属性过滤器：该过滤器用来标识由工具放置的图元类别，或者标识绘图区域中所选图元的类别和数量。如果选择了多个类别或类型，则选项板上仅显示所有类别或类型所共有的实例属性。当选择了多个类别时，使用过滤器的下拉列表可以查看特定类别或视图本身的属性。
- ☑ "编辑类型"按钮：单击此按钮，打开相关的"类型属性"对话框，该对话框用来查看和修改选定图元或视图的类型属性，如图 1-16 所示。

图 1-15 类型选择器下拉列表

图 1-16 "类型属性"对话框

☑ 实例属性：在大多数情况下，"属性"选项板中既显示可由用户编辑的实例属性，又显示只读实例属性。当某属性的值由软件自动计算或赋值，或者取决于其他属性的设置时，该属性可能是只读属性，不可编辑。

1.3.6　项目浏览器

"项目浏览器"用于显示当前项目中所有视图、明细表、图纸、组和其他部分的逻辑层次。展开和折叠各分支时，将显示下一层项目，如图 1-17 所示。

☑ 打开视图：双击视图名称打开视图，也可以在视图名称上单击鼠标右键，打开如图 1-18 所示的快捷菜单，选择"打开"命令，打开视图。

☑ 打开放置了视图的图纸：在视图名称上单击鼠标右键，打开如图 1-18 所示的快捷菜单，选择"打开图纸"命令，打开放置了视图的图纸。如果快捷菜单中的"打开图纸"命令不可用，则要么视图未放置在图纸上，要么视图是明细表或可放置在多个图纸上的图例视图。

☑ 将视图添加到图纸中：将视图名称拖曳到图纸名称上或拖曳到绘图区域中的图纸上。

☑ 从图纸中删除视图：在图纸名称下的视图名称上单击鼠标右键，在打开的快捷菜单中单击"从图纸中删除"，删除视图。

☑ 单击"视图"选项卡"窗口"面板中的"用户界面"按钮▦，打开如图 1-19 所示的下拉列表，选中"项目浏览器"复选框。如果取消选中"项目浏览器"复选框或单击项目浏览器顶部的"关闭"按钮▣，则可以隐藏项目浏览器。

图 1-17　项目浏览器

图 1-18　快捷菜单

图 1-19　下拉列表

☑ 拖曳项目浏览器的边框可以调整项目浏览器的大小。

☑ 在 Revit 窗口中拖曳浏览器，移动光标时会显示一个轮廓，该轮廓指示浏览器将移动到的位置时松开鼠标，将浏览器放置到所需位置，还可以将项目浏览器从 Revit 窗口拖曳到桌面。

1.3.7　视图控制栏

视图控制栏位于视图窗口的底部、状态栏的上方，它可以快速访问影响当前视图的功能，如

图 1-20 所示，其中的选项说明如下。

☑ 比例：在图纸中用于表示对象的比例，可以为项目中的每个视图指定不同比例，也可以创建自定义视图比例。在比例上单击，打开如图 1-21 所示的比例列表，选择需要的比例；也可以单击"自定义"选项，打开"自定义比例"对话框，输入比率，如图 1-22 所示，单击"确定"按钮，即可完成自定义比例的设置。

图 1-20　视图控制栏

图 1-21　比例列表

图 1-22　"自定义比例"对话框

> **注意**：不能将自定义视图比例应用于该项目中的其他视图。

☑ 详细程度：可根据视图比例设置新建视图的详细程度，包括粗略、中等和精细三种程度。当在项目中创建新视图并设置其视图比例后，视图的详细程度将会自动根据表格中的排列进行设置。通过预定义详细程度，可以影响不同视图比例下同一几何图形的显示。

☑ 视觉样式：可以为项目视图指定许多不同的图形样式，如图 1-23 所示。

- 线框：显示绘制了所有边和线而未绘制表面的模型图像。视图显示线框视觉样式时，可以将材质应用于选定的图元类型。这些材质不会显示在线框视图中，但是表面填充图案仍会显示。

- 隐藏线：显示绘制了除被表面遮挡部分以外的所有边和线的图像。

图 1-23　视觉样式

- 着色：显示处于着色模式下的图像，而且具有显示间接光及其阴影的选项。

- 一致的颜色：显示所有表面都按照表面材质颜色设置进行着色的图像。该样式会保持一致的着色颜色，使材质始终以相同的颜色显示，而无论以何种方式将其定向到光源。

- 真实：可在模型视图中即时显示真实材质外观。旋转模型时，其表面会显示在各种照明条件下呈现的外观。

> **注意**："真实"视觉视图中不会显示人造灯光。

☑ 打开/关闭日光路径：控制日光路径的可见性。在一个视图中打开或关闭日光路径时，其他任何视图都不受影响。

☑ 打开/关闭阴影：控制阴影的可见性。在一个视图中打开或关闭阴影时，其他任何视图都不受影响。

☑ 显示/隐藏渲染对话框：单击此按钮，打开"渲染"对话框，可以定义输出设置、照明、背景和图像等选项的设置，如图 1-24 所示。

☑ 裁剪视图：定义了项目视图的边界。在所有图形项目视图中显示模型裁剪区域和注释裁剪区域。

☑ 显示/隐藏裁剪区域：可以根据需要显示或隐藏裁剪区域。在绘图区域中，选择裁剪区域，则会显示注释和模型裁剪。内部裁剪是模型裁剪，外部裁剪是注释裁剪。

☑ 解锁/锁定三维视图：锁定三维视图的方向，以在视图中标记图元并添加注释记号。包括保存方向并锁定视图、恢复方向并锁定视图和解锁视图三个选项。

   ● 保存方向并锁定视图：将视图锁定在当前方向。在该模式中无法动态观察模型。

   ● 恢复方向并锁定视图：将解锁的、旋转方向的视图恢复到其原来锁定的方向。

   ● 解锁视图：解锁当前方向，从而允许定位和动态观察三维视图。

☑ 临时隐藏/隔离："隐藏"工具可在视图中隐藏所选图元；"隔离"工具可在视图中显示所选图元并隐藏所有其他图元。

图 1-24 "渲染"对话框

☑ 显示隐藏的图元：临时查看被隐藏的图元或将其取消隐藏。

☑ 临时视图属性：包括启用临时视图属性、临时应用样板属性、最近使用的模板和恢复视图属性四种视图选项。

☑ 显示/隐藏分析模型：可以在任何视图中显示分析模型。

☑ 高亮显示位移集：单击此按钮，启用高亮显示模型中所有位移集的视图。

☑ 显示约束：在视图中临时查看尺寸标注和对齐约束，以解决或修改模型中的图元。"显示约束"绘图区域将显示一个彩色边框，以指示处于"显示约束"模式。所有约束都以彩色显示，而模型图元则以半色调（灰色）显示。

1.3.8 状态栏

状态栏位于 Revit 绘图界面的底部，如图 1-25 所示。状态栏会提供有关要执行的操作的提示。高亮显示图元或构件时，状态栏会显示族和类型的名称。

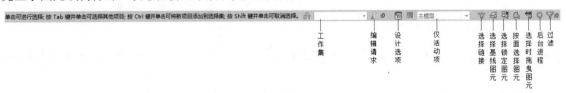

图 1-25 状态栏

状态栏中的各选项说明如下。

- ☑　工作集：显示处于活动状态的工作集。
- ☑　编辑请求：对于工作共享项目，表示未决的编辑请求数。
- ☑　设计选项：显示处于活动状态的设计选项。
- ☑　仅活动项：用于过滤所选内容，以便仅选择活动的设计选项构件。
- ☑　选择链接：可在已链接的文件中选择链接和单个图元。
- ☑　选择基线图元：可在底图中选择图元。
- ☑　选择锁定图元：可选择锁定的图元。
- ☑　按面选择图元：可通过单击某个面，以选中某个图元。
- ☑　选择时拖曳图元：不用先选择图元就可以通过拖曳操作移动图元。
- ☑　后台进程：显示在后台运行的进程列表。
- ☑　过滤：用于优化在视图中选定的图元类别。

1.3.9　ViewCube

ViewCube 默认在绘图区的右上方。通过 ViewCube 可以在标准视图和等轴测视图之间切换。

（1）单击 ViewCube 上的某个角，可以根据由模型的三个侧面定义的视口将模型的当前视图重定向到四分之三视图；单击其中一条边缘，可以根据模型的两个侧面将模型的视图重定向到二分之一视图；单击相应面，可以将视图切换到相应的主视图。

（2）如果在从某个面视图中查看模型时，ViewCube 处于活动状态，则四个正交三角形会显示在 ViewCube 附近。使用这些三角形可以切换到某个相邻的面视图。

（3）单击 ViewCube 中指南针的东、南、西、北字样，可以切换到东、南、西、北等方向视图，也可以拖动指南针旋转到任意方向视图。

（4）单击"主视图"图标⌂，不管视图目前是何种视图都会恢复到主视图方向。

（5）从某个面视图查看模型时，两个滚动箭头按钮会显示在 ViewCube 附近。单击图标，视图会以 90° 逆时针或顺时针进行旋转。

（6）单击"关联菜单"按钮，打开如图 1-26 所示的关联菜单。

关联菜单中的选项说明如下。

图 1-26　关联菜单

- ☑　转至主视图：恢复随模型一同保存的主视图。
- ☑　保存视图：使用唯一的名称保存当前的视图方向。此选项只允许在查看默认三维视图时使用唯一的名称保存三维视图。如果查看的是以前保存的正交三维视图或透视

（相机）三维视图，则视图仅以新方向保存，而且系统不会提示用户提供唯一名称。

- ☑　锁定到选择项：当视图方向随 ViewCube 发生更改时，使用选定对象可以定义视图的中心。
- ☑　透视/正交：在三维视图的平行和透视模式之间切换。
- ☑　将当前视图设置为主视图：根据当前视图定义模型的主视图。

☑ 将视图设定为前视图：在 ViewCube 上更改定义为前视图的方向，并将三维视图定向到该方向。

☑ 重置为前视图：将模型的前视图重置为其默认方向。

☑ 显示指南针：显示或隐藏围绕 ViewCube 的指南针。

☑ 定向到视图：将三维视图设置为项目中的任何平面、立面、剖面或三维视图的方向。

☑ 确定方向：将相机定向到北、南、东、西、东北、西北、东南、西南或顶部。

☑ 定向到一个平面：将视图定向到指定的平面。

1.3.10　导航栏

导航栏在绘图区域中沿当前模型的窗口的一侧显示，包括 SteeringWheels 和缩放工具，如图 1-27 所示。

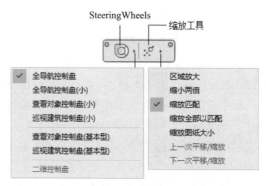

图 1-27　导航栏

1. SteeringWheels

控制盘的集合，通过这些控制盘，可以在专门的导航工具之间快速切换。每个控制盘都被分成不同的按钮，每个按钮都包含一个导航工具，用于重新定位模型的当前视图。其包含的几种形式如图 1-28 所示。

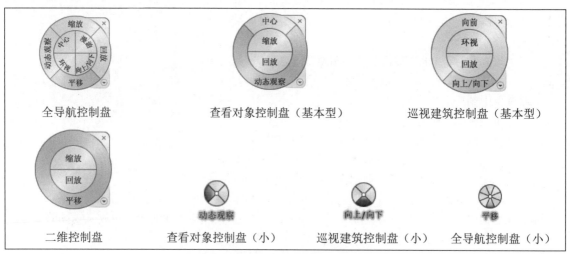

图 1-28　SteeringWheels

单击控制盘右下角的"显示控制盘菜单"按钮 ，打开如图 1-29 所示的控制盘菜单，菜单中包含了所有全导航控制盘的视图工具，单击"关闭控制盘"选项可以关闭控制盘，也可以单击控制盘上的"关闭"按钮 ，关闭控制盘。

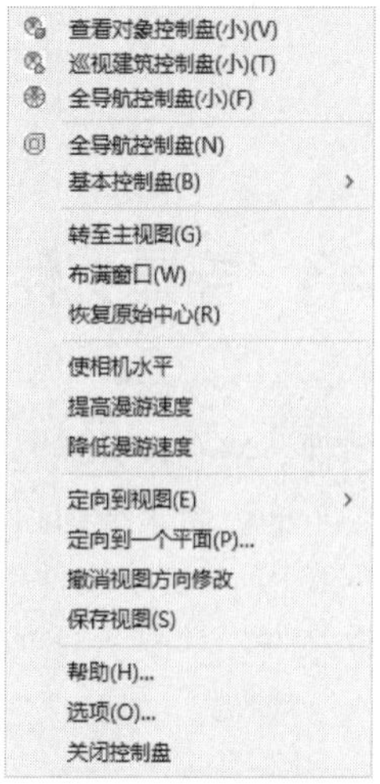

全导航控制盘中部分工具的含义如下。

☑ 平移：单击此按钮并按住鼠标左键不放，此时拖动鼠标即可平移视图。

☑ 缩放：单击此按钮并按住鼠标左键不放，系统将在光标位置放置一个绿色的球体，把当前光标位置作为缩放轴心。此时拖动鼠标即可缩放视图，且轴心会随着光标位置变化。

☑ 动态观察：单击此按钮并按住鼠标左键不放，且同时在模型的中心位置将显示绿色轴心球体。此时拖动鼠标即可围绕轴心点旋转模型。

☑ 回放：利用该工具可以从导航历史记录中检索以前的视图，并可以快速恢复到以前的视图，还可以滚动浏览所有保存的视图。单击"回放"按钮并按住鼠标左键不放，此时向左侧移动鼠标即可滚动浏览以前的导航历史记录。若要恢复到以前的视图，只要在该视图记录上松开鼠标左键即可。

图 1-29 控制盘菜单

☑ 中心：单击此按钮并按住鼠标左键不放，光标将变为一个球体，此时拖动鼠标到某构件模型上，松开鼠标放置球体，即可将该球体作为模型的中心位置。

☑ 环视：利用该工具可以沿垂直和水平方向旋转当前视图，且在旋转视图时，人的视线将围绕当前视点旋转。单击此按钮并按住鼠标左键不放。此时拖动鼠标，模型将围绕当前视图的位置旋转。

☑ 向上/向下：利用该工具可以沿模型的 Z 轴调整当前视点的高度。

2. 缩放工具

缩放工具包括区域放大、缩小两倍、缩放匹配、缩放全部以匹配和缩放图纸大小等工具，具体说明如下。

☑ 区域放大 ：放大所选区域内的对象。

☑ 缩小两倍 ：将视图窗口显示的内容缩小两倍。

☑ 缩放匹配 ：缩放以显示所有对象。

☑ 缩放全部已匹配 ：缩放已显示所有对象的最大范围。

☑ 缩放图纸大小 ：缩放已显示图纸内的所有对象。

☑ 上一次平移/缩放：显示上一次平移或缩放结果。

☑ 下一次平移/缩放：显示下一次平移或缩放结果。

1.3.11 绘图区域

Revit 窗口中的绘图区域显示当前项目的视图以及图纸和明细表，每次打开项目中的某一视图时，默认情况下此视图会显示在绘图区域中其他打开的视图的上面。其他视图仍处于打开的状态，但是这些视图在当前视图下面。

绘图区域的背景颜色默认为白色。

1.4 文 件 管 理

1.4.1 新建文件

单击"文件"→"新建"下拉按钮，打开"新建"菜单，如图 1-30 所示，用于创建项目文件、族文件、概念体量等。

下面以新建结构项目文件为例，介绍新建文件的步骤。

（1）单击"文件"→"新建"→"项目"命令，打开"新建项目"对话框，选择"结构样板"样板文件，如图 1-31 所示。

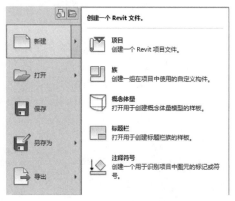

图 1-30   "新建"菜单　　　　　　　　　　　图 1-31   "新建项目"对话框

（2）也可以单击"浏览"按钮，打开如图 1-32 所示的"选择样板"对话框，选择需要的结构样板，单击"打开"按钮，打开样板文件。

图 1-32   "选择样板"对话框

> **注意：** 一般情况下，建筑专业选择"建筑样板"，结构专业选择"结构样板"。当项目中既有建筑又有结构，或者不是单一专业时，选择"构造样板"。

（3）选择"项目"选项，单击"确定"按钮，创建一个新项目文件。

📢 **注意：** 在 Revit 中，项目是整个建筑物设计的联合文件。建筑的所有标准视图、建筑设计图以及明细表都包含在项目文件中，只要修改模型，所有相关的视图、施工图和明细表都会随之自动更新。

1.4.2 打开文件

单击"文件"→"打开"下拉按钮，打开"打开"菜单，如图 1-33 所示，用于打开项目、族、IFC、样例文件等。

图 1-33 "打开"菜单

☑ 云模型：单击此命令，登录 Autodesk Account，选择要打开的云模型。

☑ 项目：单击此命令，打开"打开"对话框，在对话框中可以选择要打开的 Revit 项目文件和族文件，如图 1-34 所示。

图 1-34 在"打开"对话框中选择项目文件

● 核查：扫描、检测并修复模型中损坏的图元，此选项可能会大大增加打开模型所需的时间。

● 从中心分离：独立于中心模型而打开工作共享的本地模型。

● 新建本地文件：打开中心模型的本地副本。

☑ 族：单击此命令，打开"打开"对话框，可以打开软件自带族库中的族文件，或用户自己创建的族文件，如图 1-35 所示。

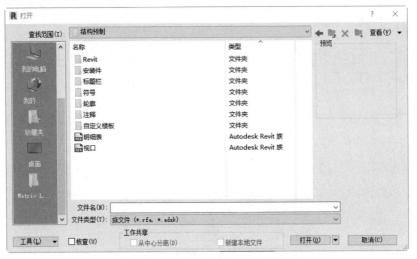

图 1-35　在"打开"对话框中选择族文件

☑ Revit 文件：单击此命令，可以打开 Revit 所支持格式的文件，如.rvt、.rfa、.adsk 和.rte 文件。

☑ 建筑构件：单击此命令，在"打开 ADSK 文件"对话框中选择要打开的 Autodesk 交换文件，如图 1-36 所示。

图 1-36　"打开 ADSK 文件"对话框

☑ IFC：单击此命令，在"打开 IFC 文件"对话框中可以打开 IFC 类型文件，如图 1-37 所示。IFC 文件格式含有模型的建筑物或设施，也包括空间的元素、材料和形状。IFC 文件通常用于 BIM 工业程序之间的交互。

图 1-37　"打开 IFC 文件"对话框

☑ IFC 选项：单击此命令，打开"导入 IFC 选项"对话框，在对话框中可以设置 IFC 类型名称对应的 Revit 类别，如图 1-38 所示。此命令只有在打开 Revit 文件的状态下才可以使用。

图 1-38　"导入 IFC 选项"对话框

☑ 样例文件：单击此命令，打开"打开"对话框，可以打开软件自带的样例项目文件和族文件，如图 1-39 所示。

图 1-39　在"打开"对话框中选择软件自带的文件

1.4.3 保存文件

单击"文件"→"保存"命令，可以保存当前项目、族文件、样板文件等。若文件已命名，则 Revit 自动保存。若文件未命名，则系统打开"另存为"对话框，如图 1-40 所示，用户可以命名并保存文件。在"保存于"下拉列表框中可以指定保存文件的路径；在"文件类型"下拉列表框中可以指定保存文件的类型。为了防止因意外操作或计算机系统故障导致正在绘制的图形文件丢失，可以对当前图形文件设置自动保存。

单击"选项"按钮，打开如图 1-41 所示的"文件保存选项"对话框，可以指定备份文件的最大数量以及与文件保存相关的其他设置。

图 1-40 "另存为"对话框

图 1-41 "文件保存选项"对话框

"文件保存选项"对话框中的选项说明如下。

☑ 最大备份数：指定最多备份文件的数量。默认情况下，非工作共享项目有 3 个备份，工作共享项目最多有 20 个备份。

☑ 保存后将此作为中心模型：将当前已启用工作集的文件设置为中心模型。

☑ 压缩文件：保存已启用工作集的文件时压缩文件的大小。在正常保存时，Revit 仅将新图元和经过修改的图元写入现有文件。这可能会导致文件变得非常大，但会加快保存的速度。压缩过程会将整个文件进行重写并删除旧的部分以节省空间。

☑ 打开默认工作集：设置中心模型在本地打开时所对应的工作集默认设置。从该列表中，可以将一个工作共享文件保存为始终以下列选项之一为默认设置："全部""可编辑""上次查看的"或者"指定"。用户修改该选项的唯一方式是选择"文件保存选项"对话框中的"保存后将此作为中心模型"，以重新保存新的中心模型。

☑ 缩略图预览：指定打开或保存项目时显示的预览图像。此选项的默认值为"活动视图/图纸"。Revit 只能从打开的视图创建预览图像。如果选中"如果视图/图纸不是最新的，则将重生成"复选框，则无论用户何时打开或保存项目，Revit 都会更新预览图像。

1.4.4 另存为文件

单击"文件"→"另存为"下拉按钮，打开"另存为"菜单，如图 1-42 所示，可以将文件保存为云模型、项目、族、样板和库 5 种类型文件。

图 1-42　"另存为"菜单

执行其中一种命令后打开"另存为"对话框，Revit 用另存名保存，并把当前图形更名。

1.4.5　导出文件

单击"文件"→"导出"下拉按钮，打开"导出"菜单，如图 1-43 所示，可以将项目文件导出为其他格式文件。

☑　CAD 格式：单击此命令，可以将 Revit 模型导出为 DWG、DXF、DGN、ACIS（SAT）4 种格式的文件，如图 1-44 所示。

图 1-43　"导出"菜单　　　　　　　　图 1-44　"CAD 格式"菜单

☑　PDF：单击此命令，打开"PDF 导出"对话框，将一个或多个视图或图纸导出为 PDF 格式，如图 1-45 所示。

☑　DWF/DWFx：单击此命令，打开"DWF 导出设置"对话框，可以设置需要导出的视图和模型的相关属性，如图 1-46 所示。

Note

图 1-45 "PDF 导出"对话框

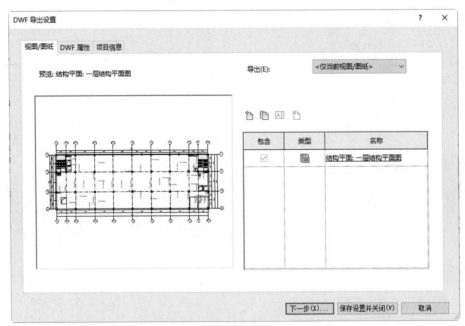

图 1-46 "DWF 导出设置"对话框

☑ FBX：单击此命令，打开"导出 3ds Max(FBX)"对话框，将三维模型保存为 FBX 格式供 3ds Max 使用，如图 1-47 所示。

☑ 族类型：单击此命令，打开"另存为"对话框，将族类型从当前族导出到文本文件。

☑ **gbXML**：单击此命令，打开"创建分析空间"对话框，将设计导出为建筑图元、房间/空间
图元、概念体量等，如图 1-48 所示。

图 1-47 "导出 3ds Max(FBX)"对话框

图 1-48 "创建分析空间"对话框

☑ **IFC**：单击此命令，打开"导出 IFC"对话框，将模型导出为 IFC 文件，如图 1-49 所示。

☑ **ODBC 数据库**：单击此命令，打开"选择数据源"对话框，将模型构件数据导出到 ODBC
数据库中，如图 1-50 所示。

图 1-49 "导出 IFC"对话框

图 1-50 "选择数据源"对话框

☑ **图像和动画**：单击此命令，打开下拉菜单，如图 1-51 所示。将项目文件中所制作的漫游、
日光研究以及图像以相对应的文件格式保存。

图 1-51 "图像和动画"下拉菜单

☑ **报告**：单击此命令，打开下拉菜单，如图 1-52 所示，将项目文件中的明细表和房间/面积报
告以相对应的文件格式保存。

Note

☑ 选项：单击此命令，打开下拉菜单，如图 1-53 所示，导出文件的参数设置。

图 1-52 "报告"下拉菜单

图 1-53 "选项"下拉菜单

1.5 环 境 设 置

"选项"对话框控制软件及其用户界面的各个方面。单击"文件"程序菜单中的"选项"按钮_{选项}，即可打开"选项"对话框，如图 1-54 所示。

图 1-54 "选项"对话框

1.5.1 "常规"设置

在"常规"选项卡中可以设置通知、用户名和日志文件清理参数。

1. "通知"选项组

Revit 不能自动保存文件，可以通过"通知"选项组设置用户建立项目文件或族文件保存文档的提醒时间。在"保存提醒间隔"下拉列表中选择保存提醒时间，设置保存提醒时间最少是 15 分钟。

2. "用户名"选项组

Revit 首次在工作站中运行时，使用 Windows 登录名作为默认用户名，在以后的设计中可以修改和保存用户名。如果需要使用其他用户名，以便在某个用户不可用时放弃该用户的图元，可以先注销 Autodesk 账户，然后在"用户名"字段中输入另一个用户的 Autodesk 用户名。

3．"日志文件清理"选项组

日志文件是记录 Revit 任务中每个步骤的文本文档。这些文件主要用于软件支持进程。要检测问题或重新创建丢失的步骤或文件时，可运行日志。设置要保留的日志文件数量以及要保留的天数后，系统会自动进行清理，并始终保留设定数量的日志文件，后面产生的新日志会自动覆盖前面的日志文件。

4．"工作共享更新频率"选项组

工作共享是一种设计方法，此方法允许多名团队成员同时处理同一项目模型，拖动对话框中的滑块可设置工作共享的更新频率。

5．"视图选项"选项组

对于不存在的默认视图样板，或存在视图样板但未指定视图规程的视图，可指定其默认规程，系统提供了 6 种视图样板，如图 1-55 所示。

图 1-55　视图样板

1.5.2　"用户界面"设置

"用户界面"选项卡用来设置用户界面，包括功能区的设置、活动主题、快捷键的设置和选项卡的切换等，如图 1-56 所示。

图 1-56　"用户界面"选项卡

1. "配置"选项组

☑ 工具和分析：可以通过选中或取消选中"工具和分析"列表框中的复选框，控制用户界面功能区中选项卡的显示和关闭。例如，取消选中"'建筑'选项卡和工具"复选框，单击"确定"按钮后，功能区中"建筑"选项卡不再显示，如图 1-57 所示。

原始

取消选中"'建筑'选项卡和工具"复选框

不显示"建筑"选项卡

图 1-57 选项卡的关闭

☑ 快捷键：用于设置命令的快捷键。单击"自定义"按钮，打开"快捷键"对话框，如图 1-58 所示。设置快捷键的方法：搜索要设置快捷键的命令或者在列表中选择要设置快捷键的命令，然后在"按新建"文本框中输入快捷键，单击"指定"按钮，添加快捷键。

图 1-58 "快捷键"对话框

☑ 双击选项：指定用于进入族、绘制的图元、部件、组等类型的编辑模式的双击动作。单击"自定义"按钮，打开如图 1-59 所示的"自定义双击设置"对话框，选择图元类型，然后在对应的双击栏中单击，右侧会出现下拉箭头，单击下拉箭头在打开的下拉列表中选择对应的双击操作，单击"确定"按钮，完成双击设置。

☑　工具提示助理：提供有关用户界面中某个工具或绘图区域中某个项目的信息，或者在工具使用过程中提供下一步操作的说明。将光标停留在功能区的某个工具之上时，默认情况下，Revit 会显示工具提示，提供该工具的简要说明。如果光标在该功能区工具上再停留片刻，则会显示附加的信息（如果有），如图 1-60 所示。系统提供了无、最小、标准和高 4 种类型。

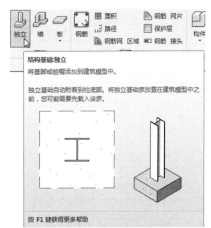

图 1-59　"自定义双击设置"对话框　　　　　　图 1-60　工具提示

- 无：关闭功能区工具提示和画布中工具提示，使它们不再显示。
- 最小：只显示简要的说明，而隐藏其他信息。
- 标准：为默认选项。当光标移动到工具上时，显示简要的说明，如果光标再停留片刻，则显示更多信息。
- 高：同时显示有关工具的简要说明和更多信息（如果有），没有时间延迟。

☑　在首页启用最近使用文件列表：在启动 Revit 时显示"最近使用的文件"页面。该页面列出了用户最近处理过的项目和族的列表，还提供对联机帮助和视频的访问。

2. "功能区选项卡切换"选项组

用来设置上下文选项卡在功能区中的行为。

☑　清除选择或退出后：项目环境或族编辑器中指定所需的行为。列表中包括"返回到上一个选项卡"和"停留在'修改'选项卡"选项。

- 返回到上一个选项卡：在取消选择图元或者退出工具之后，Revit 显示上一次出现的功能区选项卡。
- 停留在"修改"选项卡：在取消选择图元或者退出工具之后，仍保留在"修改"选项卡上。

☑　选择时显示上下文选项卡：选中此复选框，当激活某些工具或者编辑图元时会自动增加并切换到"修改|××"选项卡，如图 1-61 所示。其中包含一组只与该工具或图元的上下文相关的工具。

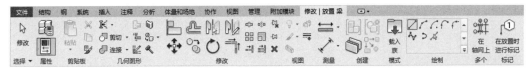

图 1-61　"修改|xx"选项卡

3. "视觉体验"选项组

☑ 活动主题：用于设置 Revit 用户界面的视觉效果，包括亮和暗两种，如图 1-62 所示。

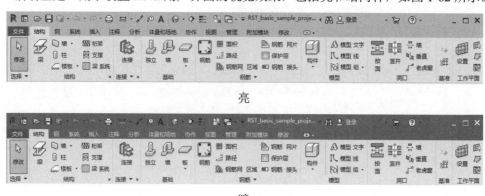

亮

暗

图 1-62　活动主题

☑ 使用硬件图形加速：通过使用可用的硬件，提高了渲染 Revit 用户界面时的性能。

1.5.3　"图形"设置

"图形"选项卡主要控制图形和文字在绘图区域中的显示，如图 1-63 所示。

图 1-63　"图形"选项卡

"图形"选项卡中的选项说明如下。

1. "视图导航性能"选项组

☑ 重绘期间允许导航：可以在二维或三维视图中导航模型（平移、缩放和动态观察视图），而无须在每一步等待软件完成图元绘制。软件会中断视图中模型图元的绘制，从而可以更快和更平滑地导航。在大型模型中导航视图时，使用该选项可以改进性能。

☑ 在视图导航期间简化显示：通过减少显示的细节量并暂停某些图形效果，提高了导航视图（平移、动态观察和缩放）时的性能。

2. "图形模式"选项组

选中"使用反走样平滑线条"复选框，提高视图中的线条质量，可使边显示得更平滑。在全局范围内应用此设置可以影响所有的视图，或根据需要将其应用于个别视图。

3. "颜色"选项组

☑ 背景：更改绘图区域中背景和图元的颜色。单击"颜色"按钮，打开如图 1-64 所示的"颜色"对话框，指定新的背景颜色。系统会自动根据背景颜色调整图元颜色，如较暗的背景颜色将导致图元显示为白色，如图 1-65 所示。

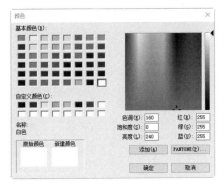

图 1-64 "颜色"对话框

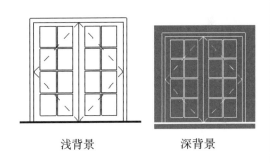

浅背景 深背景

图 1-65 背景颜色和图元颜色

☑ 选择：用于显示绘图区域中选定图元的颜色，如图 1-66 所示。单击颜色按钮可在"颜色"对话框中指定新的选择颜色。选中"半透明"复选框，可以查看选定图元下面的图元。

☑ 预先选择：设置在将光标移动到绘图区域中的图元时，用于显示高亮显示的图元的颜色，如图 1-67 所示。单击颜色按钮可在"颜色"对话框中指定高亮显示的颜色。

☑ 警告：设置在出现警告或错误时选择的用于显示图元的颜色，如图 1-68 所示。单击颜色按钮可在"颜色"对话框中指定新的警告颜色。

☑ 正在计算：设置用于显示后台计算中所涉及图元的颜色。单击颜色按钮可在"颜色"对话框中指定新的计算颜色。

图 1-66 选择图元颜色

图 1-67 高亮显示

图 1-68 警告颜色

4. "临时尺寸标注文字外观"选项组

☑ 大小：用于设置临时尺寸标注中文字的字体大小，如图 1-69 所示。

☑ 背景：用于指定临时尺寸标注中的文字背景为透明或不透明，如图 1-70 所示。

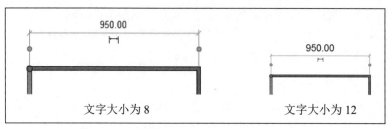

图 1-69 设置字体大小

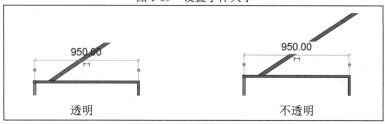

图 1-70 设置文字背景

第 2 章

绘图和辅助工具

 知识导引

　　Revit 提供了丰富的绘图工具, 如模型线的绘制以及图元的编辑等, 借助这些工具, 用户可轻松、方便、快捷地绘制图形。

　　在进行建模的时候, 还需要借助一些辅助工具, Revit 提供了丰富的辅助工具, 如尺寸标注、视图显示以及出图等, 借助这些工具, 用户可轻松、方便、快捷地创建模型。

- ⊙　模型线
- ⊙　尺寸标注
- ⊙　项目设置

- ⊙　通用修改图元工具
- ⊙　注释文字
- ⊙　视图和显示

 任务驱动&项目案例

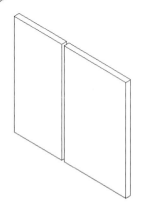

Note

视频讲解

2.1 模型线

模型线是基于工作平面的图元，存在于三维空间且在所有视图中可见。模型线可以绘制成直线或曲线，可以单独绘制、链状绘制，也可以以矩形、圆形、椭圆形或其他多边形的形状进行绘制。

单击"建筑"选项卡"模型"面板上的"模型线"按钮┗（快捷键：LI），打开"修改|放置线"选项卡，其中"绘制"面板和"线样式"面板中包含了所有用于绘制模型线的绘图工具与线样式设置，如图 2-1 所示。

图 2-1　"绘制"面板和
"线样式"面板

1. 直线

（1）单击"修改|放置线"选项卡"绘制"面板上的"直线"按钮☑，鼠标指针变成╋，并在功能区的下方显示选项栏，如图 2-2 所示。

图 2-2　选项栏

选项栏中的选项说明如下。

☑　放置平面：显示当前的工作平面，可以从列表中选择标高或拾取新工作平面为工作平面。

☑　链：选中此复选框，可以绘制连续线段。

☑　偏移：在文本框中输入偏移值，绘制的直线根据输入的偏移值自动偏移轨迹线。

☑　半径：选中此复选框，并输入半径值。绘制的直线之间会根据半径值自动生成圆角。要使用此选项，必须先选中"链"复选框绘制连续曲线才能绘制圆角。

（2）在图中适当位置单击以确定矩形的起点，拖动鼠标，动态显示直线的大小参数，如图 2-3 所示，再次单击以确定直线的终点。

（3）可以直接输入直线的参数，按 Enter 键确认即可，如图 2-4 所示。

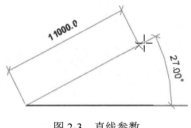
图 2-3　直线参数

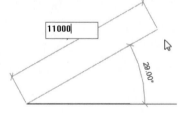
图 2-4　输入直线参数

2. 矩形

根据起点和角点绘制矩形。

（1）单击"修改|放置线"选项卡"绘制"面板上的"矩形"按钮▭，在图中适当位置单击以确定矩形的起点。

（2）拖动鼠标，动态显示矩形的大小，单击确定矩形的角点，也可以直接输入矩形的尺寸值。

（3）在选项栏中选中半径，输入半径值，绘制带圆角的矩形，如图 2-5 所示。

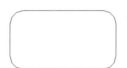

图 2-5　带圆角矩形

3. 多边形

1）内接多边形

对于内接多边形，圆的半径是圆心到多边形边之间顶点的距离。

（1）单击“修改|放置线”选项卡“绘制”面板上的“内接多边形”按钮，打开选项栏，如图 2-6 所示。

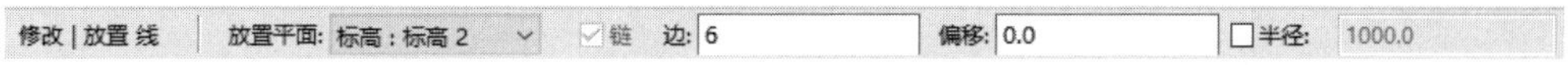
修改 | 放置 线
放置平面: 标高 : 标高 2
链
边: 6
偏移: 0.0
半径: 1000.0

图 2-6　多边形选项栏

（2）在选项栏中输入边数、偏移值以及半径参数。

（3）在绘图区域内单击以指定多边形的圆心。

（4）移动光标并单击确定圆心到多边形边之间顶点的距离，完成内接多边形的绘制。

2）外接多边形

绘制一个各边与中心相距某个特定距离的多边形。

（1）单击“修改|放置线”选项卡“绘制”面板上的“外接多边形”按钮，打开选项栏，如图 2-6 所示。

（2）在选项栏中输入边数、偏移值以及半径参数。

（3）在绘图区域内单击以指定多边形的圆心。

（4）移动光标并单击以确定圆心到多边形边的垂直距离，完成外接多边形的绘制。

4. 圆

通过指定圆形的中心点和半径来绘制圆形。

（1）单击“修改|放置线”选项卡“绘制”面板上的“圆”按钮，打开选项栏，如图 2-7 所示。

修改 | 放置 线
放置平面: 标高 : 标高 2
链
偏移: 0.0
半径: 1000.0

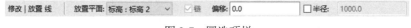

图 2-7　圆选项栏

（2）在绘图区域单击以确定圆的圆心。

（3）在选项栏中输入半径，仅需要单击一次就可以将圆形放置在绘图区域。

（4）如果在选项栏中没有确定半径，可以拖动鼠标调整圆的半径，再次单击以确认半径，完成圆的绘制。

5. 圆弧

Revit 提供了 4 种用于绘制弧的选项。

（1）起点-终点-半径弧：通过指定起点、端点和半径绘制圆弧。

（2）圆心-端点弧：通过指定圆心、起点和端点绘制圆弧。此方法不能绘制角度大于 180 度的圆弧。

（3）相切-端点弧：从现有墙或线的端点创建相切弧。

（4）圆角弧 ：绘制两相交直线间的圆角。

6. 椭圆和椭圆弧

（1）椭圆 ：通过中心点、长半轴和短半轴来绘制椭圆。

（2）半椭圆 ：通过长半轴和短半轴来控制半椭圆的大小。

7. 样条曲线

绘制一条经过或靠近指定点的平滑曲线。

（1）单击"修改|放置线"选项卡"绘制"面板上的"样条曲线"按钮 ，打开选项栏。

（2）在绘图区域单击以指定样条曲线的起点。

（3）移动光标并单击，指定样条曲线上的下一个控制点，根据需要指定控制点。

用一条样条曲线无法创建单一闭合环，但是可以使用第二条样条曲线来使曲线闭合。

2.2　通用修改图元工具

Revit 提供了图元的修改工具，主要集中在"修改"选项卡中，如图 2-8 所示。

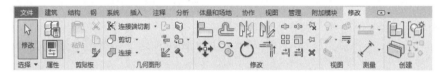

图 2-8　"修改"选项卡

当选择要修改的图元后，会打开"修改|××"选项卡，选择的图元不同，打开的"修改|××"选项卡也会有所不同，但是"修改"面板中的操作工具是相同的。

2.2.1　对齐图元

可以将一个或多个图元与选定图元对齐。此工具通常用于对齐墙、梁和线，但也可以用于其他类型的图元。可以对齐同一类型的图元，也可以对齐不同族的图元。可以在平面视图（二维）、三维视图或立面视图中对齐图元。

对齐图元的具体步骤如下。

（1）单击"修改"选项卡"修改"面板中的"对齐"按钮 （快捷键：AL），打开选项栏，如图 2-9 所示。

☐ 多重对齐　首选：参照墙面

图 2-9　对齐选项栏

对齐选项栏中的选项说明如下。

☑ 多重对齐：选中此复选框，将多个图元与所选图元对齐，也可以按 Ctrl 键同时选择多个图元进行对齐。

☑ 首选：指明将如何对齐所选墙，包括参照墙面、参照墙中心线、参照核心层表面和参照核心层中心。

（2）选择要与其他图元对齐的图元，如图 2-10 所示。

（3）选择要与参照图元对齐的一个或多个图元，如图 2-11 所示。在选择之前，将鼠标在图元上移动，直到高亮显示要与参照图元对齐的图元部分时为止，然后单击该图元，对齐图元，如图 2-12 所示。

（4）如果希望选定图元与参照图元保持对齐状态，单击锁定标记来锁定对齐，如图 2-13 所示。当修改具有对齐关系的图元时，系统会自动修改与之对齐的其他图元。

注意：要启动新对齐，按 Esc 键一次，要退出对齐工具，按 Esc 键两次。

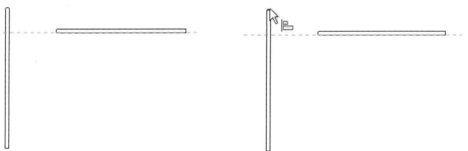

图 2-10　选择要对齐的图元　　　　　　　图 2-11　选择参照图元

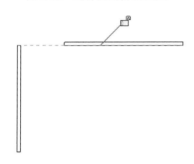
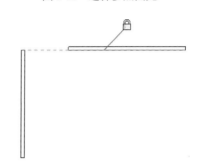

图 2-12　对齐图元　　　　　　　　　　　图 2-13　锁定对齐

2.2.2　移动图元

将选定的图元移动到新的位置。

（1）选择要移动的图元，如图 2-14 所示。

（2）单击"修改"选项卡"修改"面板中的"移动"按钮 ✥（快捷键：MV），打开选项栏，如图 2-15 所示。

☑ 约束　□ 分开　□ 多个

图 2-14　选择图元　　　　　　　　　　　图 2-15　移动选项栏

移动选项栏中的选项说明如下。

☑　约束：选中此复选框，可以限制图元沿着与其垂直或共线的矢量方向移动。

☑　分开：选中此复选框，可以在移动前中断所选图元和其他图元之间的关联。也可以将依赖于主体的图元从当前主体移动到新的主体上。

（3）单击图元上的点作为移动的起点，如图 2-16 所示。

（4）拖动鼠标移动图元到适当位置，如图 2-17 所示。

（5）单击完成移动操作，如图 2-18 所示。如果要更精准地移动图元，在移动过程中输入要移动的距离即可。

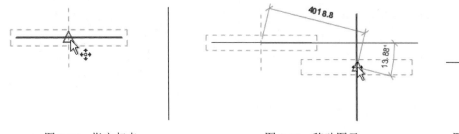

图 2-16　指定起点　　　　图 2-17　移动图元　　　　图 2-18　完成移动

2.2.3　复制图元

复制一个或多个选定图元，并随即在图纸中放置这些副本。

（1）选择要复制的图元，如图 2-19 所示。

（2）单击"修改"选项卡"修改"面板中的"复制"按钮（快捷键：CO），打开选项栏，如图 2-20 所示。

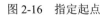

| 修改｜墙 | □约束 | □分开 | □多个 |

图 2-19　选择图元　　　　　　　图 2-20　复制选项栏

复制选项栏中的选项说明如下。

☑　约束：选中此复选框，可以限制图元沿着与其垂直或共线的矢量方向进行复制。

☑　多个：选中此复选框，可以复制多个副本。

（3）单击图元上的点作为复制的起点，如图 2-21 所示。

（4）移动鼠标复制图元到适当位置，如图 2-22 所示。

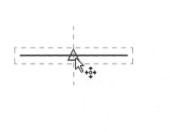

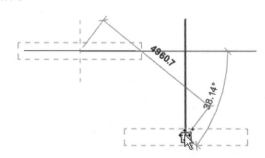

图 2-21　指定起点　　　　　　　图 2-22　复制图元

（5）如果选中"多个"复选框，继续复制更多的图元，如图 2-23 所示。

（6）单击完成复制操作，如图 2-24 所示，如果要更精准地复制图元，在复制过程中输入要复制的个数即可。

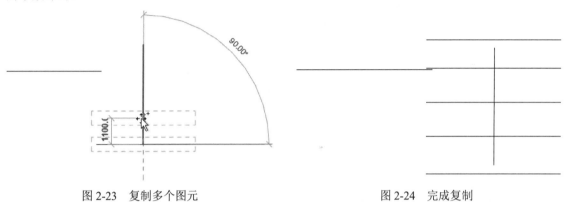

图 2-23　复制多个图元　　　　　　　　　　图 2-24　完成复制

2.2.4　旋转图元

用来绕轴旋转选定的图元。在楼层平面视图、天花板投影平面视图、立面视图和剖面视图中，图元会围绕垂直于这些视图的轴进行旋转。并不是所有图元均可以围绕任何轴旋转。例如，墙不能在立面视图中旋转；窗不能在没有墙的情况下旋转。

（1）选择要旋转的图元，如图 2-25 所示。

（2）单击"修改"选项卡"修改"面板中的"旋转"按钮 ↻（快捷键：RO），打开选项栏，如图 2-26 所示。

图 2-25　选择图元　　　　　　　　　　　图 2-26　旋转选项栏

旋转选项栏中的选项说明如下。

☑　分开：选中此复选框，可在旋转前中断所选图元和其他图元之间的关联。

☑　复制：选中此复选框，旋转所选图元的副本，而在原来位置上保留原始对象。

☑　角度：输入旋转角度，系统会根据指定的角度执行旋转。

☑　旋转中心：默认的旋转中心是图元中心，可以单击"地点"按钮 地点，指定新的旋转中心。

（3）单击以指定旋转的开始位置放射线，如图 2-27 所示。此时显示的线即表示第一条放射线。如果在指定第一条放射线时光标进行捕捉，则捕捉线将随预览框一起旋转，并在放置第二条放射线时捕捉屏幕上的角度。

（4）移动鼠标旋转图元到适当位置，如图 2-28 所示。

（5）单击完成旋转操作，如图 2-29 所示，如果要更精准地旋转图元，在旋转过程中输入要旋转的角度即可。

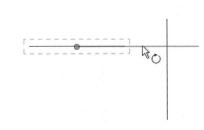
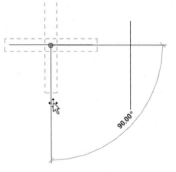

图 2-27　指定旋转的起始位置　　　　图 2-28　旋转图元　　　　图 2-29　完成旋转

2.2.5　偏移图元

将选定的图元，如线、墙或梁复制移动到其长度的垂直方向上的指定距离处。可以对单个图元或属于相同族的图元或链应用偏移工具。可以通过拖曳选定图元或输入值来指定偏移距离。

偏移工具的使用限制条件如下。

（1）只能在线、梁和支撑的工作平面中偏移图元。

（2）不能对创建为内建族的墙进行偏移。

（3）不能在与图元的移动平面相垂直的视图中偏移这些图元，如不能在立面图中偏移墙。

偏移图元的步骤如下。

（1）单击"修改"选项卡"修改"面板中的"偏移"按钮 ⤆（快捷键：OF），打开选项栏，如图 2-30 所示。

图 2-30　偏移选项栏

偏移选项栏中的选项说明如下。

☑　图形方式：选择此选项，将选定图元拖曳到所需位置。

☑　数值方式：选择此选项，在偏移文本框中输入偏移距离值，距离值为正数值。

☑　复制：选中此复选框，偏移所选图元的副本，而在原来位置上保留原始对象。

（2）在选项栏中选择偏移距离的方式。

（3）选择要偏移的图元或链，如果选择"数值方式"选项指定了偏移距离，则将在放置光标的一侧离高亮显示图元该距离的地方显示一条预览线，如图 2-31 所示。

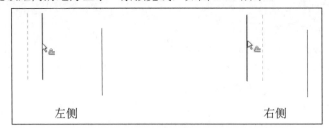

左侧　　　　　　　　　　右侧

图 2-31　偏移方向

（4）根据需要移动光标，以便在所需偏移位置显示预览线，然后单击将图元或链移动到该位置，或在那里放置一个副本。

（5）如果选择"图形方式"选项，则单击以选择高亮显示的图元，然后将其拖曳到所需距离并再次单击。开始拖曳后，将显示一个关联尺寸标注，可以输入特定的偏移距离。

Note

视频讲解

2.2.6 镜像图元

Revit 移动或复制所选图元，并将其位置反转到所选轴线的对面，称为镜像图元。

1. 镜像-拾取轴

通过已有轴来镜像图元。

（1）选择要镜像的图元，如图 2-32 所示。

（2）单击"修改"选项卡"修改"面板中的"镜像-拾取轴"按钮（快捷键：MM），打开选项栏，如图 2-33 所示。

图 2-32 选择图元

修改 | 结构框架 ☑复制

图 2-33 镜像选项栏

☑ 复制：选中此复选框，镜像所选图元的副本，而在原来位置上保留原始对象。

（3）选择代表镜像轴的线，如图 2-34 所示。

（4）单击完成镜像操作，如图 2-35 所示。

图 2-34 选取镜像轴线　　　　　图 2-35 镜像图元

2. 镜像-绘制轴

绘制一条临时镜像轴线来镜像图元。

（1）选择要镜像的图元，如图 2-36 所示。

（2）单击"修改"选项卡"修改"面板中的"镜像-绘制轴"按钮（快捷键：DM），打开选项栏。

（3）绘制一条临时镜像轴线，如图 2-37 所示。

（4）单击完成镜像操作，如图 2-38 所示。

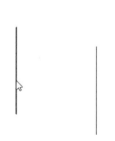 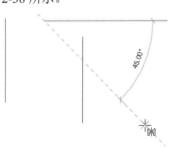 

图 2-36 选择图元　　　　图 2-37 绘制镜像轴　　　　图 2-38 完成镜像

2.2.7 阵列图元

使用阵列工具可以创建一个或多个图元的多个实例，并可以同时对这些实例执行操作。

1．线性阵列

可以指定阵列中的图元之间的距离。

（1）单击"修改"选项卡"修改"面板中的"阵列"按钮（快捷键：AR），选择要阵列的图元，按 Enter 键，打开选项栏，单击"线性"按钮，如图 2-39 所示。

图 2-39　线性阵列选项栏

线性阵列选项栏中的选项说明如下。

- ☑ 激活尺寸标注：选择此选项，可以显示并激活要阵列图元的定位尺寸。
- ☑ 成组并关联：选中此复选框，将阵列的每个成员包括在一个组中。如果未选中此复选框，则阵列后，每个副本都独立于其他副本。
- ☑ 项目数：指定阵列中所有选定图元的副本总数。
- ☑ 移动到：成员间距的控制方法。
- ☑ 第二个：指定阵列每个成员的间距，如图 2-40 所示。

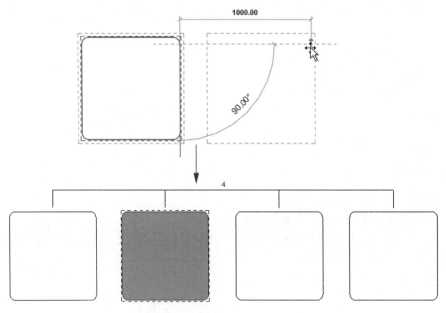

图 2-40　设置第二个成员间距

- ☑ 最后一个：指定阵列中第一个成员到最后一个成员的间距。阵列成员会在第一个成员和最后一个成员之间以相等间距分布，如图 2-41 所示。
- ☑ 约束：选中此复选框，用于限制阵列成员沿着与所选的图元垂直或共线的矢量方向移动。

（2）在绘图区域中单击以指明测量的起点。

（3）移动光标显示第二个成员尺寸或最后一个成员尺寸，单击确定间距尺寸，或直接输入尺寸值。

（4）在选项栏中输入副本数，也可以直接修改图形中的副本数，完成阵列。

Note

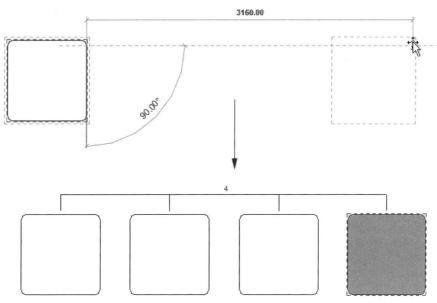

图 2-41　设置最后一个成员间距

2．半径阵列

绘制圆弧并指定阵列中要显示的图元数量。

（1）单击"修改"选项卡"修改"面板中的"阵列"按钮（快捷键：AR），选择要阵列的图元，按 Enter 键，打开选项栏，单击"半径"按钮，如图 2-42 所示。

图 2-42　半径阵列选项栏

半径阵列选项栏中的选项说明如下。

☑　角度：在此文本框中输入总的径向阵列角度，最大为 360 度。

☑　旋转中心：设定径向旋转中心点。

（2）系统默认为图元的中心，如果需要设置旋转中心点，则单击"地点"按钮，在适当的位置单击以指定旋转中心，如图 2-43 所示。

（3）将光标移动到半径阵列的弧形开始的位置，如图 2-44 所示。在大部分情况下，都需要将旋转中心控制点从所选图元的中心移走或重新定位。

图 2-43　指定旋转中心　　　　　　　　　图 2-44　半径阵列的开始位置

（4）在选项栏中输入旋转角度为 360 度，也可以指定第一条旋转放射线后移动光标放置第二条旋转放射线来确定旋转角度。

（5）在视图中输入项目副本数为 6，如图 2-45 所示，也可以直接在选项栏中输入项目数，按 Enter 键确认即可，结果如图 2-46 所示。

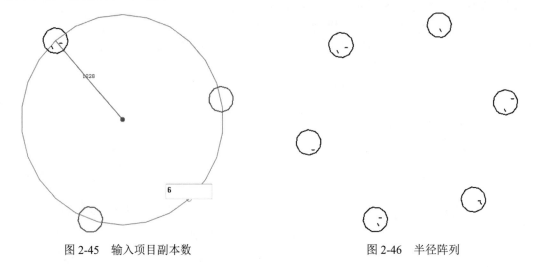

图 2-45　输入项目副本数　　　　　　　　　图 2-46　半径阵列

2.2.8　缩放图元

视频讲解

缩放工具适用于线、墙、图像、链接、DWG 和 DXF 导入、参照平面以及尺寸标注的位置。可以通过图形方式或输入比例系数以调整图元的尺寸和比例。

缩放图元大小时，需要考虑以下事项。

（1）无法调整已锁定的图元，需要先解锁图元，然后才能调整其尺寸。

（2）调整图元尺寸时，需要定义一个原点，图元将相对于该固定点均匀地被改变大小。

（3）所有选定图元都必须位于平行平面中。选择集中的所有墙必须都具有相同的底部标高。

（4）调整墙的尺寸时，插入对象（如门和窗）与墙的中点保持固定的距离。

（5）调整大小会改变尺寸标注的位置，但不改变尺寸标注的值。如果被调整的图元是尺寸标注的参照图元，则尺寸标注值会随之改变。

（6）链接符号和导入符号具有名为"实例比例"的只读实例参数，它表明实例大小与基准符号的差异程度。用户可以调整链接符号或导入符号来更改实例比例。

缩放图元的具体步骤如下。

（1）单击"修改"选项卡"修改"面板中的"缩放"按钮（快捷键：RE），选择要缩放的图元，如图 2-47 所示，打开选项栏，如图 2-48 所示。

图 2-47　选择图元　　　　　　　　　图 2-48　缩放选项栏

缩放选项栏中的选项说明如下。

☑ 图形方式：选择此选项，Revit 通过确定两个矢量长度的比率来计算比例系数。

☑ 数值方式：选择此选项，在比例文本框中直接输入缩放比例系数，图元将按定义的比例系数调整大小。

（2）在选项栏中选择"数值方式"选项，输入缩放比例为 0.5，在图形中单击以确定原点，如图 2-49 所示。

（3）缩放后的结果如图 2-50 所示。

图 2-49 确定原点

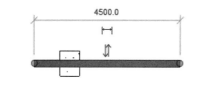

图 2-50 缩放图形

（4）如果选择"图形方式"选项，则移动光标定义第一个矢量，单击设置长度，然后再次移动光标定义第二个矢量，系统根据定义的两个矢量确定缩放比例。

2.2.9 修剪/延伸图元

以修剪或延伸一个或多个图元至由相同的图元类型定义的边界。也可以延伸不平行的图元以形成角，或者在它们相交时对它们进行修剪以形成角。选择要修剪的图元时，光标位置指示要保留的图元部分。

1. 修剪/延伸为角

将两个所选图元修剪或延伸成一个角。

（1）单击"修改"选项卡"修改"面板中的"修剪/延伸为角"按钮 （快捷键：TR），选择要修剪/延伸的一个线或墙，单击要保留部分，如图 2-51 所示。

（2）选择要修剪/延伸的第二个线或墙，如图 2-52 所示。

（3）根据所选图元修剪/延伸为一个角，如图 2-53 所示。

图 2-51 选择第一个图元保留部分　　图 2-52 选择第二个图元　　图 2-53 修剪成角

2. 修剪/延伸单一图元

将一个图元修剪或延伸到其他图元定义的边界。

（1）单击"修改"选项卡"修改"面板中的"修剪/延伸单个图元"按钮 ，选择要用作边界的参照图元，如图 2-54 所示。

（2）选择要修剪/延伸的图元，如图 2-55 所示。

（3）如果此图元与边界（或投影）交叉，则保留所单击的部分，而修剪边界另一侧的部分，如图 2-56 所示。

| 图 2-54　选取边界参照图元 | 图 2-55　选取要修剪/延伸的图元 | 图 2-56　修剪图元 |

3.　修剪/延伸多个图元

将多个图元修剪或延伸到其他图元定义的边界。

（1）单击"修改"选项卡"修改"面板中的"修剪/延伸多个图元"按钮，选择要用作边界的参照图元，如图 2-57 所示。

（2）单击以选择要修剪或延伸的每个图元，或者框选所有要修剪/延伸的图元，如图 2-58 所示。

> **注意**：当从右向左绘制选择框时，图元不必包含在选中的框内。当从左向右绘制时，仅选中完全包含在框内的图元。

（3）如果此图元与边界（或投影）交叉，则保留所单击的部分，而修剪/延伸边界另一侧的部分。如图 2-59 所示。

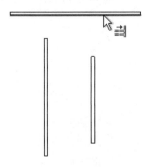
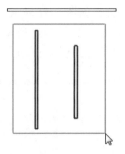

| 图 2-57　选取边界 | 图 2-58　选取图元 | 图 2-59　修剪/延伸图元 |

2.2.10　拆分图元

通过"拆分"工具，可将图元拆分为两个单独的部分，可删除两个点之间的线段，也可在两面墙之间创建定义的间隙。

拆分工具有两种使用方法：拆分图元和用间隙拆分。

拆分工具可以拆分墙、线、栏杆护手（仅拆分图元）、柱（仅拆分图元）、梁（仅拆分图元）、支撑（仅拆分图元）等图元。

1．拆分图元

在选定点剪切图元（如墙或管道），或删除两点之间的线段。

（1）单击"修改"选项卡"修改"面板中的"拆分图元" 按钮 （快捷键：SL），打开选项栏，如图 2-60 所示。

☑ 删除内部线段：选中此复选框，Revit 会删除墙或线上 所选点之间的线段。

☑ 删除内部线段

图 2-60 拆分图元选项栏

（2）在图元上要拆分的位置处单击，如图 2-61 所示，拆分图元。

（3）如果选中"删除内部线段"复选框，则单击确定另一个点，如图 2-62 所示，删除一条线段，如图 2-63 所示。

图 2-61 第一个拆分处 　　　图 2-62 选取另一个点 　　　图 2-63 拆分并删除图元

2．用间隙拆分

将图元拆分成之间已定义间隙的两面单独的墙。

（1）单击"修改"选项卡"修改"面板中的"用间隙拆分" 按钮 ，打开选项栏，如图 2-64 所示。

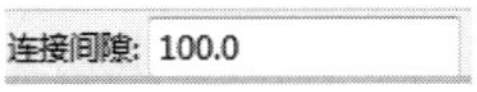

（2）在选项栏中输入连接间隙值。

连接间隙：100.0

图 2-64 用间隙拆分选项栏

（3）在图元上要拆分的位置处单击，如图 2-65 所示。

（4）拆分图元，系统会根据输入的间隙值自动删除图元，如图 2-66 所示。

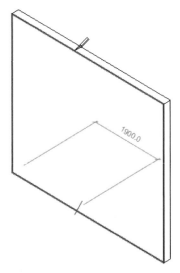

图 2-65 选取拆分位置

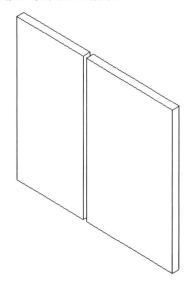

图 2-66 拆分图元

Note

视频讲解

2.3　尺寸标注

尺寸标注是项目中显示距离和尺寸的专有图元，包括临时尺寸标注和永久性尺寸标注，可以将临时尺寸更改为永久性尺寸。

2.3.1　临时尺寸

临时尺寸是当放置图元或绘制线或选择图元时在图形中显示的测量值。在完成动作或取消选择图元后，这些尺寸标注会消失。

1. 临时尺寸标注设置

单击"管理"选项卡"设置"面板"其他设置"下拉列表中的"注释"→"临时尺寸标注"按钮，打开"临时尺寸标注属性"对话框，如图 2-67 所示。

图 2-67　"临时尺寸标注属性"对话框

通过此对话框可以将临时尺寸标注设置为从墙中心线、墙面、核心层中心或核心层表面开始测量，还可以将门窗临时设置为从中心线或洞口开始测量。

2. 修改临时尺寸

在绘制图元时，Revit 会显示图元相关形状的临时尺寸，如图 2-68 所示。放置图元后，Revit 会显示图元的形状和位置临时尺寸标注，如图 2-69 所示。当放置另一个图元时，前一个图元的临时尺寸标注将不再显示，但当再次选取图元时，Revit 仍会显示图元的形状和位置临时尺寸标注。

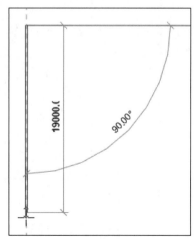

图 2-68　形状临时尺寸

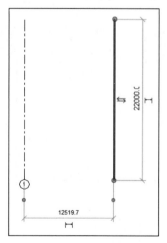

图 2-69　形状和位置临时尺寸

可以通过移动尺寸界线来修改临时尺寸标注，以参照所需图元，如图 2-70 所示。

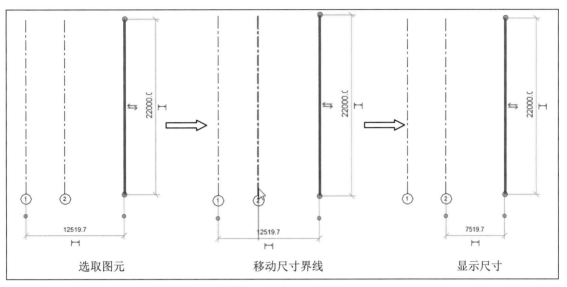

图 2-70　更改参照图元

双击临时尺寸上的值，打开尺寸值输入框，输入新的尺寸值，按 Enter 键确认，图元将根据尺寸值调整大小或位置，如图 2-71 所示。

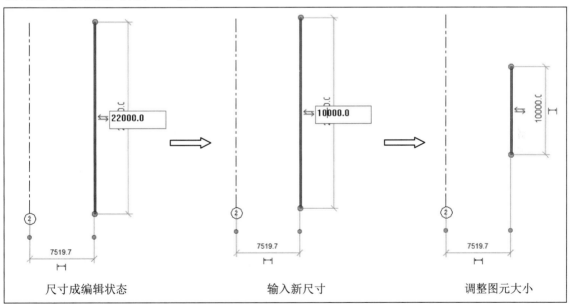

图 2-71　修改临时尺寸

单击临时尺寸附近出现的尺寸标注符号 ⊢⊣，将临时尺寸标注转换为永久性尺寸标注，以便其始终显示在图形中，如图 2-72 所示。

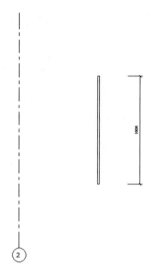

图 2-72　更改为永久性尺寸

如果在 Revit 中选择了多个图元，则不会显示临时尺寸标注和限制条件。想要显示临时尺寸，需要在选择多个图元后，单击选项栏中的"激活尺寸标注"按钮 激活尺寸标注 。

视频讲解

2.3.2　永久性尺寸

永久性尺寸是添加到图形以记录设计的测量值，它们属于视图专有，并可在图纸上打印。

使用"尺寸标注"工具在项目构件或族构件上放置永久性尺寸标注，可以从对齐、线性（构件的水平或垂直投影）、角度、半径、直径或弧长度永久性尺寸标注中进行选择。

（1）单击"注释"选项卡"尺寸标注"面板中的"对齐"按钮 （快捷键：DI），在选项栏中可以设置参照为"参照墙中心线""参照墙面""参照核心层中心"和"参照核心层表面"。 例如，如果选择参照墙中心线，则将光标放置于某面墙上时，光标将首先捕捉该墙的中心线。

（2）在选项板中设置拾取为"单个参照点"，将光标放置在某个图元的参照点上，此参照点会高亮显示，单击可以指定参照。

（3）将光标放置在下一个参照点的目标位置上并单击，当移动光标时，会显示一条尺寸标注线。如果需要，可以连续选择多个参照。

（4）在选择完参照点之后，从最后一个构件上移开光标，移动鼠标到适当位置单击放置尺寸。标注过程如图 2-73 所示。

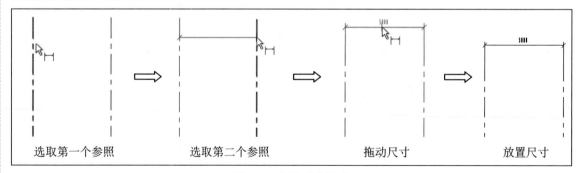

图 2-73　标注对齐尺寸

（5）在"属性"选项板中选择尺寸标注样式，如图2-74所示，单击"编辑类型"按钮，打开"类型属性"对话框，单击"复制"按钮，打开"名称"对话框，输入新名称为"对角线-5mm RomanD"，如图2-75所示，单击"确定"按钮，返回"类型属性"对话框，更改文字大小为5，其他采用默认设置，如图2-76所示，单击"确定"按钮。

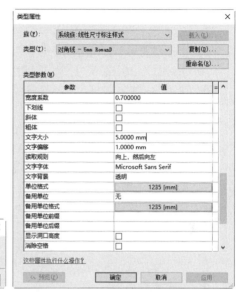

图 2-74　选择标注样式　　　　图 2-75　"名称"对话框　　　　图 2-76　"类型属性"对话框

"类型属性"对话框中的选项说明如下。

☑　标注字符串类型：指定尺寸标注字符串的格式化方法。包括连续、基线和同基准三种类型。

● 连续：放置多个彼此端点相连的尺寸标注。

● 基线：放置从相同的基线开始测量的叠层尺寸标注。

● 同基准：放置尺寸标注字符串，其值从尺寸标注原点开始测量。

☑　引线类型：指定要绘制的引线的线类型，包括直线和弧两种类型。

● 直线：绘制从尺寸标注文字到尺寸标注线的由两个部分组成的直线引线。

● 弧：绘制从标注文字到尺寸标注线的圆弧线引线。

☑　引线记号：指定应用到尺寸标注线处的引线顶端的标记。

☑　文本移动时显示引线：指定当文字离开其原始位置时引线的显示方式，包括远离原点和超出尺寸界线。

● 远离原点：当标注文字离开其原始位置时的引线显示。当文字移回原始位置时，它将捕捉到位并且引线将会隐藏。

● 超出尺寸界线：当标注文字移动超出尺寸界线时的引线显示。

☑　记号标记：用于标注尺寸界线的记号标记样式的名称。

☑　线宽：设置指定尺寸标注线和尺寸引线宽度的线宽值。可以从 Revit 定义的值列表中进行选择。还可以单击"管理"选项卡"设置"面板"其他设置"下拉列表中的"线宽"按钮≡来修改线宽的定义。

☑　记号线宽：设置指定记号厚度的线宽。可以从 Revit 定义的值列表中进行选择，或定义自己的值。

☑ 尺寸标注延长线：将尺寸标注线延伸超出尺寸界线交点指定值。设置此值时，如果 100% 打印，该值即为尺寸标注线的打印尺寸。

☑ 尺寸界线控制点：在图元固定间隙和固定尺寸标注线之间进行切换。

☑ 尺寸界线长度：指定尺寸标注中所有尺寸界线的长度。

☑ 到图元的尺寸界线间隙：设置尺寸界线与已标注尺寸的图元之间的距离。

☑ 尺寸界线延伸：设置超过记号标记的尺寸界线的延长线。

☑ 尺寸界线的记号标记：指定尺寸界线末尾的记号显示方式。

☑ 中心线符号：可以选择任何载入项目中的注释符号。在参照族实例和墙的中心线的尺寸界线上方显示中心线符号。如果尺寸界线不参照中心平面，则不能在其上放置中心线符号。

☑ 中心线样式：如果尺寸标注参照是族实例和墙的中心线，则将改变尺寸标注的尺寸界线的线型图案。

☑ 中心线记号：修改尺寸标注中心线末端记号。

☑ 内部记号标记：当尺寸标注线的邻近线段太短而无法容纳箭头时，指定内部尺寸界线的记号标记显示的方式。发生这种情况时，短线段连的端点会翻转，内部尺寸界线会显示指定的内部记号。

☑ 同基准尺寸设置：指定同基准尺寸的设置。

☑ 颜色：设置尺寸标注线和引线的颜色。可以从 Revit 定义的颜色列表中进行选择，也可以自定义颜色，默认值为黑色。

☑ 尺寸标注线捕捉距离：该值应大于文字到尺寸标注线的间距与文字高度之和。

☑ 宽度系数：指定用于定义文字字符串延长的比率。

☑ 下画线[①]：使永久性尺寸标注值和文字带下画线。

☑ 斜体：对永久性尺寸标注值和文字应用斜体格式。

☑ 粗体：对永久性尺寸标注值和文字应用粗体格式。

☑ 文字大小：指定尺寸标注的文字大小。

☑ 文字偏移：指定文字距尺寸标注线的偏移。

☑ 读取规则：指定尺寸标注文字的起始位置和方向。

☑ 文字字体：指定尺寸标注文字的字体。

☑ 文字背景：如果设置此值为不透明，则尺寸标注文字为方框围绕，且在视图中该方框与其后的任何几何图形或文字重叠。如果设置此值为透明，该框不可见且不与尺寸标注文字重叠的所有对象都会显示。

☑ 单位格式：单击该按钮，打开"格式"对话框，设置尺寸标注的单位格式。

☑ 备用单位：指定是否显示除尺寸标注主单位之外的备用单位，以及备用单位的位置，包括无、右侧和下方三种。

☑ 备用单位格式：单击该按钮，打开"格式"对话框，设置有尺寸标注类型的备用单位格式。

☑ 备用单位前缀/后缀：指定备用单位显示的前缀/后缀。

☑ 显示洞口高度：在平面视图中放置一个尺寸标注，该尺寸标注的尺寸界线参照相同附属件（窗或门）。

☑ 文字位置：指定标注文字相对于引线的位置（仅适用于直线引线类型），包括共线和高于两种类型。

---

① 软件中的"下划线"应为"下画线"。

- 共线：将文字和引线放置在同一行。
- 高于：将文字放置在高于引线的位置。

☑ 中心标记：显示或隐藏半径/直径尺寸标注中心标记。

☑ 中心标记尺寸：设置半径/直径尺寸标注中心标记的尺寸。

☑ 直径/半径符号位置：指定直径/半径尺寸标注的前缀文字的位置。

☑ 直径/半径符号文字：指定直径/半径尺寸标注值的前缀文字（默认值为φ和 R）。

☑ 等分文字：指定当向尺寸标注字符串添加相等限制条件时，所有 EQ 文字要使用的文字字符串。默认值为 EQ。

☑ 等分公式：单击该按钮，打开"尺寸标注等分公式"对话框，指定用于显示相等尺寸标注标签的尺寸标注等分公式。

☑ 等分尺寸界线：指定等分尺寸标注中内部尺寸界线的显示，包括记号和线、只用记号和隐藏三种类型。

- 记号和线：根据指定的类型属性显示内部尺寸界线。
- 只用记号：不显示内部尺寸界线，但是在尺寸线的上方和下方使用"尺寸界线延伸"类型值。
- 隐藏：不显示内部尺寸界线和内部分段的记号。

（6）选取要修改尺寸的图元，永久性尺寸呈编辑状态，单击尺寸上的值，打开尺寸值输入框，输入新的尺寸值，按 Enter 键确认，图元根据尺寸值调整大小或位置，如图 2-77 所示。

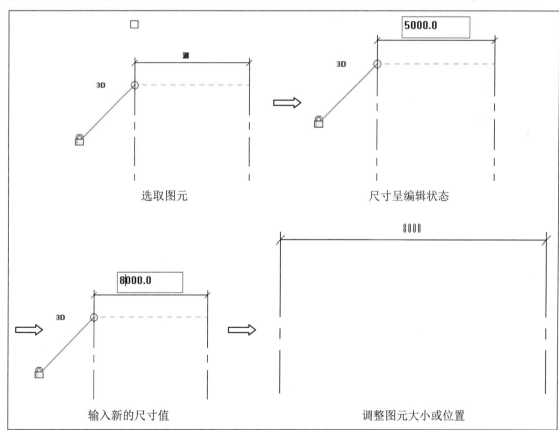

图 2-77　修改尺寸

Note

视频讲解

线性尺寸、角度尺寸、半径尺寸、直径尺寸和弧长尺寸的标注方法同尺寸的标注，这里就不再一一进行介绍了。

2.4 注 释 文 字

通过"文字"命令将说明、技术或其他文字注释添加到工程图。

2.4.1 添加文字注释

（1）单击"注释"选项卡"文字"面板中的"文字"按钮 **A**（快捷键：TX），打开"修改|放置文字"选项卡，如图 2-78 所示。

图 2-78 "修改|放置文字"选项卡

"修改|放置文字"选项卡中的选项说明如下。

☑ 无引线：用于创建没有引线的文字注释。

☑ 一段：将一条直引线从文字注释添加到指定的位置。

☑ 两段：由两条直线构成一条引线将文字注释添加到指定的位置。

☑ 曲线形：将一条弯曲线从文字注释添加到指定的位置。

☑ 左/右上引线：将引线附着到文字顶行的左/右侧。

☑ 左/右中引线：将引线附着到文本框边框的左/右侧中间位置。

☑ 左/右下引线：将引线附着到文字底行的左/右侧。

☑ 顶部对齐：将文字沿顶部页边距对齐。

☑ 居中对齐（上下）：在顶部页边距与底部页边距之间以均匀的间隔对齐文字。

☑ 底部对齐：将文字沿底部页边距对齐。

☑ 左对齐：将文字与左侧页边距对齐。

☑ 居中对齐（左右）：在左侧页边距与右侧页边距之间以均匀的间隔对齐文字。

☑ 右对齐：将文字与右侧页边距对齐。

☑ 拼写检查：用于对选择集、当前视图或图纸中的文字注释进行拼写检查。

☑ 查找/替换：在打开的项目文件中查找并替换文字。

（2）单击"两段"按钮 **A** 和"左中引线"按钮，在视图中适当位置单击确定引线的起点，拖动鼠标到适当位置单击以确定引线的转折点，然后移动鼠标到适当位置单击以确定引线的终点，并显示文本输入框和"放置编辑文字"选项卡，如图 2-79 所示。

图 2-79 文本输入框和"放置编辑文字"选项卡

（3）在文本框中输入文字，在"放置编辑文字"选项卡中单击"关闭"按钮⊠，完成文字输入，如图 2-80 所示。

图 2-80　输入文字

Note

视频讲解

2.4.2　编辑文字注释

（1）在图 2-80 中拖动引线上的控制点，可以调整引线的位置；拖动文本框上的控制点可以调整文本框的大小。

（2）拖动文字上方的"拖曳"图标⊹，可以调整文字的位置；拖动文字上方的"旋转文字注释"图标↻，可以旋转文字的角度，如图 2-81 所示。

（3）在属性选项板的类型下拉列表中可以选取需要的文字类型，如图 2-82 所示。

（4）在属性选项板中单击"编辑类型"按钮🖅，打开如图 2-83 所示的"类型属性"对话框，通过对话框可以修改文字的颜色、背景、大小以及字体等属性，更改后单击"确定"按钮即可。

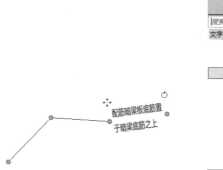

图 2-81　调整文字

图 2-82　更改文字类型

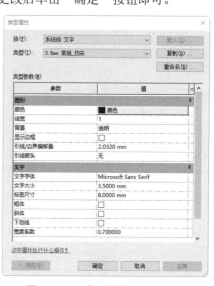

图 2-83　"类型属性"对话框

"类型属性"对话框中的选项说明如下。

☑　颜色：单击颜色，打开"颜色"对话框，设置文字和引线的颜色。

☑　线宽：设置边框和引线的宽度。

☑　背景：设置文字注释的背景。如果选择不透明背景的注释会遮挡其后的材质。如果选择透明背景的注释可看到其后的材质。

☑　显示边框：选中此复选框，在文字周围显示边框。

☑　引线/边界偏移量：设置引线/边界和文字之间的距离。

☑　引线箭头：设置引线是否带箭头以及箭头的样式。

视频讲解

- ☑ 文字字体：在下拉列表选择注释文字的字体。
- ☑ 文字大小：设置文字的大小。
- ☑ 标签尺寸：设置文字注释的选项卡间距。创建文字注释时，可以在文字注释内的任何位置按 **Tab** 键，将出现一个指定大小的制表符。该选项也用于确定文字列表的缩进。
- ☑ 粗体：选中此复选框，将文字字体设置为粗体。
- ☑ 斜体：选中此复选框，将文字字体设置为斜体。
- ☑ 下画线：选中此复选框，在文字下方添加下画线。
- ☑ 宽度系数：字体宽度随"宽度系数"成比例缩放，高度不受影响。常规文字宽度的默认值是 1.0。

2.5　项 目 设 置

指定用于自定义项目的选项，包括项目单位、材质、填充样式、线样式等。

2.5.1　对象样式

可为项目中不同类别和子类别的模型图元、注释图元和导入对象指定线宽、线颜色、线型图案和材质。

（1）单击"管理"选项卡"设置"面板中的"对象样式"按钮，打开"对象样式"对话框，如图 2-84 所示。

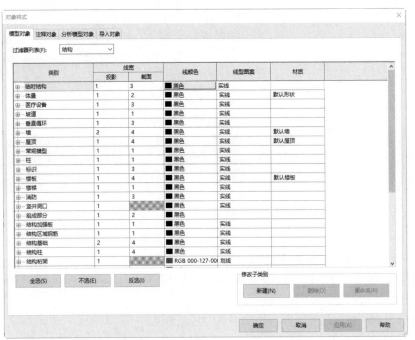

图 2-84　"对象样式"对话框

（2）在各类别对应的线宽栏中指定投影和截面的线宽度。例如，在投影栏中单击打开如图 2-85 所示的线宽列表，选择所需的线宽即可。

（3）在线颜色列表对应的栏中单击颜色块，打开"颜色"对话框，设置颜色。

（4）单击对应的线型图案栏，打开如图 2-86 所示的线型下拉列表，即可选择所需的线型。

（5）单击对应的材质栏中的按钮，打开"材质浏览器"对话框，在对话框中选择族类别的材质，还可以通过修改族的材质类型属性来替换族的材质。

图 2-85　线宽列表

图 2-86　线型下拉列表

2.5.2　捕捉

在放置图元或绘制线（直线、弧线或圆形线）时，Revit 将显示捕捉点和捕捉线以帮助现有的几何图形排列图元、构件或线。

单击"管理"选项卡"设置"面板中的"捕捉"按钮，打开"捕捉"对话框，如图 2-87 所示。通过该对话框设置捕捉对象以及捕捉增量，对话框中还列出了对象捕捉的快捷键。

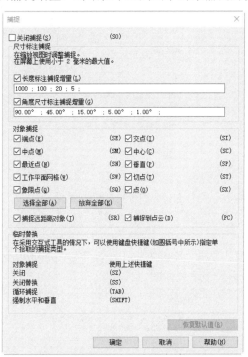

图 2-87　"捕捉"对话框

"捕捉"对话框中的选项说明如下。

☑　关闭捕捉：选中此复选框，禁用所有的捕捉设置。

☑ 长度标注捕捉增量：用于在由远到近放大视图时，对基于长度的尺寸标注指定捕捉增量。对于每个捕捉增量集，用分号分隔输入的数值。第一个列出的增量会在缩小时使用，最后一个列出的增量会在放大时使用。

☑ 角度尺寸标注捕捉增量：用于在由远到近放大视图时，对角度标注指定捕捉增量。

☑ 对象捕捉：分别选中列表中的复选框启动对应的对象捕捉类型，单击"选择全部"按钮，选中全部的对象捕捉类型；单击"放弃全部"按钮，取消选中全部对象捕捉对象。每个捕捉对象后面对应的是快捷键。

2.5.3 项目参数

项目参数是定义后添加到项目多类别图元中的信息容器。

（1）单击"管理"选项卡"设置"面板中的"项目参数"按钮，打开"项目参数"对话框，如图 2-88 所示。

（2）单击"添加"按钮，打开如图 2-89 所示的"参数属性"对话框，选择"项目参数"选项，输入项目参数名称，如输入面积，然后选择规程、参数类型、参数分组方式以及类别等，单击"确定"按钮，返回"项目参数"对话框。

图 2-88 "项目参数"对话框

图 2-89 "参数属性"对话框

（3）现在新建的项目参数已经添加到"项目参数"对话框中。

（4）选择参数，单击"修改"按钮，打开"参数属性"对话框，可以在对话框中对参数属性进行修改。

（5）选择不需要的参数，单击"删除"按钮，打开如图 2-90 所示的"删除参数"对话框，这里会提示删除选择的参数将会丢失与之关联的所有数据。

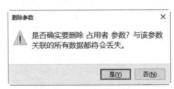
图 2-90 "删除参数"对话框

2.5.4 全局参数

（1）单击"管理"选项卡"设置"面板中的"全局参数"按钮，打开"全局参数"对话框，如图 2-91 所示。

图 2-91 "全局参数"对话框

"全局参数"对话框中的选项说明如下。

☑ 编辑全局参数 ✎：单击此按钮，打开"全局参数属性"对话框，更改参数的属性。

☑ 新建全局参数 ⬚：单击此按钮，打开"全局参数属性"对话框，新建一个全局参数。

☑ 删除全局参数 ⬚：删除选定的全局参数。如果要删除的参数同时用于另一个参数的公式中，则该公式也将被删除。

☑ 上移全局参数 ⬚：将选中的参数上移一行。

☑ 下移全局参数 ⬚：将选中的参数下移一行。

☑ 按升序排序全局参数 ⬚：参数列表按字母顺序排序。

☑ 按降序排序全局参数 ⬚：参数列表按字母逆序排序。

（2）单击"新建全局参数"按钮 ⬚，打开"全局参数属性"对话框，可以设置参数的名称、规程、参数类型、参数分组方式，如图 2-92 所示，单击"确定"按钮即可完成设置。

（3）返回"全局参数"对话框，设置参数对应的值和公式，如图 2-93 所示，单击"确定"按钮，完成全局参数的设置。

图 2-92 "全局参数属性"对话框

图 2-93 设置全局参数

2.5.5　项目单位

可以指定项目中各种数量的显示格式，指定的格式将影响数量在屏幕上和打印输出的外观。可以对用于报告或演示目的的数据进行格式设置。

（1）单击"管理"选项卡"设置"面板中的"项目单位"按钮（快捷键：UN），打开"项目单位"对话框，如图 2-94 所示。

（2）在对话框中选择规程为通用。

（3）单击格式列表中的值按钮，打开如图 2-95 所示的"格式"对话框，在该对话框中可以设置各种类型的单位格式。

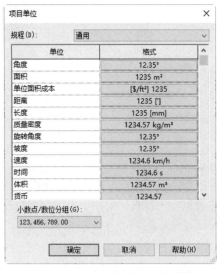

图 2-94　"项目单位"对话框

图 2-95　"格式"对话框

"格式"对话框中的选项说明如下。

☑　单位：在此下拉列表中选择对应的单位。

☑　舍入：在此下拉列表中选择一个合适的值，如果选择"自定义"，则在"舍入增量"文本框中输入值。

☑　单位符号：在此下拉列表中选择适合的选项作为单位的符号。

☑　消除后续零：选中此复选框，将不显示后续零。例如，123.400 将显示为 123.4。

☑　消除零英尺：选中此复选框，将不显示零英尺。例如，0'-4"将显示为 4"。

☑　正值显示"+"：选中此复选框，将在正数前面添加"+"号。

☑　使用数位分组：选中此复选框，"项目单位"对话框中的"小数点/数位分组"选项将应用于单位值。

☑　消除空格：选中此复选框，将消除英尺和分式英寸两侧的空格。

（4）单击"确定"按钮，完成项目单位的设置。

2.5.6　材质

将材质应用到建筑模型的图元中。材质控制模型图元在视图和渲染图像中的显示方式。

单击"管理"选项卡"设置"面板中的"材质"按钮，打开"材质浏览器"对话框，如图 2-96 所示。

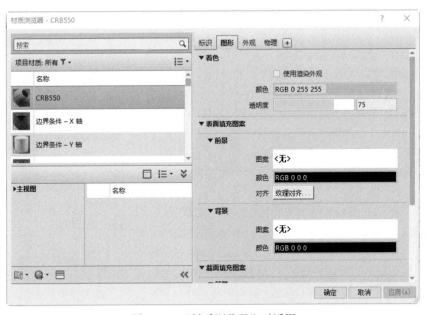

图 2-96　"材质浏览器"对话框

1.　"标识"选项卡

此选项卡提供有关材质的常规信息，如说明、制造商和成本数据。

（1）在"材质浏览器"对话框中选择要更改的材质，然后单击"标识"选项卡，如图 2-97 所示。

（2）更改材质的说明信息、产品信息以及 Revit 注释信息。

（3）单击"应用"按钮，保存材质常规信息的更改。

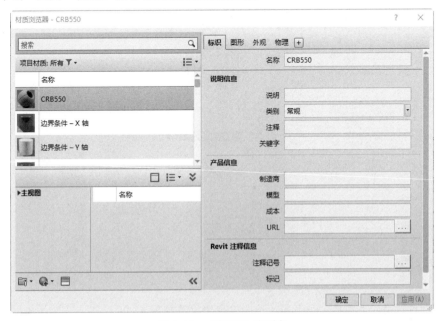

图 2-97　"标识"选项卡

Note

2. "图形"选项卡

（1）在"材质浏览器"对话框中选择要更改的材质，然后单击"图形"选项卡，如图 2-96 所示。

（2）选中"使用渲染外观"复选框，将使用渲染外观表示着色视图中的材质，单击颜色色块，打开"颜色"对话框，选择着色的颜色，可以直接输入透明度的值，也可以拖动滑块到所需的位置。

（3）单击表面填充图案下的"图案"右侧区域，打开如图 2-98 所示的"填充样式"对话框，在列表中选择一种填充图案。接着在"材质浏览器"对话框的"图形"选项卡中单击"颜色"色块，打开"颜色"对话框，选择用于绘制表面填充图案的颜色。单击"纹理对齐"按钮 纹理对齐... ，打开"将渲染外观与表面填充图案对齐"对话框，将外观纹理与材质的表面填充图案对齐。

（4）单击截面填充图案下的"填充图案"，打开如图 2-98 所示的"填充样式"对话框，在列表中选择一种填充图案作为截面的填充图案。再在"材质浏览器"对话框的"图形"选项卡中单击"颜色"色块，打开"颜色"对话框选择颜色用于绘制截面填充图案的颜色。

图 2-98　"填充样式"对话框

（5）单击"应用"按钮，保存材质图形属性的更改。

3. "外观"选项卡

（1）在"材质浏览器"对话框中选择要更改的材质，然后单击"外观"选项卡，如图 2-99 所示。

（2）单击样例图像旁边的下拉箭头，单击"场景"，然后从列表中选择所需设置，如图 2-100 所示。该预览是材质的渲染图像，Revit 在渲染预览场景时，更新预览需要花费一段时间。

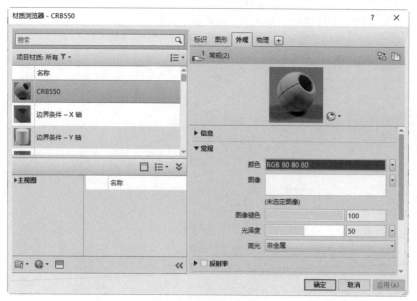
图 2-99　"外观"选项卡

图 2-100　设置样例图样

（3）分别设置材质的颜色、反射率、透明度等来更改外观属性。

（4）单击"应用"按钮，保存材质外观的更改。

4. "物理"选项卡

（1）在"材质浏览器"对话框中选择要更改的材质，然后单击"物理"选项卡，如图 2-101 所示。如果选择的材质没有"物理"选项卡，表示物理资源尚未添加到此材质。

图 2-101 "物理"选项卡

（2）单击各属性类别左侧的三角形按钮以显示属性及其设置。

（3）更改其信息、密度等为所需的值。

（4）单击"应用"按钮，保存材质物理属性的更改。

2.6 视图和显示

本节将介绍图形的显示设置、视图样板、图形的可见性以及范围等。

2.6.1 图形显示设置

单击"视图"选项卡"图形"面板上的"图形显示选项"按钮（快捷键：GD），或单击"结构平面"属性选项板图形显示选项栏中的"编辑"按钮 编辑... ，打开"图形显示选项"对话框，如图 2-102 所示。

1. 模型显示

☑ 样式：设置视图的视觉样式，包括线框、隐藏线、着色、一致的颜色和真实五种视觉样式。

● 显示边缘：选中此复选框，在视图中显示边缘上的线。

● 使用反失真平滑线条：选中此复选框，提高视图中线的质量，使边显示更平滑。

☑ 透明度：移动滑块更改模型的透明度，也可以直接输入值。

☑ 轮廓：从列表中选择线样式为轮廓线。

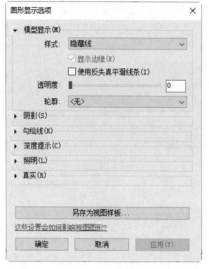

图 2-102　"图形显示选项"对话框

2. 阴影

选中"投射阴影"或"显示环境阴影"复选框以管理视图中的阴影。

3. 勾绘线

☑ 启用勾绘线：选中此复选框，启用当前视图的勾绘线。

☑ 抖动：移动滑块更改绘制线中的可变性程度，也可以直接输入 0～10 的数字。值为 0 时，将导致直线不具有手绘图形的样式。值为 10 时，将导致每个模型线都具有包含高波度的多个绘制线。

☑ 延伸：移动滑块更改模型线端点延伸超越交点的距离，也可以直接输入 0～10 的数字。值为 0 时，将导致线与交点相交。值为 10 时，将导致线延伸到交点的范围之外。

4. 深度提示

☑ 显示深度：选中此复选框启用当前视图的深度提示。

☑ 淡入开始/结束位置：移动双滑块开始和结束控件以指定渐变色效果的边界。"近"和"远"值代表距离前/后视图剪裁平面的百分比。

☑ 淡入限值：移动滑块指定"远"位置图元的强度。

5. 照明

☑ 方案：从室内和室外日光以及人造光组合中选择方案。

☑ 日光设置：单击此按钮，打开"日光设置"对话框，可以按日期、时间和地理位置定义日光位置。

☑ 人造灯光：在"真实"视图中提供，当"方案"设置为"人造光"时，添加和编辑灯光组。

☑ 日光：移动滑块调整直接光的亮度，也可以直接输入 0～100 的数字。

☑ 环境光：移动滑块调整漫射光的亮度，也可以直接输入 0～100 的数字，在着色视觉样式、立面、图纸和剖面中可用。

☑ 阴影：移动滑块调整阴影的暗度，也可以直接输入 0～100 的数字。

6. 真实

☑ 曝光：可以手动或自动调整曝光度。

☑ 值：根据需要在 0～21 移动滑块调整曝光值。接近 0 的值会减少高光细节（曝光过度），接近 21 的值会减少阴影细节（曝光不足）。

☑ 图像：调整高光、阴影强度、颜色饱和度及白点值。

7. 另存为视图样板

单击"另存为视图样板"按钮，打开"新视图样板"对话框，输入名称，单击"确定"按钮，打开"视图样板"对话框，设置样板已备将来使用。

2.6.2 视图样板

1. 管理视图样板

单击"视图"选项卡"图形"面板"视图样板" 下拉列表中的"管理视图样板"按钮 ，打开如图 2-103 所示的"视图样板"对话框。

图 2-103 "视图样板"对话框

"视图样板"对话框中的选项说明如下。

☑ 视图比例：在对应的值文本框中单击，打开下拉列表选择视图比例，也可以直接输入比例值。

☑ 比例值：指定来自视图比例的比率。例如，视图比例设置为 1∶100，则比例值为长宽比 100/1 或 100。

☑ 显示模型：在详图中隐藏模型，包括标准、不显示和半色调三种。

● 标准：设置显示所有图元，该值适用于所有非详图视图。

● 不显示：设置只显示详图视图专有图元，这些图元包括线、区域、尺寸标注、文字和符号。

● 半色调：设置通常显示详图视图特定的所有图元，而模型图元以半色调显示。可以使用半色调模型图元作为线、尺寸标注和对齐的追踪参照。

☑ 详细程度：设置视图显示的详细程度，包括粗略、中等和详细三种。也可以直接在视图控制栏中更改详细程度。

☑ 零件可见性：指定是否在特定视图中显示零件以及用来创建它们的图元，包括显示零件、显示原状态和显示两者三种。

- 显示零件：各个零件在视图中可见，当光标移动到这些零件上时，它们将高亮显示。而从中创建零件的原始图元不可见且无法高亮显示或选择。
- 显示原状态：各个零件不可见，但用来创建零件的图元可见并且可以选择。
- 显示两者：零件和原始图元均可见，并能够单独高亮显示和选择。

☑ V/G 替换模型（/注释/分析模型/导入/过滤器）：分别定义模型/注释/分析模型/导入/过滤器的可见性和图形替换，单击"编辑"按钮，打开"可见性/图形替换"对话框进行设置即可。

☑ 模型显示：定义表面（视觉样式，如线框、隐藏线等）、透明度和轮廓的模型显示选项。单击"编辑"按钮，打开"图形显示选项"对话框来进行设置。

☑ 阴影：设置视图中的阴影。

☑ 勾绘线：设置视图中的勾绘线。

☑ 照明：定义照明设置，包括照明方法、日光设置、人造灯光和日光梁、环境光和阴影。

☑ 摄影曝光：设置曝光参数来渲染图像，在三维视图中适用。

☑ 背景：指定图形的背景，包括天空、渐变色和图像，在三维视图中适用。

☑ 截剪裁：对于立面和剖面图形，指定截剪裁平面设置。单击对应的"不剪裁"按钮，打开如图 2-104 所示的"截剪裁"对话框，设置剪裁的方式。

☑ 阶段过滤器：将阶段属性应用于视图中。

☑ 规程：确定非承重墙的可见性和规程特定的注释符号。

☑ 显示隐藏线：设置隐藏线是按照规程、全部显示或不显示。

☑ 颜色方案位置：指定是否将颜色方案应用于背景或前景。

图 2-104 "截剪裁"对话框

☑ 颜色方案：指定应用到视图中的房间、面积、空间或分区的颜色方案。

2. 从当前视图创建样板

可通过复制现有的视图样板并进行必要的修改来创建新的视图样板。

（1）打开一个项目文件，在项目浏览器中选择要从中创建视图样板的视图。

（2）单击"视图"选项卡"图形"面板"视图样板" 下拉列表中的"从当前视图创建样板"按钮 ，打开"新视图样板"对话框，输入名称为"新样板"，如图 2-105 所示。

（3）单击"确定"按钮，打开"视图样板"对话框，为新建的样板设置属性值。

（4）设置完成后，单击"确定"按钮，完成新样板的创建。

图 2-105 "新视图样板"对话框

3. 将样板属性应用于当前视图

将视图样板应用到视图时，视图样板属性会立即影响视图。但是，以后对视图样板所做的修改不会影响该视图。

（1）打开一个项目文件，在项目浏览器中选择要应用视图样板的视图。

（2）单击"视图"选项卡"图形"面板"视图样板" 下拉列表中的"将样板属性应用于当前视图"按钮 ，打开"应用视图样板"对话框，如图 2-106 所示。

（3）在"名称"列表中选择要应用的视图样板，还可以根据需要修改视图样板。

（4）单击"确定"按钮，视图样板的属性将应用于选定的视图。

图 2-106 "应用视图样板"对话框

2.6.3 可见性/图形替换

本节介绍如何控制项目中各个视图的模型图元、基准图元和视图专有图元的可见性和图形显示。

单击"视图"选项卡"图形"面板中的"可见性/图形"按钮（快捷键：VG）或单击"结构平面"属性选项卡可见性/图形替换栏中的"编辑"按钮 编辑... ，打开"可见性/图形替换"对话框，如图 2-107 所示。

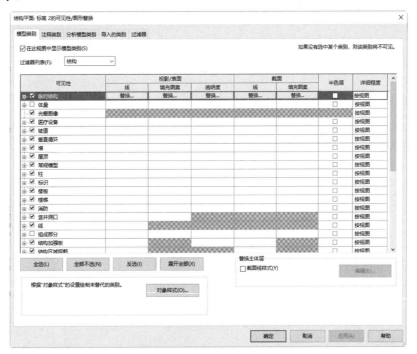

图 2-107 "可见性/图形替换"对话框

"可见性/图形替换"对话框中的选项卡可以将类别分组为"模型类别""注释类别""分析模型类别""导入的类别"和"过滤器"。每个选项卡下的类别表可按规程进一步过滤为"建筑""结构""机械""电气""管道"和"基础设施"。在相应选项卡的可见性列表框中取消选中对应的复选框，可使其在视图中不显示。

2.6.4 过滤器

若要基于参数值控制视图中图元的可见性或图形显示，则可创建基于类别参数定义规则的过滤器。

（1）单击"视图"选项卡"图形"面板中的"过滤器"按钮 ▣，打开"过滤器"对话框，如图 2-108 所示。对话框中按字母顺序列出过滤器，并按基于规则和选择的树状结构给过滤器排序。

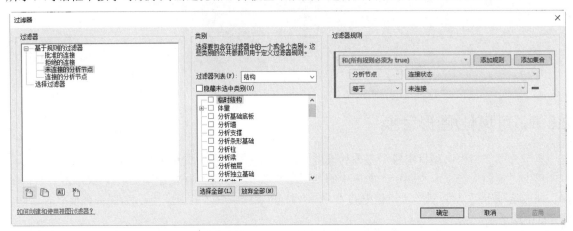

图 2-108 "过滤器"对话框

（2）单击"新建"按钮 ▣，打开如图 2-109 所示的"过滤器名称"对话框，输入过滤器名称，单击"确定"按钮，创建一个新的基于规则的过滤器。

（3）选取过滤器，单击"复制"按钮 ▣，复制的新过滤器将显示在"过滤器"列表中，然后单击"重命名"按钮 ▣，打开"重命名"对话框，输入新名称，如图 2-110 所示，单击"确定"按钮。

图 2-109 "过滤器名称"对话框

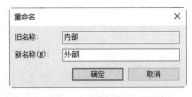

图 2-110 "重命名"对话框

（4）单击"删除"按钮 ▣，从项目或任何应用的视图中删除选定的过滤器。

（5）在"类别"中选择将包含在过滤器中的一个或多个类别。选定类别将确定可用于过滤器规则中的参数。

（6）在"过滤器规则"中选择过滤器条件、过滤器运算符等根据需要输入其他过滤器添加，最多可以添加三个条件。

（7）在操作符下拉列表中选择过滤器的运算符，包括等于、不等于、大于、大于或等于、小于、小于或等于、包含、不包含、开始部分是、开始部分不是、末尾是、末尾不是等。

☑　等于：字符必须完全匹配。

☑　不等于：排除所有与输入的值匹配的内容。

☑　大于：查找大于输入值的值。如果输入 20，则返回大于 20（不包含 20）的值。

☑ 大于或等于：查找大于或等于输入值的值。如果输入 20，则返回 20 及大于 20 的值。

☑ 小于：查找小于输入值的值。如果输入 20，则返回小于 20（不包含 20）的值。

☑ 小于或等于：查找小于或等于输入值的值。如果输入 20，则返回 20 及小于 20 的值。

☑ 包含：选择字符串中的任何一个字符。如果输入字符 R，则返回包含字符 R 的所有属性。

☑ 不包含：排除字符串中的任何一个字符。如果输入字符 R，则排除包含字符 R 的所有属性。

☑ 开始部分是：选择字符串开头的字符。如果输入字符 R，则返回以 R 开头的所有属性。

☑ 开始部分不是：排除字符串的首字符。如果输入字符 R，则排除以 R 开头的所有属性。

☑ 末尾是：选择字符串末尾的字符。如果输入字符 R，则返回以 R 结尾的所有属性。

☑ 末尾不是：排除字符串末尾的字符。如果输入字符 R，则排除以 R 结尾的所有属性。

（8）完成过滤器条件的创建后，单击"确定"按钮。

2.6.5 视图范围

视图范围是可以控制视图中对象的可见性和外观的一组水平平面。

单击"结构平面"属性选项卡"视图范围"栏中的"编辑"按钮 ，打开"视图范围"对话框，如图 2-111 所示。

图 2-111 "视图范围"对话框

"视图范围"对话框中的选项说明如下。

☑ 顶部：设置主要范围的上边界。根据标高和距此标高的偏移定义上边界。

☑ 剖切面：设置平面视图中图元的剖切高度，使低于该剖切面的建筑构件以投影显示，而与该剖切面相交的其他建筑构件显示为截面。显示为截面的建筑构件包括墙、屋顶、天花板、楼板和楼梯。

☑ 底部：设置"主要范围"下边界的标高。

☑ 视图深度：在指定标高间设置图元可见性的垂直范围。在结构平面中，"视图深度"低于或高于剖切面，具体取决于"视图方向"。如果"视图方向"为"向下"，则"视图深度"低于剖切面；如果"视图方向"为"向上"，则"视图深度"高于剖切面。

第3章

布局

知识导引

通过新建项目，然后定义标高、轴网等，开始结构模型的设计。通过创建标高和轴网来为项目建立上下关系和准则。

⊙　　绘制标高　　　　　　　　　　　　⊙　　绘制轴网

任务驱动&项目案例

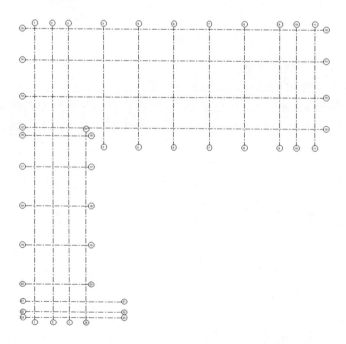

3.1 绘制标高

在 Revit 中，几乎所有的结构构件都是基于标高创建的，标高不仅可以作为楼层层高，还可以作为窗台和其他构件的定位。当标高修改后，这些建筑构件会随着标高的改变而发生高度上的变化。

在 Revit 中，标高由标头和标高线组成，如图 3-1 所示。标头包括标高的标头符号样式、标高值、标高名称等，标头符号由该标高采用的标头族定义。标高线用于反映标高对象投影的位置、线型、线宽和线颜色等，它由标高类型参数中对应的参数定义。

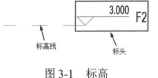

图 3-1 标高

视频讲解

3.1.1 创建标高

使用"标高"工具可定义垂直高度或结构内的楼层标高，可为每个已知楼层或其他必需的结构参照（例如，第二层、墙顶或基础底端）创建标高。

在 Revit 中，"标高"命令必须在立面和剖面视图中才能使用，因此在正式开始项目设计之前，必须先打开一个立面视图。

（1）单击主页上的"模型"→"新建"按钮 💬 新建...，打开"新建项目"对话框，在"样板文件"下拉列表中选择"结构样板"，选中"项目"单选按钮，如图 3-2 所示。单击"确定"按钮，新建项目 1 文件，并显示结构平面标高 2。

（2）在如图 3-3 所示的项目浏览器中的"立面（建筑立面）"节点下，双击"东"，将视图切换至东立面视图。在东立面视图中显示预设的标高，如图 3-4 所示。

图 3-2 "新建项目"对话框

图 3-3 项目浏览器

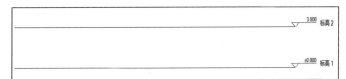

图 3-4 预设标高

Note

> **提示：**一般建筑专业选择"建筑样板"，结构专业选择"结构样板"。如果项目中既有建筑又有结构，或者不完全为单一专业绘图，就选择"构造样板"。

（3）单击"结构"选项卡"基准"面板中的"标高"按钮 （快捷键：LL），打开"修改|放置标高"选项卡，如图 3-5 所示。

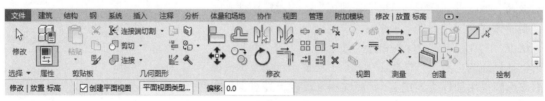

图 3-5　"修改|放置 标高"选项卡

"修改|放置 标高"选项卡中的选项说明如下。

☑ 创建平面视图：默认选中此复选框，所创建的每个标高都是一个楼层，并且拥有关联楼层平面视图和天花板投影平面视图。如果取消选中此复选框，则认为标高是非楼层的标高或参照标高，并且不创建关联的平面视图。墙及其他以标高为主体的图元可以将参照标高用作自己的墙顶定位标高或墙底定位标高。

☑ 平面视图类型：选择此选项，打开如图 3-6 所示的"平面视图类型"对话框，可以指定视图类型。

（4）当放置光标以创建标高时，如果光标与现有标高线对齐，则光标和该标高线之间会显示一个临时的垂直尺寸标注，如图 3-7 所示。单击以确定标高的起点。

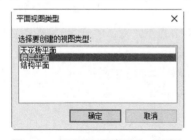

图 3-6　"平面视图类型"对话框

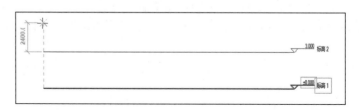

图 3-7　对齐标头

（5）通过水平移动光标绘制标高线，直到捕捉到另一侧标头，如图 3-8 所示，单击以确定标高线的终点。

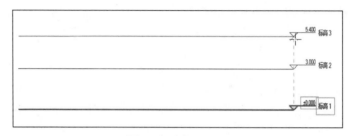

图 3-8　对齐另一侧

（6）选择与其他标高线对齐的标高线时，将会出现一个锁以显示对齐，如图 3-9 所示。如果水平移动标高线，则全部对齐的标高线会随之移动。

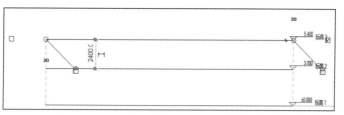

图 3-9 锁定对齐

（7）选中视图中标高 2，显示临时尺寸值，双击尺寸值 3000.0，在文本框中输入新的尺寸值为 4450，按 Enter 键确认，更改标高的高度，系统将自动调整标高线的位置，如图 3-10 所示。

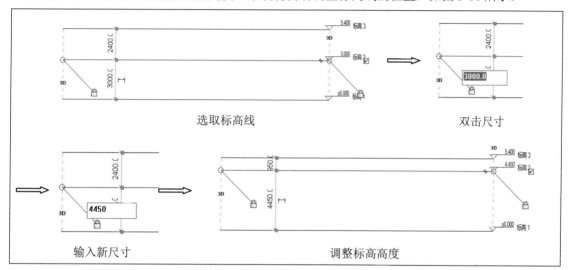

图 3-10 更改标高高度

（8）选中视图中标高 3，显示如图 3-11 所示的"属性"选项板，更改立面为 8950，系统将自动调整标高线的位置，如图 3-11 所示。对实例属性的修改只会影响当前所选中的图元。

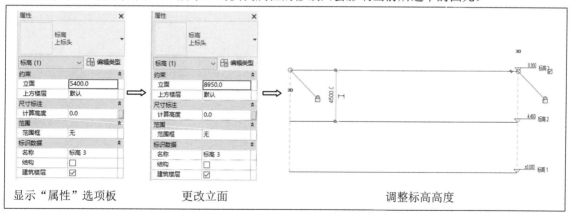

图 3-11 通过"属性"选项板更改标高高度

标高"属性"选项板中的主要选项说明如下。

☑ 立面：标高的垂直高度。

☑ 上方楼层：与"建筑楼层"参数结合使用，此参数指示该标高的下一个建筑楼层。默认情况

Note

下，"上方楼层"是下一个启用"建筑楼层"的最高标高。

☑ 计算高度：在计算房间周长、面积和体积时要使用标高之上的距离。

☑ 名称：标高的标签。可以为该属性指定任何所需的标签或名称。

☑ 结构：将标高标识为主要结构（如钢顶部）。

☑ 建筑楼层：指示标高对应于模型中的功能楼层或楼板，与其他标高（如平台和保护墙）相对。

（9）双击标高 1 标头上的尺寸值 0，在文本框中输入新的尺寸值-0.05（标头上显示的尺寸值以 m 为单位），按 Enter 键更改标高的高度，系统自动调整标高线位置，如图 3-12 所示。

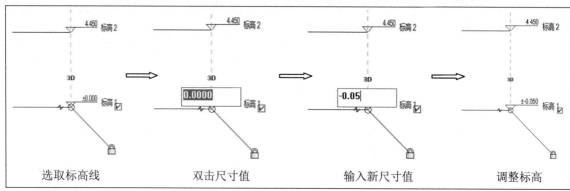

图 3-12　更改标头尺寸

（10）单击"修改"选项卡"修改"面板中的"复制"按钮 （快捷键：CO），选取视图中的标高 3，然后按 Enter 键，显示选项栏，选中"约束"和"多个"复选框，指定起点，根据显示的临时尺寸移动鼠标到适当位置，单击以确定终点，也可以直接输入尺寸值确定两轴线的间距，如图 3-13 所示。复制的轴线编号是自动排序的。

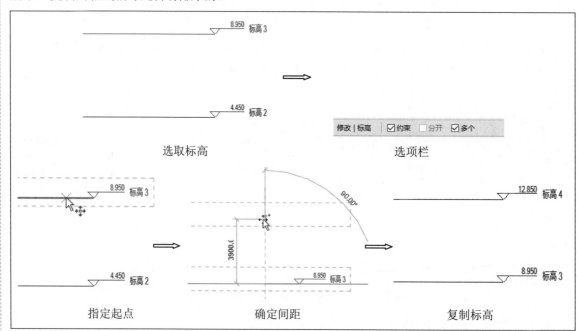

图 3-13　复制标高过程

（11）单击"修改"选项卡"修改"面板中的"阵列"按钮 （快捷键：AR），选取视图中的标高 4，然后按 Enter 键，在选项栏中取消选中"成组并关联"复选框，选择"第二个"选项，输入项目数为 5，指定阵列起点，拖动鼠标向上移动，根据显示的临时尺寸移动鼠标到适当位置，也可以直接输入尺寸值确定两轴线之间的间距，绘制过程如图 3-14 所示。

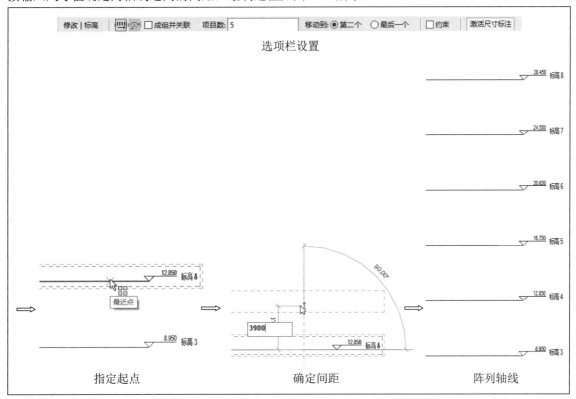

图 3-14　阵列轴线过程图

注意：采用"最后一个"选项阵列出来的轴线编号不是按顺序编号的，但是采用"第二个"选项阵列出来的轴线编号是按顺序编号的。

注意：绘制标高和复制/阵列标高都是建立新标高的有效方法。两者之间的区别在于：通过绘制标高的方法在新建标高时，会默认同时建立对应的结构平面，并且在视图中标高标头的颜色为蓝色；通过复制/阵列标高的方法在新建标高时，不会建立对应的平面视图，并且在视图中标高标头的颜色为黑色。

（12）利用"复制"命令🗔和"阵列"命令🔠创建的标高，只能单纯地创建标高符号而不会生成相应的平面视图，所以需要手动创建平面视图。单击"视图"选项卡"创建"面板"平面视图"🗔下拉列表中的"结构平面"按钮🗔，打开"新建结构平面"对话框，选取所有的标高，并选中"不复制现有视图"复选框，单击"确定"按钮，将标高创建平面视图，如图 3-15 所示。

（13）单击"结构"选项卡"基准"面板中的"标高"按钮（快捷键：LL），将鼠标放置在标高 8 的上方，当显示一个临时的垂直尺寸标注时，直接输入尺寸值 3950，按 Enter 键确定标高的起点，水平移动鼠标，直到捕捉到另一侧标头，单击以确定标高线的终点，完成标高 9 的绘制，如图 3-16 所示。

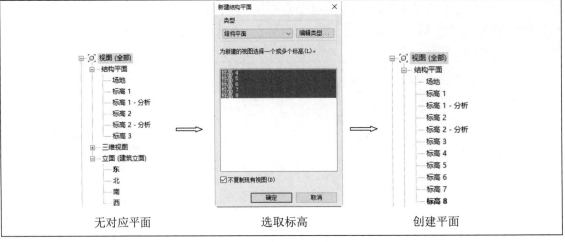

图 3-15　创建平面视图

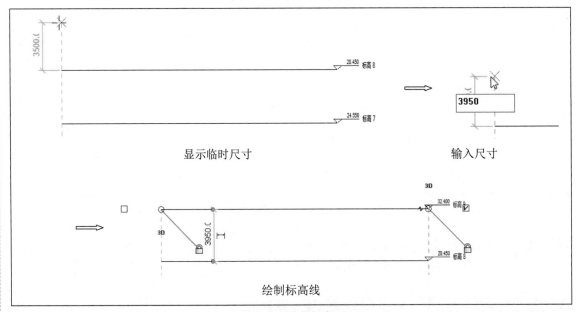

图 3-16　绘制标高 9

（14）采用相同的方法，绘制标高 10，如图 3-17 所示。

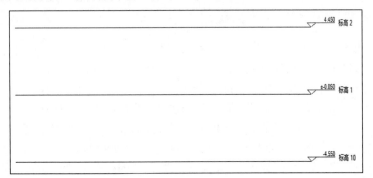

图 3-17　绘制标高 10

注意：在绘制标高时，要注意鼠标的位置。如果鼠标在现有标高的上方，则会在当前标高上方生成标高；如果鼠标在现有标高的下方位置，则会在当前标高的下方生成标高。在拾取时，视图中会以虚线表示即将生成的标高位置，可以根据此预览来判断标高位置是否正确。

3.1.2 编辑标高

（1）选取标高 1 和标高 10，在属性选项板中更改类型为下标头，如图 3-18 所示。

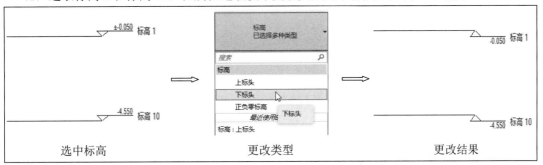

图 3-18 更改标高类型

（2）选取标高 10，单击标高的名称，在文本框中输入新的名称为-1F，按 Enter 键，打开如图 3-19 所示"确认标高重命名"对话框，单击"是"按钮，则相关的结构层平面的名称也将随之更新，如图 3-19 所示。

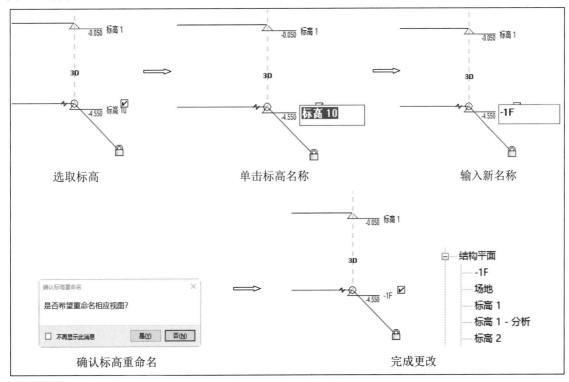

图 3-19 更改标高名称

（3）选中视图中标高 1，显示如图 3-20 所示的属性选项板，更改名称为 1F，按 Enter 键，打开如图 3-19 所示的"确认标高重命名"对话框，单击"是"按钮，系统将更改标高的名称，如图 3-20 所示。

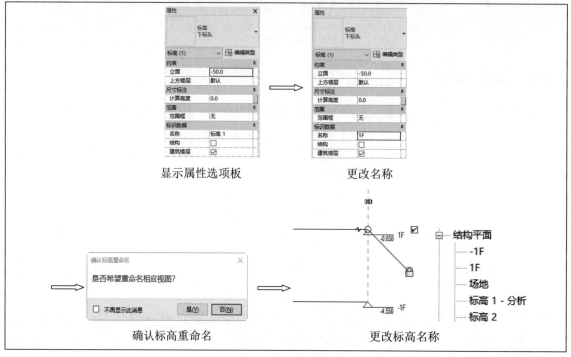

图 3-20   通过属性选项板更改标高名称

（4）采用相同的方法，更改其他标高名称，结果如图 3-21 所示。

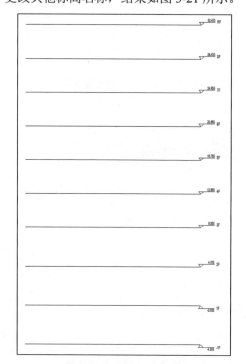

图 3-21   更改标高名称

提示：如果输入的名称已存在，则会打开如图 3-22 所示的"Autodesk Revit 2022"对话框进行错误提示，单击"取消"按钮，重新输入名称即可。

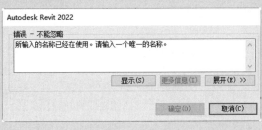

图 3-22　"Autodesk Revit 2022"错误提示对话框

（5）单击"结构"选项卡"基准"面板中的"标高"按钮（快捷键：LL），在 RF 标高线的上方绘制标高线并修改名称为"屋顶"，如图 3-23 所示。

图 3-23　绘制屋顶标高线

（6）选中标高线，拖动标高线两端的操纵柄，向左或向右移动鼠标，调整标高线的长度，如图 3-24 所示。

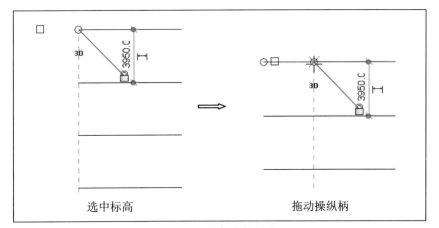

图 3-24　调整标高线长度

（7）单击属性选项板中的"编辑类型"按钮，打开如图 3-25 所示的"类型属性"对话框，可以在该对话框中修改标高类型"高程基准""线宽""颜色"等属性。

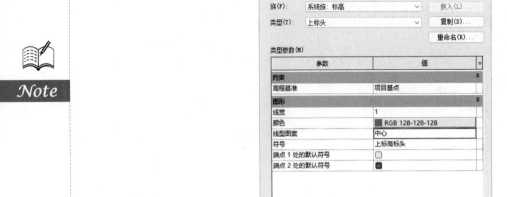

图 3-25　"类型属性"对话框

"类型属性"对话框中的选项说明如下。

☑　高程基准：包括项目基点和测量点。如果选择项目基点，则在某一标高上报告的高程基于项目原点。如果选择测量点，则报告的高程基于固定测量点。

☑　线宽：设置标高类型的线宽。可以从值列表中选择线宽型号。

☑　颜色：设置标高线的颜色。单击颜色，打开"颜色"对话框，从对话框的颜色列表中选择颜色或自定义颜色。

☑　线型图案：设置标高线的线型图案。线型图案可以为实线或虚线和圆点的组合，可以从 Revit 定义的值列表中选择线型图案，或自定义线型图案。

☑　符号：确定标高线的标头是否显示编号中的标高号（标高标头-圆圈）、显示标高号但不显示编号（标高标头-无编号）或不显示标高号（<无>）。

☑　端点 1 处的默认符号：默认情况下，在标高线的左端点处不放置编号，选中此复选框，可以显示编号。

☑　端点 2 处的默认符号：默认情况下，在标高线的右端点处放置编号。选择标高线时，标高编号旁边将显示复选框，取消选中此复选框，将隐藏编号。

📢 提示：当相邻两个标高靠得很近时，有时会出现标头文字重叠现象，可以单击"添加弯头"按钮 〰，拖动控制柄到适当的位置，如图 3-26 所示。

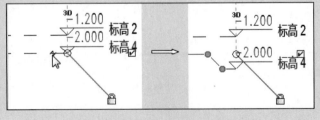

图 3-26　调整位置

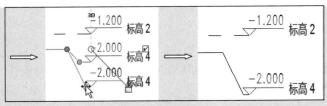

图 3-26 调整位置（续）

选取一条标高线，在标高编号的附近会显示"隐藏或显示标头"复选框，取消选中此复选框，将隐藏标头，选中此复选框，将显示标头，如图 3-27 所示。

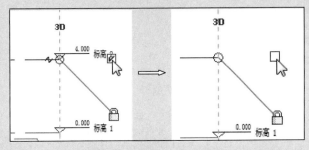

图 3-27 隐藏或显示标头

选取标高后，单击"3D"字样，将标高切换到 2D 属性，如图 3-28 所示。这时拖曳标头延长标高线，其他视图不会受到影响。

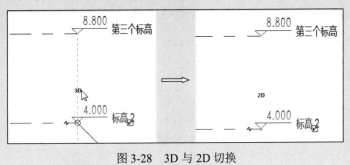

图 3-28 3D 与 2D 切换

（8）单击"文件"下拉菜单中的"另存为"→"项目"命令，打开"另存为"对话框，指定文件保存位置并输入文件名，单击"保存"按钮保存文件。

3.2 绘制轴网

轴网用于为构件定位，在 Revit 中轴网确定了一个不可见的工作平面。软件目前可以绘制弧形和直线轴网，不支持折线轴网。

使用"轴网"工具可以在建筑设计中放置轴网线。轴网可以是直线、圆弧或多段。

在 Revit 中轴网只需要在任意剖面视图中绘制一次，其他平面、立面、剖面视图中都将自动显示。

3.2.1 方法一

（1）打开 3.1 节绘制的文件，在项目浏览器中的结构平面节点下双击-1F 层，将视图切换至-1F 层平面，楼层平面视图中的符号〇表示本项目中东、南、西、北各立面视图的位置，双击此符号将视图切换至对应的立面视图。

（2）单击"建筑"选项卡"基准"面板中的"轴网"按钮🞷（快捷键：GR），打开"修改|放置 轴网"选项卡，如图 3-29 所示。系统默认激活"线"按钮🞷。

图 3-29　"修改|放置 轴网"选项卡

（3）单击以确定轴线的起点，向下移动鼠标，系统将在鼠标位置和起点之间显示轴线预览，并给出当前轴线方向与水平方向的临时角度，移动鼠标到适当位置单击以确定轴线的终点，完成一条竖直轴线的绘制，如图 3-30 所示。

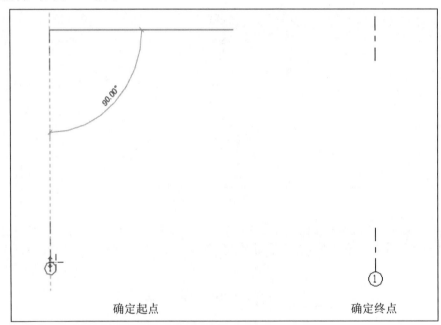

确定起点　　　　　　　　　　　　确定终点

图 3-30　绘制轴线 1

（4）移动鼠标到轴线 1 起点的右侧，系统将自动捕捉该轴线的起点，给出端点对齐捕捉参考线，并在鼠标和轴线之间显示临时尺寸，单击以确定轴线的起点，鼠标向下移动，直到捕捉轴线 1 另一侧端点时单击以确定轴线的端点，完成轴线 2 的绘制，系统自动对轴线编号为 2，如图 3-31 所示。

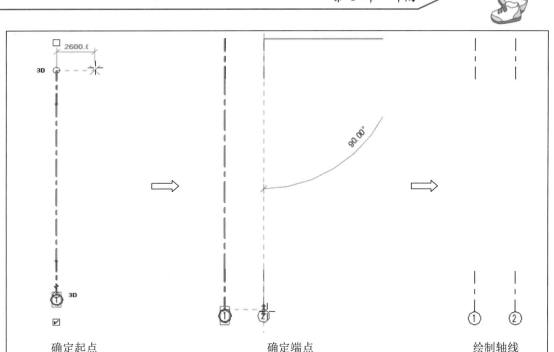

确定起点   确定端点   绘制轴线

图 3-31 绘制轴线 2

（5）选取轴线 2，图中将会显示临时尺寸，单击轴线 2 左侧的临时尺寸值 2600，输入新的尺寸值 4400，按 Enter 键确认，轴线会根据新的尺寸值移动位置，如图 3-32 所示。

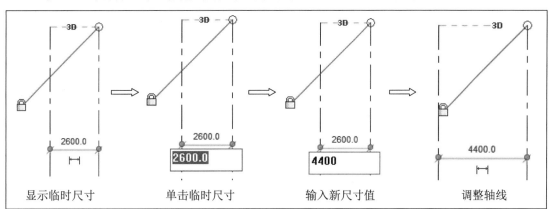

显示临时尺寸   单击临时尺寸   输入新尺寸值   调整轴线

图 3-32 修改轴线之间的尺寸过程

提示：如果轴线是对齐的，则在选择线时会出现一个锁以指明对齐。如果移动轴网范围，则所有对齐的轴线都会随之移动。

（6）单击"建筑"选项卡"基准"面板中的"轴网"按钮（快捷键：GR），移动鼠标到轴线 2 起点的右侧，系统将自动捕捉该轴线的起点，给出端点对齐捕捉参考线，并在鼠标和轴线之间显示临时尺寸。直接输入尺寸值 4000，按 Enter 键确定轴线的起点，向下移动鼠标，在适当位置单击以确定终点，完成轴线 3 的绘制，如图 3-33 所示。系统将自动按轴线编号累计 1 的方式自动命名轴线编号为 3。

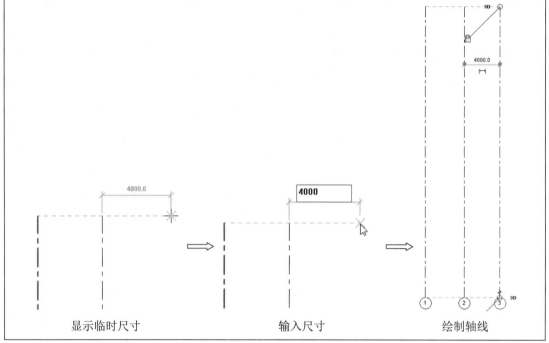

| 显示临时尺寸 | 输入尺寸 | 绘制轴线 |

图 3-33　绘制轴线 3

（7）单击"修改"选项卡"修改"面板中的"阵列"按钮 ⊞（快捷键：AR），选取第（6）绘制的竖直轴线 3，在选项栏中取消选中"成组并关联"复选框，选择"第二个"选项，输入项目数为 7，选中"约束"复选框，指定阵列起点，拖动鼠标向右移动，输入阵列间距为 8400，按 Enter 键确定，绘制过程如图 3-34 所示。

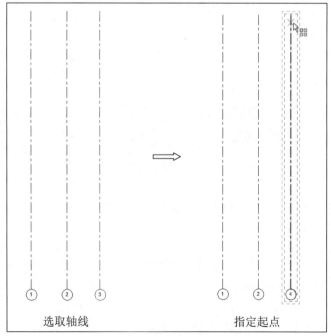

| 选取轴线 | 指定起点 |

图 3-34　阵列轴线过程图

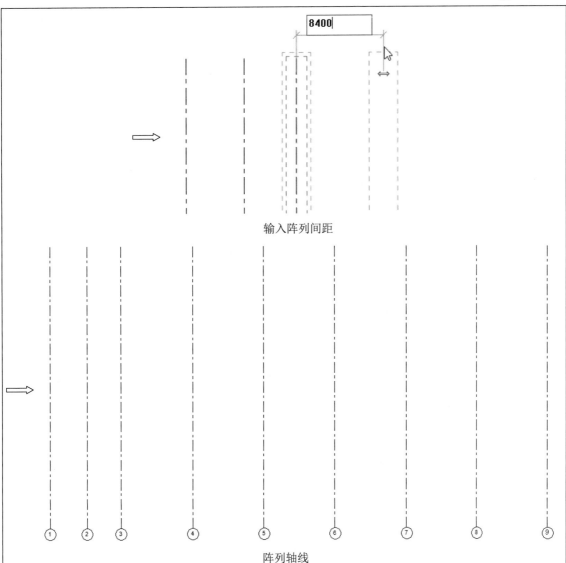

输入阵列间距

阵列轴线

图 3-34　阵列轴线过程图（续）

提示：采用"最后一个"选项阵列出来的轴线编号不是按顺序编号的，但是采用"第二个"选项
阵列出来的轴线编号是按顺序编号的。

（8）单击"修改"选项卡"修改"面板中的"复制"按钮（快捷键：CO），选取第（7）步绘制的轴线 9，然后按 Enter 键，在选项栏中选中"多个"和"约束"复选框，指定起点，向右移动鼠标到适当位置或直接输入间距为 4000，按 Enter 键，继续向右移动，输入间距为 4400，按 Enter 键完成轴线 10 和轴线 11 的绘制，如图 3-35 所示。复制的轴线编号是自动排序的。

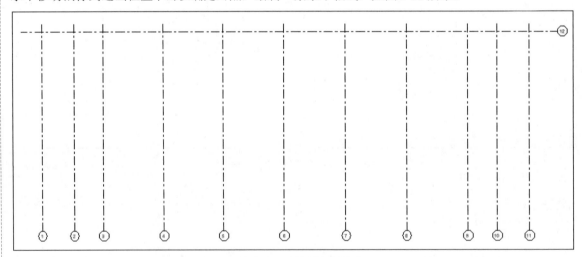

| 选取轴线 | 指定起点 | 确定轴线 9-10 的间距 | 确定轴线 10-11 的间距 | 复制轴线 |

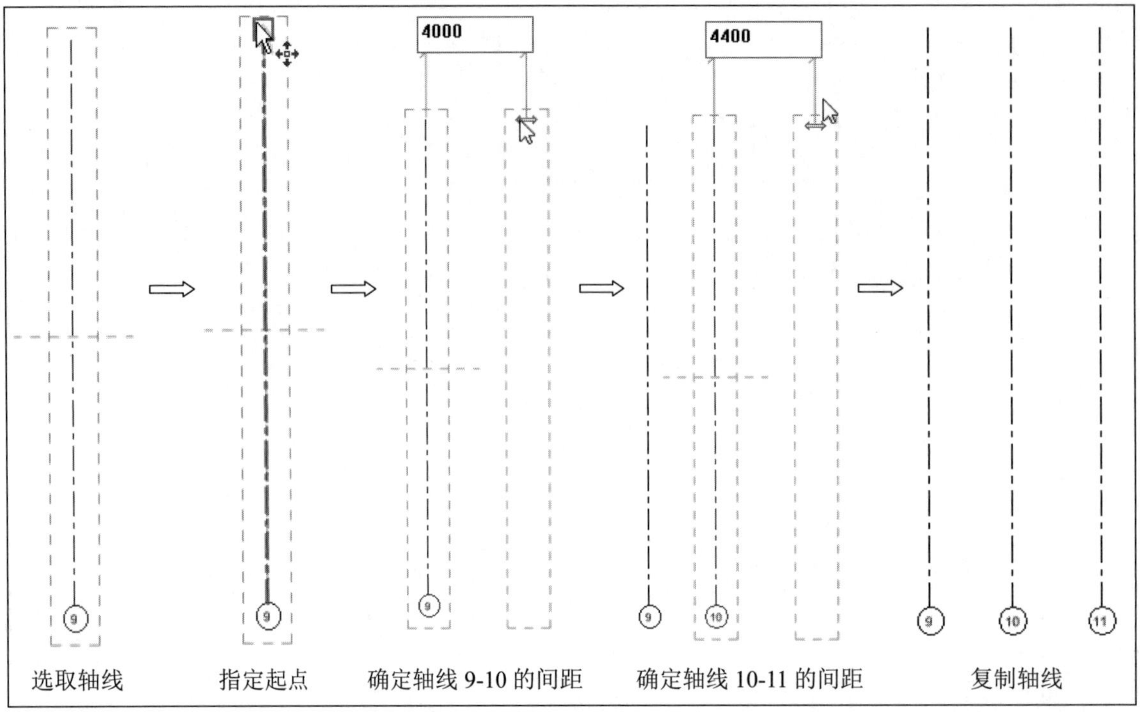

图 3-35　复制轴线 10 和 11

（9）单击"建筑"选项卡"基准"面板中的"轴网"按钮（快捷键：GR），指定轴线的起点，水平移动鼠标到适当位置单击以确定终点，绘制一条水平轴线，如图 3-36 所示。

图 3-36　绘制水平轴线

（10）重复上述方法，绘制其他水平轴线，具体尺寸如图 3-37 所示。

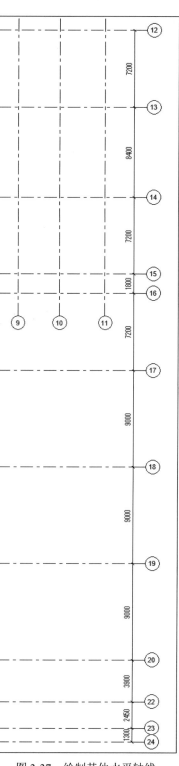

图 3-37 绘制其他水平轴线

（11）选取轴线 1，单击"创建和删除长度和对齐"按钮 ，解除对齐约束，拖动轴线的下端点，调整其长度，采用相同的方法调整轴线 2 和 3 的长度，如图 3-38 所示。

Note

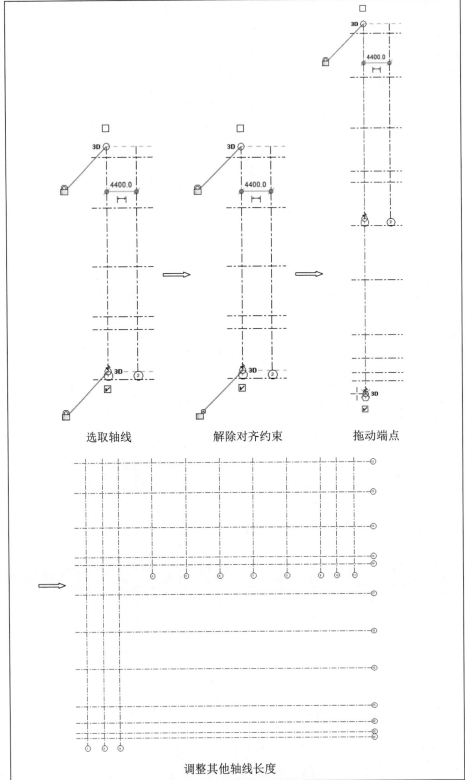

图 3-38　调整轴线长度

（12）选择水平轴线 15，单击数字"15"，更改为"5-A"，按 Enter 键确认，如图 3-39 所示。

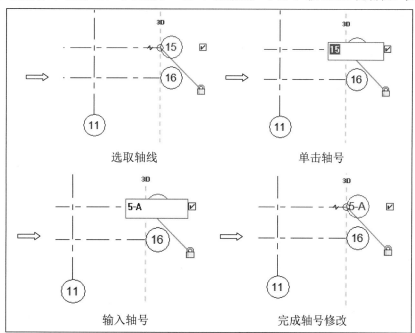

图 3-39　修改轴号过程

提示： 一般情况横向轴线的编号是按从左到右的顺序编写，纵向轴线的编号则用大写的拉丁字母从下到上编写，不能用 I 和 O 字母。

（13）采用相同方法更改其他轴线的编号，结果如图 3-40 所示。

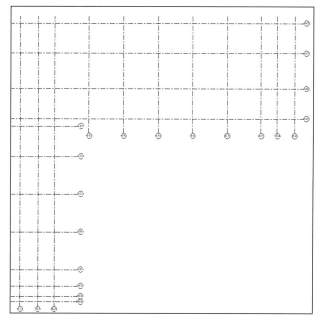

图 3-40　更改轴线编号

（14）单击"建筑"选项卡"基准"面板中的"轴网"按钮（快捷键：GR），绘制竖直轴线并修改轴号，如图 3-41 所示。

（15）选取视图中任一轴线，单击属性选项板中的"编辑类型"按钮，打开如图 3-42 所示的"类型属性"对话框，可以在该对话框中修改轴线类型的"符号""颜色"等属性。选中"平面视图轴号端点 1（默认）"复选框，单击"确定"按钮，结果如图 3-43 所示。

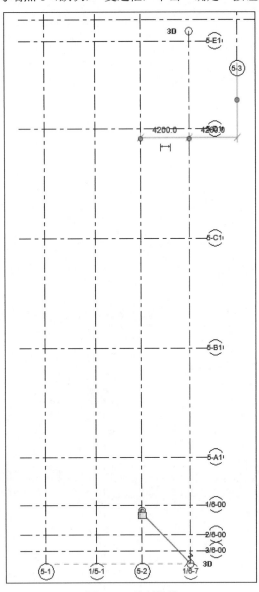

图 3-41　绘制轴线

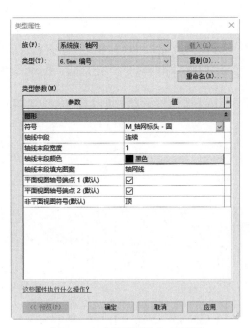

图 3-42　"类型属性"对话框

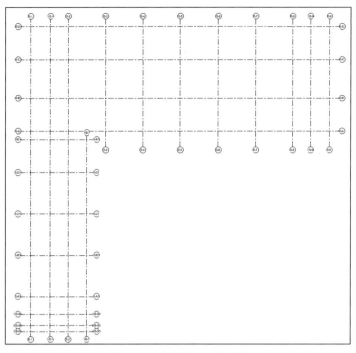

图 3-43 显示端点 1 的轴号

"类型属性"对话框中的选项说明如下。

☑ 符号：用于轴线端点的符号。

☑ 轴线中段：在轴线中显示的轴线中段的类型。包括"无""连续"或"自定义"，如图 3-44 所示。

☑ 轴线末段宽度：表示连续轴线的线宽，或者在"轴线中段"为"无"或"自定义"的情况下表示轴线末段的线宽，如图 3-45 所示。

图 3-44 直线中段形式   图 3-45 轴线末段宽度

☑ 轴线末段颜色：表示连续轴线的线颜色，或者在"轴线中段"为"无"或"自定义"的情况下表示轴线末段的线颜色，如图 3-46 所示。

☑ 轴线末段填充图案：表示连续轴线的线样式，或者在"轴线中段"为"无"或"自定义"的情况下表示轴线末段的线样式，如图 3-47 所示。

图 3-46 轴线末段颜色   图 3-47 轴线末段填充图案

☑ 平面视图轴号端点 1（默认）：在平面视图中，在轴线的起点处显示编号的默认设置。也就是说，在绘制轴线时，编号在其起点处显示。

☑ 平面视图轴号端点 2（默认）：在平面视图中，在轴线的终点处显示编号的默认设置。也就是说，在绘制轴线时，编号显示在其终点处。

☑ 非平面视图符号（默认）：在非平面视图的项目视图（例如，立面视图和剖面视图）中，轴线上显示编号的默认位置，包括"顶""底""两者"（顶和底）或"无"。 如果需要，可以显示或隐藏视图中各轴网线的编号。

（16）选取轴线 5-E1，取消选中轴线右侧的复选框，取消右侧轴号显示，如图 3-48 所示。

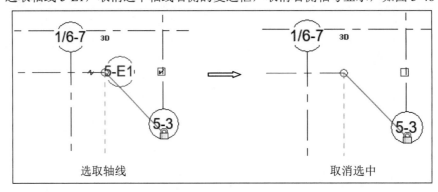

图 3-48 取消轴号显示

（17）采用相同的方法，取消其他轴线轴号的显示，如图 3-49 所示。

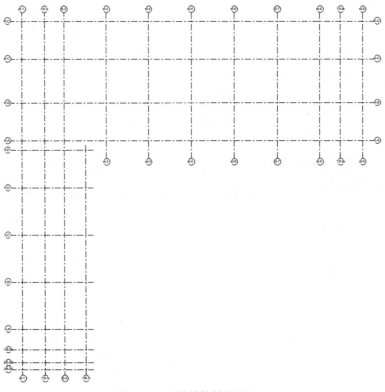

图 3-49 取消其他轴号显示

Note

提示：单击"添加弯头"按钮 ，添加弯头，如图 3-50 所示。

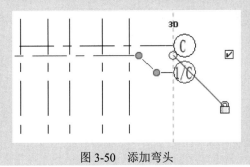

图 3-50　添加弯头

（18）单击"文件"下拉菜单中的"另存为"→"项目"命令，打开"另存为"对话框，指定文件的保存位置并输入文件名，单击"保存"按钮。

3.2.2　方法二

（1）打开 3.1.2 节绘制的文件。在项目浏览器中双击楼层平面节点下的-1F，将视图切换到 1F 楼层平面视图。

（2）单击"插入"选项卡"导入"面板中的"导入 CAD"按钮 ，打开"导入 CAD 格式"对话框，选择"基础结构平面图"，设置定位为"自动-原点到内部原点"，放置于"-1F"，选中"定向到视图"复选框，导入单位为"毫米"，其他采用默认设置，如图 3-51 所示，单击"打开"按钮，导入 CAD 图纸。

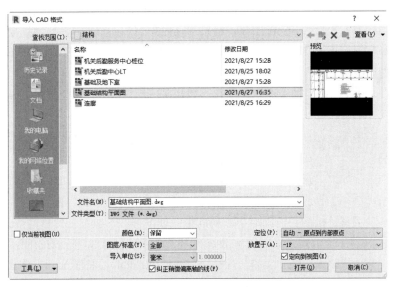

图 3-51　"导入 CAD 格式"对话框

"导入 CAD 格式"对话框中的选项说明如下。

☑　仅当前视图：仅将 CAD 图纸导入活动视图中，图元行为类似注释。如果未选择此选项，则导入行为类似模型几何图形，并在所有视图中可用。

视 频 讲 解

☑ 颜色：设置导入文件的颜色，包括反转、保留和黑白三个选项。

- 反转：将来自导入文件的所有线和文字对象的颜色反转为 Revit 专用颜色。 深色变浅，浅色变深。

- 保留：保留在导入的文件中定义的颜色。RGB 颜色会导入为索引颜色并转换为 RGB 颜色，RGB 颜色可能不是 100%匹配原始文件。

- 黑白：以黑白方式导入文件。

☑ 图层/标高：设置导入文件的图层或标高，包括全部、可见和指定三个选项。

- 全部：导入或链接所有图层。将在 Revit 的当前视图中关闭链接中不可见的图层。

- 可见：只导入或链接可见图层。

- 指定：允许选择要导入或链接的图层和标高（在显示的对话框上），并删除未选择的图层。

- 导入单位：为导入的几何图形明确设置测量单位。包括自动检测、英尺、英寸、米、分米、厘米、毫米和自定义系数。如果为一个以英制创建的 AutoCAD 文件指定"自动检测"，则该文件将以英尺和英寸为单位导入。如果 AutoCAD 文件是以公制创建的，则文件将以毫米为单位导入 Revit 中。

☑ 纠正稍微偏离轴的线：默认选中此复选框，可以自动更正稍微偏离轴（小于 0.1 度）的线，并且有助于避免从这些线生成的 Revit 图元出现问题。

☑ 定位：指定链接的几何图形如何相对于主体模型进行放置。

- 自动—中心到中心：将链接几何图形的中心放置到主体 Revit 模型的中心。

- 自动—原点到内部原点：将链接几何图形的原点放置到 Revit 主体模型的原点。

- 自动—通过共享坐标：链接几何图形在主体 Revit 模型中，根据共享坐标进行放置。

- 手动—原点：在当前视图中显示链接的几何图形，同时光标会放置在导入项或链接项的视图坐标原点上。移动光标以调整链接几何图形的位置，在视图中单击以在主体 Revit 模型中放置几何图形。

- 手动—中心：在当前视图中显示传入的几何图形，同时光标会放置在导入项或链接项的几何中心上。

☑ 放置于：在模型中选择标高，以定位 CAD 文件。选定的标高将设置为模型中 CAD 文件的基准标高。

☑ 定向到视图：如果"正北"和"项目北"未在主体 Revit 模型中对齐，使用该选项可在视图中对 CAD 文件进行定向。如果视图设置为"正北"，而"正北"已转离"项目北"，则取消选中此选项可将链接的几何图形与"项目北"对齐。

（3）移动立面索引符号的位置，或者移动图纸使其位于立面索引符号的中间，调整好位置后，选取图纸，单击"修改"面板中的"锁定"按钮 （快捷键：PN），将图纸锁定使其不能进行移动，如图 3-52 所示。当图纸被锁定后，软件将无法删除该对象，需要解锁后才能进行删除。

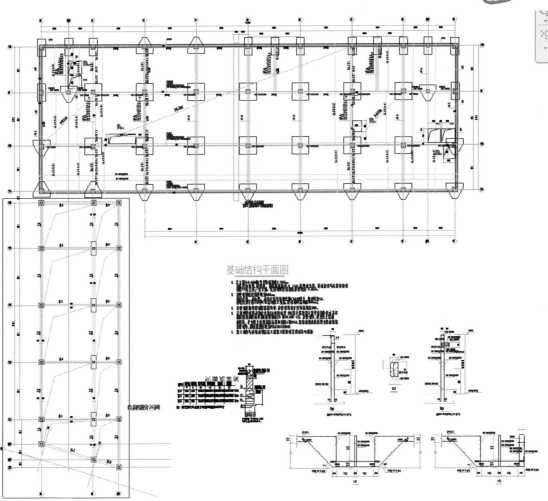

基础结构平面图

图 3-52　锁定图纸

（4）单击"建筑"选项卡"基准"面板中的"轴网"按钮（快捷键：GR），打开"修改|放置轴网"选项卡，单击"拾取线"按钮。

（5）在属性选项板中选择"轴网 6.5mm 编号"类型，单击"编辑类型"按钮，打开"类型属性"对话框，选中"平面视图轴号端点 1（默认）"复选框，其他选项采用默认设置，如图 3-53 所示，单击"确定"按钮。

（6）在绘图区先拾取 CAD 图纸中的竖直轴线，然后再拾取 CAD 图纸中的水平轴线，选取 CAD 图纸，单击"修改|基础结构平面图.dwg"选项卡"视图"面板中"在视图中隐藏"下拉列表中的"隐藏图元"按钮，隐藏 CAD 图纸，绘制的轴网如图 3-54 所示。

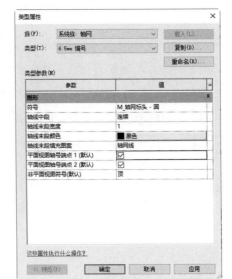

图 3-53　"类型属性"对话框

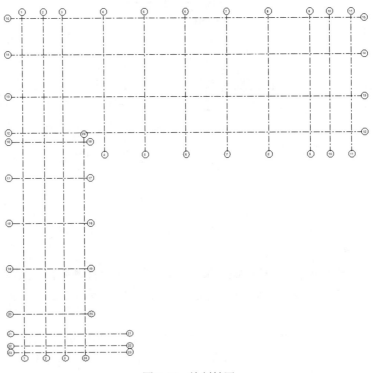

图 3-54　绘制轴网

（7）根据 3.2.1 节中介绍的方法，更改轴号名称并调整轴号的显示，结果如图 3-49 所示。

> **提示**：在创建标高和轴网时，一般先创建标高，然后再创建轴网，这样可以确保在所有的标高视图中轴网均能显示。如果先绘制轴网，再绘制标高，则轴网不在新建的标高视图中显示，可以在立面视图中通过拖拉轴网端点，以调整轴网在各标高视图中的可见性。

第4章

基础

知识导引

    基础是建筑底部与地基接触的承重构件，主要作用是将建筑上部的荷载传给地基，是房屋、桥梁及其他构筑物的重要组成部分。

⊙ 空心方桩   ⊙ 桩基承台

⊙ 布置桩基承台

 任务驱动&项目案例

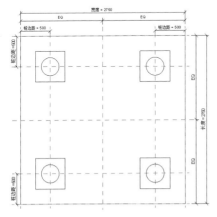

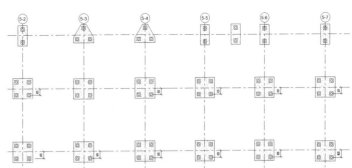

4.1 空 心 方 桩

（1）在主视图中单击"族"→"新建"或者单击"文件"→"新建"→"族"命令，打开"新族-选择样板文件"对话框，选择"公制结构基础.rft"为样板族，如图 4-1 所示，单击"打开"按钮进入族编辑器，如图 4-2 所示。

图 4-1　"新族-选择样板文件"对话框

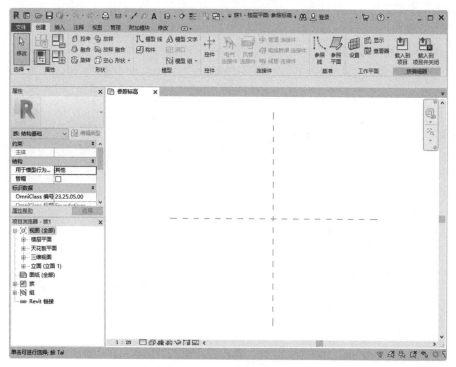

图 4-2　族编辑器

（2）单击"创建"选项卡"基准"面板中的"参照平面"按钮 （快捷键：RP），打开如图 4-3 所示的"修改|放置 参照平面"选项卡，系统默认激活"线"按钮，在选项栏中输入偏移值为 200，捕捉中间的参照平面，从上向下绘制，在其右侧会出现新的参照平面，距离中间参照平面为 200；再次捕捉中间的参照平面，从下向上绘制，在其左侧会出现新的参照平面，距离中间参照平面为 200，采用相同的方法，绘制距离水平参照平面为 200 的参照平面，如图 4-4 所示。

图 4-3 "修改|放置 参照平面"选项卡

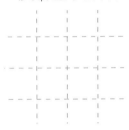

图 4-4 绘制参照平面

（3）单击"修改"选项卡"测量"面板中的"对齐尺寸标注"按钮（快捷键：DI），依次从左到右选取竖直参照平面，拖动尺寸到适当位置单击放置尺寸，然后单击 EQ 图标创建等分尺寸，如图 4-5 所示。

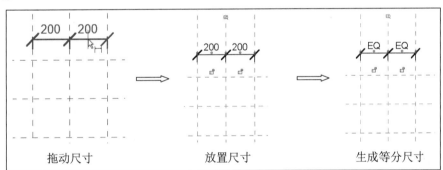

| 拖动尺寸 | 放置尺寸 | 生成等分尺寸 |

图 4-5 创建等分尺寸

（4）单击"修改"选项卡"测量"面板中的"对齐尺寸标注"按钮（快捷键：DI），选择左右两侧的竖直参照平面，拖动尺寸到适当位置单击放置尺寸，如图 4-6 所示。

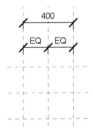

图 4-6 标注尺寸

（5）选中第（4）步标注的尺寸，打开如图 4-7 所示的"修改|尺寸标注"选项卡，单击"标签尺寸标注"面板中的"创建参数"按钮，打开"参数属性"对话框，选择参数类型为"族参数"，输入名称为 b，设置参数分组方式为"尺寸标注"，单击"确定"按钮，完成尺寸参数的添加，如图 4-8 所示。

（6）重复步骤（3）～（5），标注长度方向的尺寸，如图 4-9 所示。

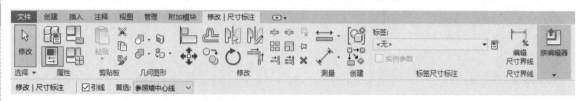

图 4-7　"修改|尺寸标注"选项卡

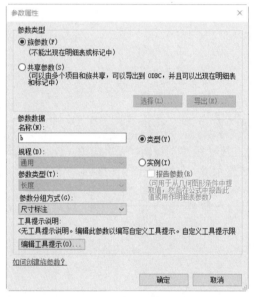

图 4-8　添加尺寸参数

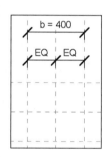
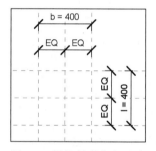

图 4-9　标注长度方向尺寸

（7）单击"创建"选项卡"形状"面板中的"拉伸"按钮，打开"修改|创建拉伸"选项卡，如图 4-10 所示。

图 4-10　"修改|创建拉伸"选项卡

（8）单击"绘制"面板中的"矩形"按钮，以参照平面为参照绘制轮廓线，单击视图中的"创建或删除长度或对齐约束"按钮，将轮廓线与参照平面进行锁定，如图 4-11 所示。

（9）单击"绘制"面板中的"圆"按钮，捕捉参照平面交点为圆心，移动鼠标同时输入半径为 120，按 Enter 键确认，绘制圆，如图 4-12 所示。

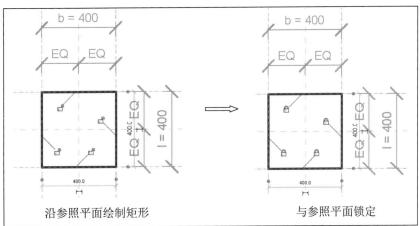

图 4-11　绘制矩形

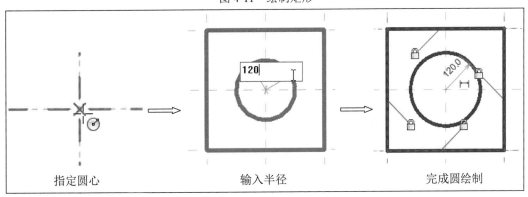

图 4-12　绘制圆

（10）单击临时尺寸 120 下方的图标╟┥，将临时尺寸转换为永久尺寸，单击"标签尺寸标注"面板中的"创建参数"按钮▤，打开"参数属性"对话框，选择参数类型为"族参数"，输入名称为"半径"，设置参数分组方式为"尺寸标注"，单击"确定"按钮，完成尺寸参数的添加，如图 4-13所示。

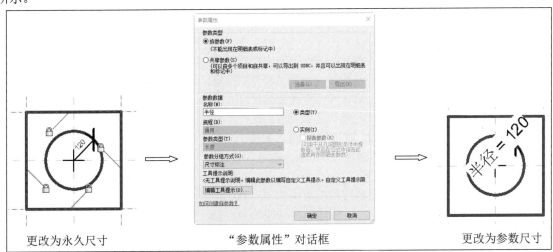

图 4-13　标注半径尺寸

（11）在属性选项板的材质栏中单击，显示按钮▥并单击，打开"材质浏览器"对话框，单击"主视图"→"AEC 材质"→"混凝土"节点，在列表中选取"混凝土，预制"材质，单击"将材质添加到文档中"按钮▣，将其添加到项目材质列表中。在该材质上单击鼠标右键，在弹出的快捷菜单中选择"复制"选项，如图 4-14 所示，然后将复制后的"混凝土，预制"重命名为"预应力混凝土"，其他采用默认设置，如图 4-15 所示。

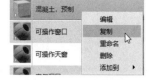

图 4-14　快捷菜单

图 4-15　创建预应力混凝土材质

（12）在"属性"选项板中设置"拉伸终点"为-2000，"拉伸起点"为 0，如图 4-16 所示。单击"模式"面板中的"完成编辑模式"按钮✔。

（13）将视图切换至前视图。单击"创建"选项卡"基准"面板中的"参照平面"按钮▱（快捷键：RP），打开"修改|放置 参照平面"选项卡，系统默认激活"线"按钮▱，在选项栏中输入偏移值为 16000，捕捉水平参照平面，从右向左绘制，在其下方会出现新的参照平面，距离水平参照平面 16000，如图 4-17 所示。

（14）单击"修改"选项卡"测量"面板中的"对齐尺寸标注"按钮✐（快捷键：DI），标注参照标高与第（13）步绘制的参照平面之间的尺寸，然后选中第（10）步标注的尺寸，单击"标签尺寸标注"面板中的"创建参数"按钮▤，打开"参数属性"对话框，选择参数类型为"族参数"，输入名称为"桩长"，设置参数分组方式为"尺寸标注"，单击"确定"按钮，完成尺寸参数的添加，如图 4-18 所示。

图 4-16　"属性"选项板

（15）单击"修改"选项卡"修改"面板中的"对齐"按钮▣（快捷键：AL），先拾取第（13）步绘制的参照平面，然后拾取拉伸体的下端面，单击"创建或删除长度或对齐约束"按钮◲，将拉伸体下端面与参照平面锁定，如图 4-19 所示。

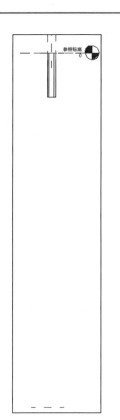

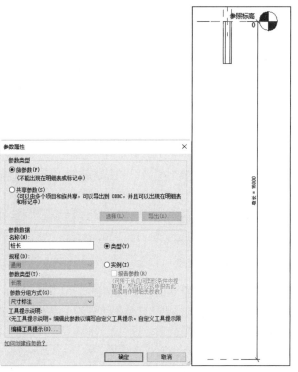

图 4-17　绘制水平参照平面　　　　　图 4-18　创建参数尺寸　　　　　图 4-19　添加对齐约束

（16）单击"修改"选项卡"属性"面板中的"族类型"按钮，打开如图 4-20 所示"族类型"对话框，单击"新建类型"按钮，打开"名称"对话框，输入名称为 KFZ，如图 4-21 所示，单击"确定"按钮，返回"族类型"对话框，如图 4-22 所示。单击"新建类型"按钮，打开"名称"对话框，输入名称为 HKFZ，单击"确定"按钮，返回"族类型"对话框，更改 b、l 为 500，桩长为 52000，半径为 150，如图 4-23 所示。单击"应用"按钮，观察视图中的图形随着参数的变化而变化，参数关联成功，单击"确定"按钮，完成空心方桩类型的创建。

图 4-20　"族类型"对话框　　　　　图 4-21　"名称"对话框

图 4-22　新建 KFZ 类型

图 4-23　新建"HKFZ"类型

（17）单击"快速访问"工具栏中的"保存"按钮 （快捷键：Ctrl+S），打开如图 4-24 所示的"另存为"对话框，输入文件名为"空心方桩"，单击"保存"按钮，保存族文件。

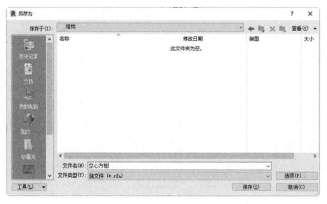

图 4-24　"另存为"对话框

4.2　桩基承台

4.2.1　桩基承台-1 根桩

视频讲解

（1）在主视图中单击"族"→"新建"或者单击"文件"→"新建"→"族"命令，打开"新族-选择样板文件"对话框，选择"公制结构基础.rft"为样板族，单击"打开"按钮进入族编辑器。

（2）单击"修改"选项卡"修改"面板中的"复制"按钮 （快捷键：CO），选取水平参照平面分别向上向下复制，间距为 400；然后选取竖直参照平面分别向左向右复制，复制间距为 400，如图 4-25 所示。

（3）单击"修改"选项卡"测量"面板中的"对齐尺寸标注"按钮 （快捷键：DI），标注等分尺寸和总尺寸，如图 4-26 所示。

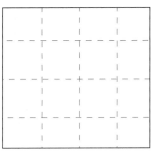

图 4-25 绘制参照平面

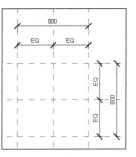

图 4-26 标注尺寸

（4）选取水平方向的总尺寸 800，在"修改|尺寸标注"选项卡的"标签"下拉列表中选择"宽度"，对尺寸添加标签，如图 4-27 所示。采用相同的方法，对竖直方向的总尺寸添加长度标签。

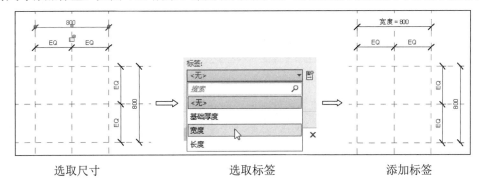

图 4-27 添加标签尺寸

（5）单击"创建"选项卡"形状"面板中的"拉伸"按钮，打开"修改|创建拉伸"选项卡，单击"绘制"面板中的"矩形"按钮，以参照平面为参照，绘制轮廓线，单击视图中的"创建或删除长度或对齐约束"按钮，将轮廓线与参照平面进行锁定，如图 4-28 所示。

（6）在"属性"选项板的材质栏中单击，显示按钮并单击，打开"材质浏览器-混凝土-现场浇注混凝土"对话框，选择"混凝土-现场浇注混凝土"，其他参数采用默认设置，如图 4-29 所示，单击"确定"按钮。

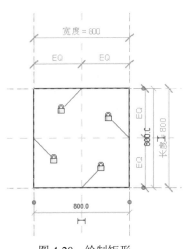

图 4-28 绘制矩形

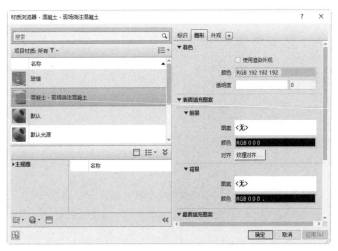

图 4-29 创建现场浇注混凝土

（7）在"属性"选项板中采用默认设置，单击"模式"面板中的"完成编辑模式"按钮✔。

（8）将视图切换至前视图。单击"创建"选项卡"基准"面板中的"参照平面"按钮◢（快捷键：RP），打开"修改|放置 参照平面"选项卡，系统默认激活"线"按钮◪，在选项栏中输入偏移值为 200，捕捉水平参照平面，从左向右移动鼠标，在其上方会出现新的参照平面，距离水平参照平面 200，如图 4-30 所示。

（9）单击"修改"选项卡"测量"面板中的"对齐尺寸标注"按钮✓（快捷键：DI），标注参照标高与第（8）步绘制的参照平面之间的尺寸，然后选中第（3）步标注的尺寸，在"标签"下拉列表中选择"基础厚度"，完成尺寸参数的添加，如图 4-31 所示。

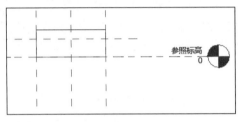

图 4-30　绘制水平参照平面

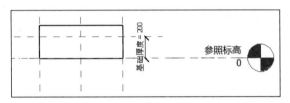

图 4-31　添加尺寸参数

（10）单击"修改"选项卡"修改"面板中的"对齐"按钮▛（快捷键：AL），先拾取第（8）步绘制的参照平面，然后拾取拉伸体的上端面，单击"创建或删除长度或对齐约束"按钮◰，将拉伸体上端面与参照平面锁定，如图 4-32 所示。

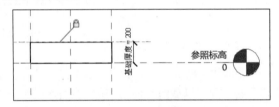

图 4-32　添加对齐约束

（11）单击"插入"选项卡"从库中载入"面板中的"载入族"按钮◳，打开"载入族"对话框，选取"空心方桩"族文件，如图 4-33 所示，单击"打开"按钮，将其载入当前族文件中。

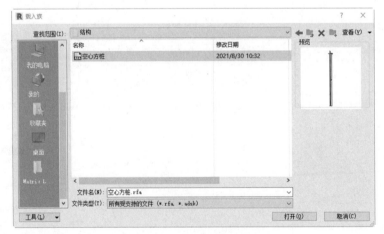

图 4-33　"载入族"对话框

（12）载入的族文件显示在项目浏览器的"族"→"结构基础"节点下，切换至参照标高视图，选择"空心方桩"节点下的 KFZ，将其拖曳到参照平面交点处，单击将其放置，如图 4-34 所示。

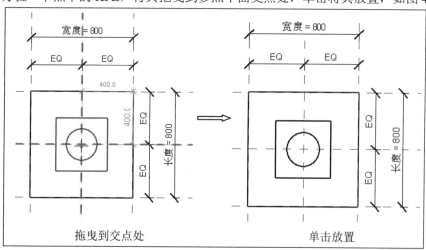

图 4-34 放置 KFZ

（13）将视图切换至前视图。单击"修改"选项卡"修改"面板中的"对齐"按钮（快捷键：AL），先拾取中间的竖直参照平面，然后拾取空心方桩的竖直中心，单击"创建或删除长度或对齐约束"按钮，将空心方桩与参照平面锁定。采用相同的方法，添加空心方桩上端面与水平参照标高的对齐关系，如图 4-35 所示。

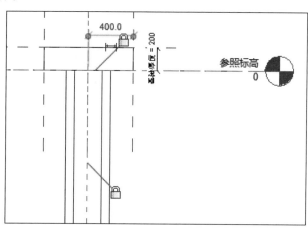

图 4-35 添加对齐关系

（14）单击"修改"选项卡"属性"面板中的"族类型"按钮，打开"族类型"对话框，单击"新建参数"按钮，打开"参数属性"对话框，设置参数分组方式为"构造"，参数类型为"族类型"，打开"选择类别"对话框，选择"结构基础"类别，如图 4-36 所示，单击"确定"按钮，返回"参数属性"对话框，输入名称为"桩类型"，其他参数采用默认设置，如图 4-37 所示。

（15）返回如图 4-38 所示的"族类型"对话框，单击"新建类型"按钮，打开"名称"对话框，输入名称为 800×800×200 mm，单击"确定"按钮，返回"族类型"对话框，单击"确定"按钮，完成 800×800×200 mm 类型的创建。

图 4-36 "选择类别"对话框

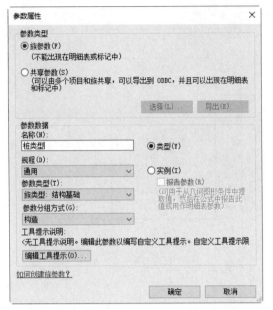

图 4-37 "参数属性"对话框

图 4-38 "族类型"对话框

（16）单击"快速访问"工具栏中的"保存"按钮 （快捷键：Ctrl+S），打开 "另存为"对话框，输入文件名为"桩基承台-1 根桩"，单击"保存"按钮，保存族文件。

4.2.2 桩基承台-2 根桩

（1）在主视图中单击"族"→"新建"或者单击"文件"→"新建"→"族"命令，打开"新族-选择样板文件"对话框，选择"公制结构基础.rft"为样板族，单击"打开"按钮进入族编辑器。

（2）单击"修改"选项卡"修改"面板中的"复制"按钮 （快捷键：CO），选取水平参照平面分别向上向下复制，间距为400；然后选取竖直参照平面分别向左向右复制，复制间距为1100，如图 4-39 所示。

视频讲解

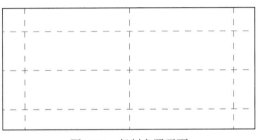

图 4-39　复制参照平面

（3）单击"修改"选项卡"测量"面板中的"对齐尺寸标注"按钮✐（快捷键：DI），标注等分尺寸和总尺寸，如图 4-40 所示。

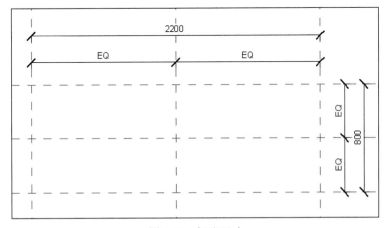

图 4-40　标注尺寸

（4）选取水平方向的总尺寸 2200，在"修改|尺寸标注"选项卡的"标签"下拉列表中选择"宽度"，对尺寸添加标签，采用相同的方法，对竖直方向的总尺寸添加长度标签，如图 4-41 所示。

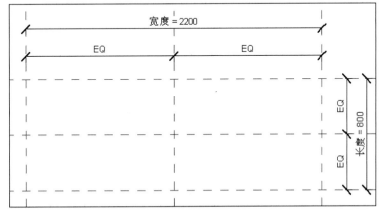

图 4-41　添加尺寸标签

（5）单击"创建"选项卡"形状"面板中的"拉伸"按钮🗐，打开"修改|创建拉伸"选项卡，单击"绘制"面板中的"矩形"按钮🗖，以参照平面为参照，绘制轮廓线，单击视图中的"创建或删除长度或对齐约束"按钮🖉，将轮廓线与参照平面进行锁定，如图 4-42 所示。

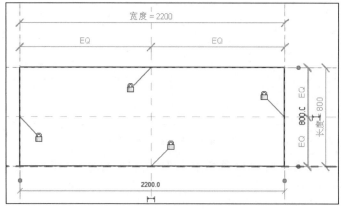

图 4-42　绘制矩形

（6）在"属性"选项板的材质栏中单击，显示按钮▦并单击，打开"材质浏览器"对话框，选择"混凝土-现场浇注混凝土"，其他参数采用默认设置，单击"确定"按钮。

（7）在"属性"选项板中采用默认设置，单击"模式"面板中的"完成编辑模式"按钮✔。

（8）将视图切换至前视图。单击"创建"选项卡"基准"面板中的"参照平面"按钮（快捷键：RP），打开"修改|放置 参照平面"选项卡，系统默认激活"线"按钮，在参照标高上方适当位置单击以确定参照平面的起点，水平移动鼠标到适当位置单击以确定参照平面的终点，绘制平面；双击参照平面的临时尺寸，尺寸处于编辑状态，输入新的尺寸，按 Enter 键确认，调整参照平面的位置，如图 4-43 所示。

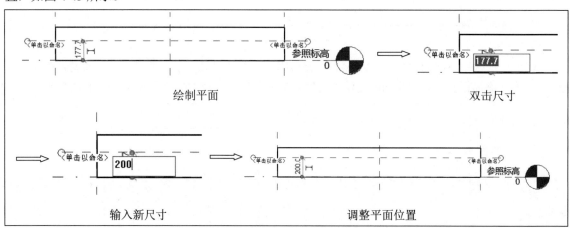

图 4-43　绘制参照平面

（9）单击临时尺寸 200 下方的图标，将临时尺寸转换为永久尺寸，然后选中尺寸，在"标签"下拉列表中选择"基础厚度"，完成尺寸参数的添加，如图 4-44 所示。

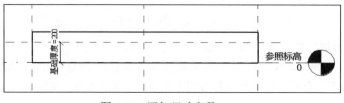

图 4-44　添加尺寸参数

（10）单击"修改"选项卡"修改"面板中的"对齐"按钮 （快捷键：AL），先拾取第（8）步绘制的参照平面，然后拾取拉伸体的上端面，单击"创建或删除长度或对齐约束"按钮 ，将拉伸体上端面与参照平面锁定，如图4-45所示。

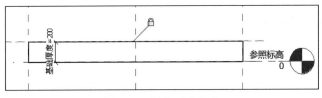

图4-45　添加对齐约束

（11）切换至参照标高视图。单击"修改"选项卡"修改"面板中的"复制"按钮 （快捷键：CO），选取两侧竖直参照平面并分别向左向右复制，复制间距为400，如图4-46所示。

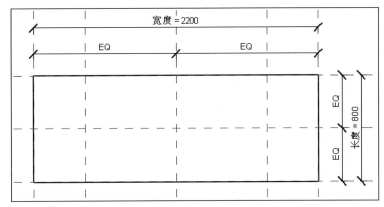

图4-46　复制参照平面

（12）单击"修改"选项卡"测量"面板中的"对齐尺寸标注"按钮 （快捷键：DI），标注两侧竖直参照尺寸，如图4-47所示。

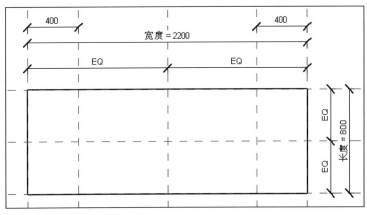

图4-47　标注尺寸

（13）选中第（12）步标注的尺寸，单击"标签尺寸标注"面板中的"创建参数"按钮 ，打开"参数属性"对话框，选择参数类型为"族参数"，输入名称为"桩边距"，设置参数分组方式为"尺寸标注"，单击"确定"按钮，完成尺寸参数的添加，如图4-48所示。

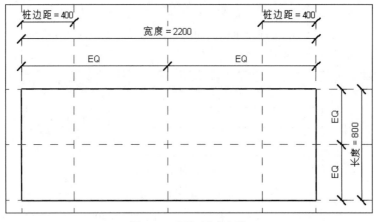

图 4-48　添加尺寸参数

（14）单击"插入"选项卡"从库中载入"面板中的"载入族"按钮，打开"载入族"对话框，选取"空心方桩"族文件，单击"打开"按钮，将其载入当前族文件中。

（15）在项目浏览器的"族"→"结构基础"→"空心方桩"节点下选取 KFZ，将其拖曳到参照平面交点处，单击将其放置，如图 4-49 所示。

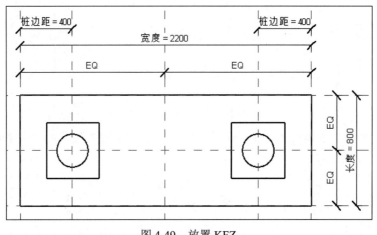

图 4-49　放置 KFZ

（16）将视图切换至前视图。单击"修改"选项卡"修改"面板中的"对齐"按钮（快捷键：AL），先拾取中间的竖直参照平面，然后拾取空心方桩的竖直中心，单击"创建或删除长度或对齐约束"按钮，将空心方桩与参照平面锁定。采用相同的方法，添加空心方桩上端面与水平参照标高的对齐关系，如图 4-50 所示。

（17）重复步骤（15）和（16），添加空心方桩 HKFZ 族文件并添加对齐约束。

（18）单击"修改"选项卡"属性"面板中的"族类型"按钮，打开"族类型"对话框，单击"新建参数"按钮，打开"参数属性"对话框，设置参数分组方式为"构造"，参数类型为"族类型"，打开"选择类别"对话框，选择"结构基础"类别，单击"确定"按钮，返回"参数属性"对话框，输入名称为"桩类型"，其他参数采用默认设置，如图 4-51 所示。

Note

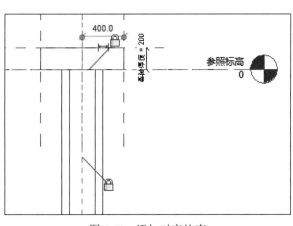

图 4-50 添加对齐约束

图 4-51 "参数属性"对话框

（19）在视图中选取空心方桩 KFZ，在选项栏的标签下拉列表中选择"桩类型<结构基础>=空心方桩：KFZ"，如图 4-52 所示。采用相同的方法，对另一个空心方桩 KFZ 添加标签。

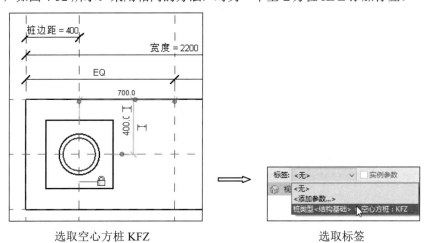

选取空心方桩 KFZ

选取标签

图 4-52 添加标签

（20）返回"族类型"对话框，单击"新建类型"按钮，打开"名称"对话框，输入类型名称为"800×2200×200mm"，单击"确定"按钮，返回"族类型"对话框，桩类型<结构基础>为"空心方桩：KFZ"，其他参数采用默认设置，如图 4-53 所示。继续新建"1300×2750×1000mm"类型，更改桩类型<结构基础>为"空心方桩：HKFZ"，基础厚度为 1000，桩边距为 500，长度为 1300，宽度为 2750，如图 4-54 所示。单击"应用"按钮，观察视图中的图形随着参数的变化而变化，参数关联成功，单击"确定"按钮，完成"1300×2750×1000 mm"类型的创建。

（21）在"1300×2750×1000mm"类型下选取"空心方桩 HKFZ"，在选项栏的标签下拉列表中选择"桩类型<结构基础>=空心方桩：HKFZ"，对空心方桩 HKFZ 添加标签。

（22）单击"快速访问"工具栏中的"保存"按钮（快捷键：Ctrl+S），打开"另存为"对话框，输入文件名为"桩基承台-2 根桩"，单击"保存"按钮，保存族文件。

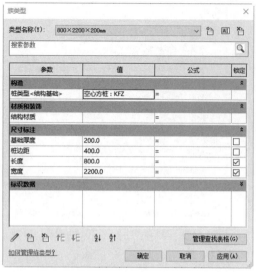

图 4-53 新建"800×2200×200mm"类型

图 4-54 新建"1300×2750×1000mm"类型

4.2.3 桩基承台-3 根桩

（1）在主视图中单击"族"→"新建"或者单击"文件"→"新建"→"族"命令，打开"新族-选择样板文件"对话框，选择"公制结构基础.rft"为样板族，单击"打开"按钮进入族编辑器。

（2）单击"创建"选项卡"基准"面板中的"参照平面"按钮 （快捷键：RP），在适当位置绘制参照平面，并修改临时尺寸。

（3）单击"修改"选项卡"测量"面板中的"对齐尺寸标注"按钮 （快捷键：DI），标注参照标高和水平参照平面之间的尺寸，如图 4-55 所示。

（4）单击"创建"选项卡"形状"面板中的"拉伸"按钮 ，打开"修改|创建拉伸"选项卡，单击"绘制"面板中的"线"按钮 ，以参照平面为参照，绘制轮廓，如图 4-56 所示。

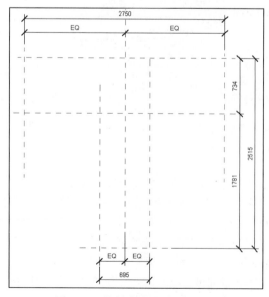

图 4-55 绘制参照平面并标注尺寸

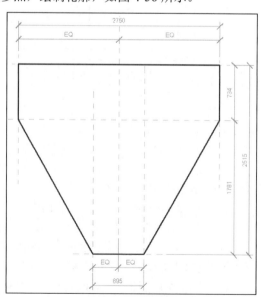

图 4-56 绘制轮廓

（5）在"属性"选项板的材质栏中单击，显示按钮 ⋯ 并单击，打开"材质浏览器"对话框，选择"混凝土-现场浇注混凝土"，其他参数采用默认设置，单击"确定"按钮。

（6）在"属性"选项板中采用默认设置，单击"模式"面板中的"完成编辑模式"按钮 ✔。

（7）将视图切换至前视图。单击"创建"选项卡"基准"面板中的"参照平面"按钮 ⇱（快捷键：RP），打开"修改|放置 参照平面"选项卡，系统默认激活"线"按钮 ◿，在参照标高上方适当位置绘制水平参照平面，并修改临时尺寸为 1000，然后将临时尺寸转换为永久尺寸，并添加标签，如图 4-57 所示。

（8）单击"修改"选项卡"修改"面板中的"对齐"按钮 ⧉（快捷键：AL），先拾取第（7）步绘制的参照平面，然后拾取拉伸体的上端面，单击"创建或删除长度或对齐约束"按钮 ⇱，将拉伸体上端面与参照平面锁定，如图 4-58 所示。

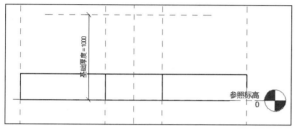

图 4-57 绘制参照平面 1

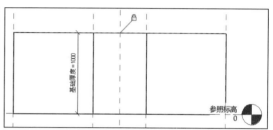

图 4-58 添加对齐约束

（9）切换至参照标高视图。单击"修改"选项卡"修改"面板中的"复制"按钮 ⌗（快捷键：CO），分别将最上端、最下端、最左侧和最右侧的参照平面向内复制，复制间距为 500，如图 4-59 所示。

（10）单击"修改"选项卡"测量"面板中的"对齐尺寸标注"按钮 ⟋（快捷键：DI），标注两侧竖直参照尺寸，如图 4-60 所示。

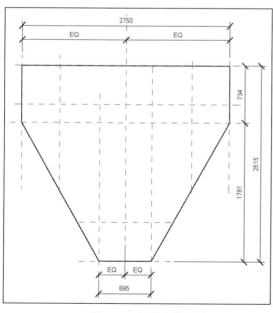

图 4-59 复制参照平面

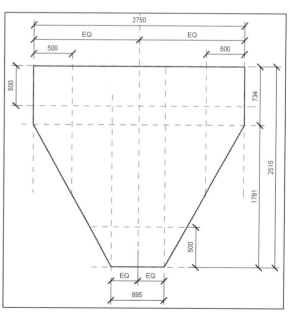

图 4-60 标注尺寸

（11）单击"插入"选项卡"从库中载入"面板中的"载入族"按钮 ⬇，打开"载入族"对话框，选取"空心方桩"族文件，单击"打开"按钮，将其载入当前族文件中。

（12）在项目浏览器的"族"→"结构基础"→"空心方桩"节点下选取 HKFZ，将其拖曳到参照平面交点处，单击将其放置，如图 4-61 所示。

（13）将视图切换至前视图。单击"修改"选项卡"修改"面板中的"对齐"按钮（快捷键：AL），先拾取竖直参照平面，然后拾取空心方桩的竖直中心，单击"创建或删除长度或对齐约束"按钮，将空心方桩与参照平面锁定。采用相同的方法，添加空心方桩上端面与水平参照标高的对齐关系，如图 4-62 所示。

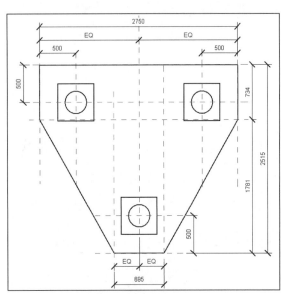

图 4-61　放置 HKFZ

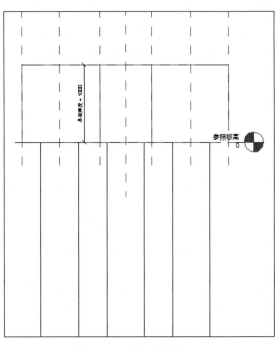

图 4-62　添加对齐约束

（14）单击"快速访问"工具栏中的"保存"按钮（快捷键：Ctrl+S），打开"另存为"对话框，输入文件名为"桩基承台-3 根桩"，单击"保存"按钮，保存族文件。

4.2.4　桩基承台-4 根桩

（1）在主视图中单击"族"→"新建"或者单击"文件"→"新建"→"族"命令，打开"新族-选择样板文件"对话框，选择"公制结构基础.rft"为样板族，单击"打开"按钮，进入族编辑器。

（2）单击"创建"选项卡"基准"面板中的"参照平面"按钮（快捷键：RP），将鼠标放置在参照平面上方适当位置，当显示临时尺寸时，直接输入数值 1375，按 Enter 键确认，然后水平移动鼠标到适当位置单击，绘制水平参照平面。采用相同的方法，绘制竖直参照平面，如图 4-63 所示。

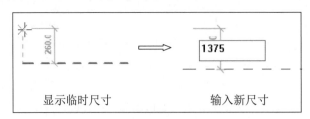

图 4-63　绘制参照平面

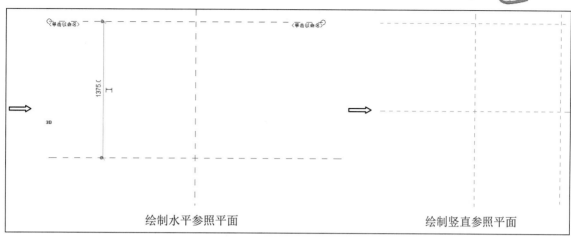

绘制水平参照平面　　　　　　　　　　　　绘制竖直参照平面

图 4-63　绘制参照平面（续）

（3）单击"修改"选项卡"修改"面板中的"镜像-拾取轴"按钮（快捷键：MM），选取第（2）步绘制的水平参照平面为镜像对象，然后选取下端的水平参照平面为镜像平面，镜像水平参照平面；采用相同的方法，镜像竖直参照平面，如图 4-64 所示。

（4）单击"修改"选项卡"测量"面板中的"对齐尺寸标注"按钮（快捷键：DI），标注等分尺寸和总尺寸，如图 4-65 所示。

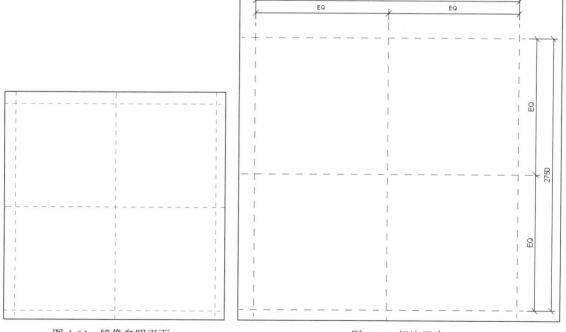

图 4-64　镜像参照平面　　　　　　　　　图 4-65　标注尺寸

（5）选取水平方向的总尺寸 2750，在"修改|尺寸标注"选项卡的"标签"下拉列表中选择"宽度"，对尺寸添加标签，采用相同的方法，对竖直方向的总尺寸添加长度标签，如图 4-66 所示。

（6）单击"创建"选项卡"形状"面板中的"拉伸"按钮，打开"修改|创建拉伸"选项卡，单击"绘制"面板中的"矩形"按钮，以参照平面为参照，绘制轮廓线，单击视图中的"创建或删

除长度或对齐约束"按钮，将轮廓线与参照平面进行锁定，如图 4-67 所示。

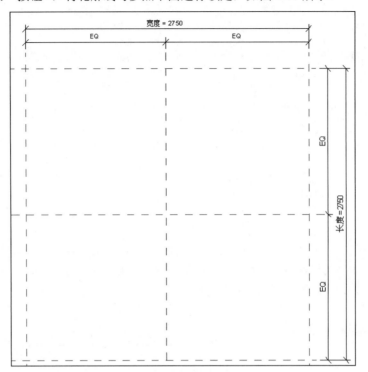

图 4-66　添加尺寸标签

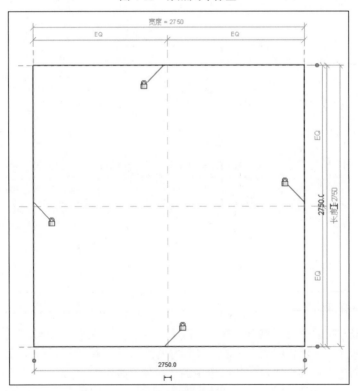

图 4-67　绘制矩形

（7）在"属性"选项板的材质栏中单击，显示按钮■并单击，打开"材质浏览器"对话框，选择"混凝土-现场浇注混凝土"，其他参数采用默认设置，单击"确定"按钮。

（8）在"属性"选项板中采用默认设置，单击"模式"面板中的"完成编辑模式"按钮✔。

（9）将视图切换至前视图。单击"创建"选项卡"基准"面板中的"参照平面"按钮◢（快捷键：RP），打开"修改|放置 参照平面"选项卡，系统默认激活"线"按钮◢，在参照标高上方适当位置绘制水平参照平面，并修改临时尺寸为 1000，然后将临时尺寸转换为永久尺寸，并添加标签，如图 4-68 所示。

（10）单击"修改"选项卡"修改"面板中的"对齐"按钮▣（快捷键：AL），先拾取第（9）步绘制的参照平面，然后拾取拉伸体的上端面，单击"创建或删除长度或对齐约束"按钮◰，将拉伸体上端面与参照平面锁定，如图 4-69 所示。

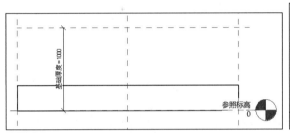

图 4-68　绘制参照平面 1

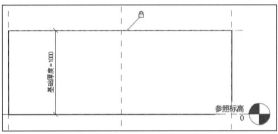

图 4-69　添加对齐约束

（11）切换至参照标高视图。单击"修改"选项卡"修改"面板中的"复制"按钮◳（快捷键：CO），分别将四周的参照平面向内复制，复制间距为 500，如图 4-70 所示。

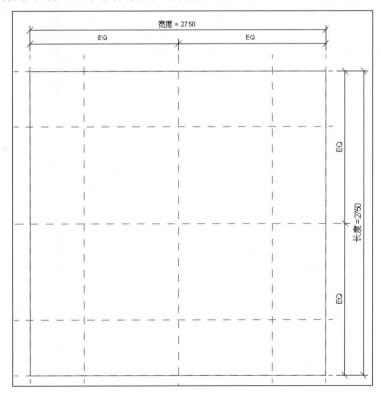

图 4-70　复制参照平面

（12）单击"修改"选项卡"测量"面板中的"对齐尺寸标注"按钮 ✐（快捷键：DI），标注两侧竖直参照尺寸，如图 4-71 所示。

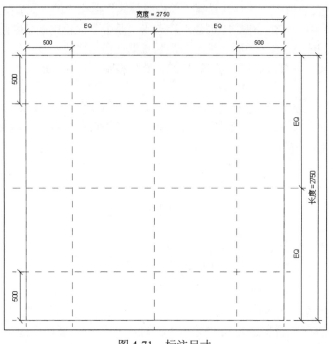

图 4-71　标注尺寸

（13）选中步骤（12）标注的尺寸，单击"标签尺寸标注"面板中的"创建参数"按钮█，打开"参数属性"对话框，选择参数类型为"族参数"，输入名称为"桩边距"，设置参数分组方式为"尺寸标注"，单击"确定"按钮，完成尺寸参数的添加，如图 4-72 所示。

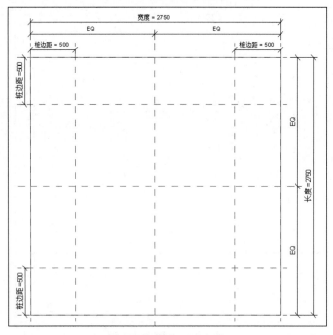

图 4-72　添加尺寸参数

（14）单击"插入"选项卡"从库中载入"面板中的"载入族"按钮，打开"载入族"对话框，选取"空心方桩"族文件，单击"打开"按钮，将其载入当前族文件中。

（15）在项目浏览器的"族"→"结构基础"→"空心方桩"节点下选取 HKFZ，将其拖曳到参照平面交点处，单击将其放置，如图 4-73 所示。

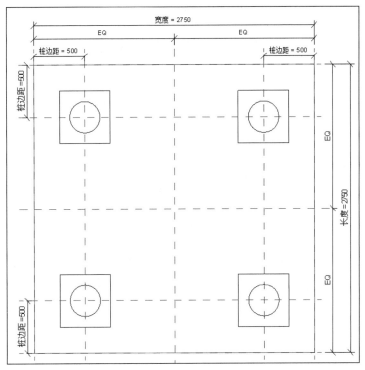

图 4-73　放置 HKFZ

（16）将视图切换至前视图。单击"修改"选项卡"修改"面板中的"对齐"按钮（快捷键：AL），先拾取中间的竖直参照平面，然后拾取空心方桩的竖直中心，单击"创建或删除长度或对齐约束"按钮，将空心方桩与参照平面锁定。采用相同的方法，添加空心方桩上端面与水平参照标高的对齐关系，如图 4-74 所示。

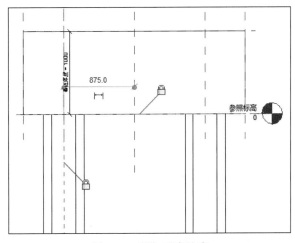

图 4-74　添加对齐约束

提示： 当多个图元重叠，不好选取时，可以按 Tab 键切换图元。

（17）单击"快速访问"工具栏中的"保存"按钮 📙（快捷键：Ctrl+S），打开"另存为"对话框，输入文件名为"桩基承台-4 根桩"，单击"保存"按钮，保存族文件。

4.3 布置桩基承台

（1）打开 4.2 节绘制的项目文件，将视图切换至 1F 结构平面视图。

（2）单击"结构"选项卡"基础"面板中的"独立"按钮 🮢，打开"修改|放置 独立基础"选项卡，如图 4-75 所示。

图 4-75 "修改|放置 独立基础"选项卡

（3）单击"模式"面板中的"载入族"按钮 🮢，打开"载入族"对话框，选择 4.2.2 节创建的"桩基承台-2 根桩.rfa"，如图 4-76 所示，单击"打开"按钮，将桩基承台-2 根桩族文件载入当前项目中。

提示： 当建筑物上部为框架结构或单独柱时，常采用独立基础。若柱子为预制时，则采用杯形基础形式。

（4）在"属性"选项板中选择"1300×2750×1000mm"类型，设置自标高的高度偏移为−6350，其他参数采用默认设置，如图 4-77 所示。

图 4-76 "载入族"对话框　　　　　图 4-77 "属性"选项板

（5）桩基承台-2 根桩放置在轴网交点时，两组轴线将高亮显示，按 Tab 键调整基础的放置方向，然后单击放置桩基承台-2 根桩，如图 4-78 所示。

提示： 放置桩基承台时，可以使用Space键更改桩基承台的方向。每次按Space键时，桩基承台将发生旋转，以便与选定位置的相交轴网对齐。在不存在任何轴相交网的情况下，按Space键时会使桩基承台旋转90度。

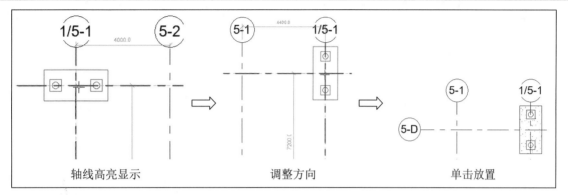

图 4-78　放置桩基承台-2 根桩

提示： 在放置桩基承台时，如果系统提示所创建的图元在视图结构平面：1F 中不可见，则需要单击"属性"选项板中视图范围栏的"编辑"按钮 编辑…，打开"视图范围"对话框，在视图深度栏中设置标高为"无限制"，如图 4-79 所示，单击"确定"按钮即可。

图 4-79　"视图范围"对话框

（6）采用相同的方法，在轴线 5-1 和 5-D 交点处放置桩基承台-2 根桩，单击"注释"选项卡"尺寸标注"面板中的"对齐"按钮（快捷键：DI），标注柱边线到轴线的距离，然后选取柱，使尺寸处于激活状态，输入新的尺寸，按 Enter 键调整桩基承台-2 根桩的位置，如图 4-80 所示。

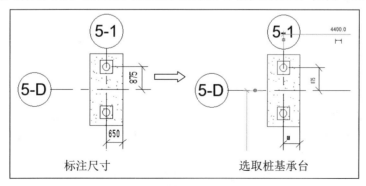

图 4-80　调整桩基承台-2 根桩的位置

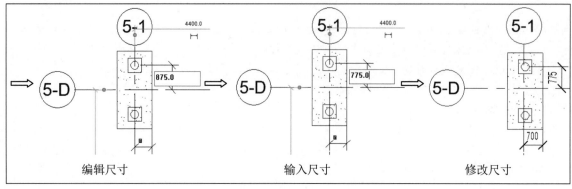

图 4-80　调整桩基承台-2 根桩的位置（续）

（7）采用上述方法，布置桩顶标高为-6.35 的桩基承台-2 根桩，位置尺寸如图 4-81 所示。

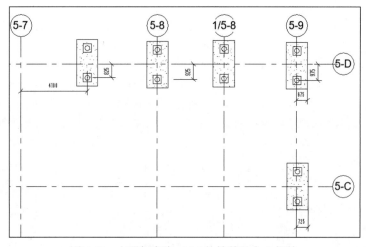

图 4-81　布置标高为-6.35 的桩基承台-2 根桩

（8）单击"结构"选项卡"基础"面板中的"独立"按钮，在"属性"选项板中设置自标高的高度偏移为-6600，根据如图 4-82 所示的位置布置桩基承台-2 根桩。

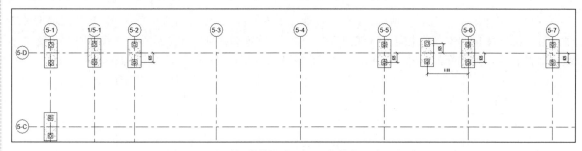

图 4-82　布置标高偏移为-6600 的桩基承台-2 根桩

（9）单击"结构"选项卡"基础"面板中的"独立"按钮，在"属性"选项板中选择"800×2200×200mm"类型，设置自标高的高度偏移为-1850，根据如图 4-83 所示的位置布置桩基承台-2 根桩。

（10）单击"结构"选项卡"基础"面板中的"独立"按钮，在打开的"修改|放置 独立基础"选项卡中单击"模式"面板中的"载入族"按钮，打开"载入族"对话框，选择 4.2.1 节创建的

"桩基承台-1 根桩.rfa"，如图 4-84 所示，单击"打开"按钮，将桩基承台-1 根桩族文件载入当前项目中。

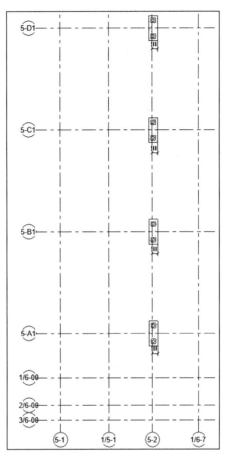

图 4-83　布置标高偏移为-1850 的桩基承台-2 根桩

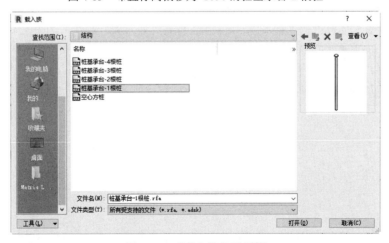

图 4-84　"载入族"对话框

（11）在"属性"选项板中选择"800×800×200mm"类型，设置自标高的高度偏移为-1850，根据如图 4-85 所示的位置布置桩基承台-1 根桩。

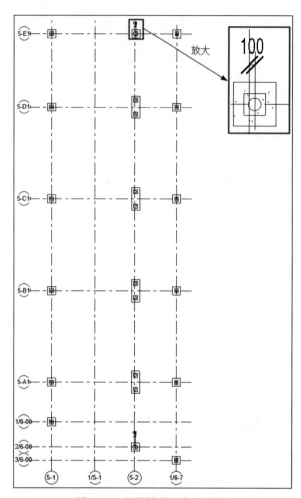

图 4-85　布置桩基承台-1 根桩

（12）单击"结构"选项卡"基础"面板中的"独立"按钮，在打开"修改|放置 独立基础"选项卡中单击"模式"面板中的"载入族"按钮，打开"载入族"对话框，选择 4.2.3 节创建的"桩基承台-3 根桩.rfa"，单击"打开"按钮，将桩基承台-3 根桩族文件载入当前项目中。

（13）在"属性"选项板中选择"桩基承台-3 根桩"类型，设置自标高的高度偏移为-6350，根据如图 4-86 所示的位置布置桩顶标高为-6.35 的桩基承台-3 根桩。

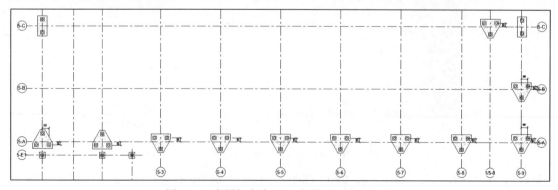

图 4-86　布置标高为-6.35 的桩基承台-3 根桩

（14）采用上述方法，在"属性"选项板中设置自标高的高度偏移为-6600，布置桩顶标高为-6.6 的桩基承台-3 根桩，位置尺寸如图 4-87 所示。

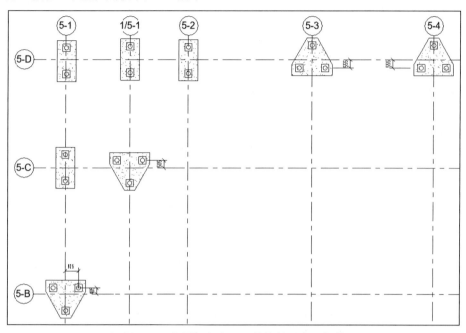

图 4-87 布置标高为-6.6 的桩基承台-3 根桩

（15）单击"结构"选项卡"基础"面板中的"独立"按钮，在打开"修改|放置 独立基础"选项卡中单击"模式"面板中的"载入族"按钮，打开"载入族"对话框，选择 4.2.4 节创建的"桩基承台-4 根桩.rfa"，单击"打开"按钮，将桩基承台-4 根桩族文件载入当前项目中。

（16）在"属性"选项板中选择"桩基承台-4 根桩"类型，设置自标高的高度偏移为-6600，根据如图 4-88 所示的位置布置桩顶标高为-6.65 的桩基承台-4 根桩。

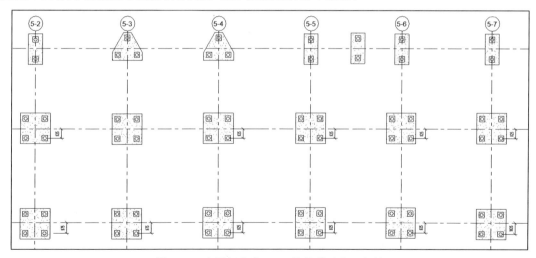

图 4-88 布置标高为-6.65 的桩基承台-4 根桩

（17）在"属性"选项板中选择"桩基承台-4 根桩"类型，设置自标高的高度偏移为-6450，根据如图 4-89 所示的位置布置桩顶标高为-6.5 的桩基承台-4 根桩。

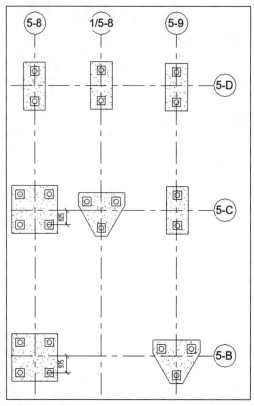

图 4-89　布置标高为-6.5 的桩基承台-4 根桩

（18）单击"文件"下拉菜单中的"另存为"→"项目"命令，打开"另存为"对话框，指定文件保存位置并输入文件名，单击"保存"按钮。

第 **5** 章

结构柱

 知识导引

结构柱就是在框架结构中承受梁和板传来的荷载,并将荷载传给基础,它是主要的竖向
受力构件。

⊙ 直接布置结构柱 ⊙ 通过图纸布置结构柱

 任务驱动&项目案例

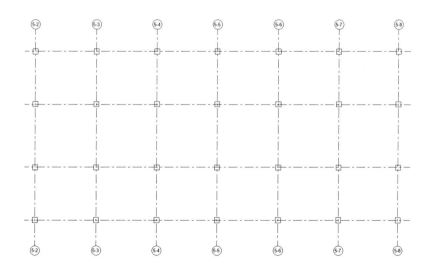

5.1　直接布置结构柱

尽管结构柱与建筑柱共享许多属性，但结构柱还具有许多由它自己的配置和行业标准定义的其他属性，可提供不同的行为。结构柱具有一个可用于数据交换的分析模型。

5.1.1　布置主体结构柱

（1）打开 4.3 节绘制的项目文件，在项目浏览器中的结构平面节点下双击-1F，将视图切换至-1F 平面视图。

（2）单击"结构"选项卡"结构"面板中的"柱"按钮（快捷键：CL），打开"修改|放置 结构柱"选项卡，如图 5-1 所示。默认激活"垂直柱"按钮，绘制垂直柱。

图 5-1　"修改|放置 结构柱"选项卡

"修改|放置 结构柱"选项卡中的选项说明如下。

- ☑　放置后旋转：选择此选项可以在放置柱后立即将其旋转。
- ☑　深度：此设置从柱的底部向下绘制。要从柱的底部向上绘制，则选择"高度"。
- ☑　标高/未连接：选择柱的顶部标高；或者选择"未连接"，然后指定柱的高度。

（3）在"属性"选项板中选择"混凝土-矩形-柱 300×450mm"类型，如图 5-2 所示。单击"编辑类型"按钮，打开如图 5-3 所示的"类型属性"对话框。单击"复制"按钮，打开"名称"对话框，输入名称为"850×800mm"，如图 5-4 所示。单击"确定"按钮，返回"类型属性"对话框，更改 b 为 850，h 为 800，其他参数采用默认设置，如图 5-5 所示。单击"确定"按钮，完成混凝土-矩形-柱 850×800mm 类型的创建。

"属性"选项板中的选项说明如下。

- ☑　随轴网移动：将垂直柱限制条件改为轴网。
- ☑　房间边界：将柱限制条件改为房间边界条件。
- ☑　启用分析模型：显示分析模型，并将它包含在分析计算中。默认情况下处于选中状态。
- ☑　钢筋保护层-顶面：只适用于混凝土柱。设置与柱顶面间的钢筋保护层距离。
- ☑　钢筋保护层-底面：只适用于混凝土柱。设置与柱底面间的钢筋保护层距离。
- ☑　钢筋保护层-其他面：只适用于混凝土柱。设置从柱到其他图元面间的钢筋保护层距离。

Note

图 5-2 　"属性"选项板

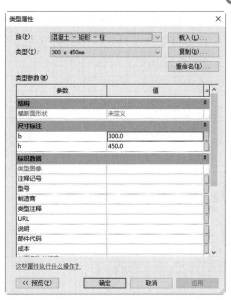

图 5-3 　"类型属性"对话框

图 5-5 　设置参数

图 5-4 　"名称"对话框

"类型属性"对话框中的主要选项说明如下。

- ☑ 横截面形状：指定图元的结构剖面形状族类别。剖面形状为图元创建其他尺寸标注和参数。
- ☑ b：图元横截面形状的宽度。
- ☑ h：图元横截面形状的高度。
- ☑ 剖面名称关键字：从层级列表中选择的统一格式部件代码。
- ☑ 类型图像：显示用户定义的表示图元的图像文件。
- ☑ 注释记号：添加或编辑图元注释记号。
- ☑ 型号：制造商内部编号。
- ☑ 制造商：形状制造商。

☑ 类型注释：用于输入关于形状类型的常规注释的字段。

☑ URL：指定可能包含类型专有信息的网页的链接。

（4）在"属性"选项板的结构材质栏中单击⬚按钮，打开"材质浏览器"对话框，选择"混凝土，现场浇注-C40"材质。单击"表面填充图案"→"前景"栏中的图案右侧区域，打开"填充样式"对话框，选择"沙"填充图案，如图 5-6 所示。单击"确定"按钮，返回"材质浏览器"对话框，单击"表面填充图案"→"前景"栏中的颜色右侧区域，打开"颜色"对话框，选择"黑色"，如图 5-7 所示，将"背景"图案设置为"无"，颜色设置为。单击"确定"按钮，返回"材质浏览器"对话框。

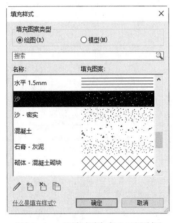

图 5-6 "填充样式"对话框

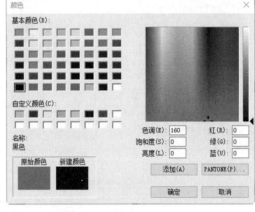

图 5-7 "颜色"对话框

（5）单击"截面填充图案"→"前景"栏中的图案右侧区域，打开"填充样式"对话框，选择"混凝土"填充图案，单击"确定"按钮，返回"材质浏览器"对话框，单击"表面填充图案"→"前景"栏中的颜色右侧区域，打开"颜色"对话框，选择"黑色"，单击"确定"按钮，返回"材质浏览器"对话框，如图 5-8 所示，单击"确定"按钮，完成材质设置。

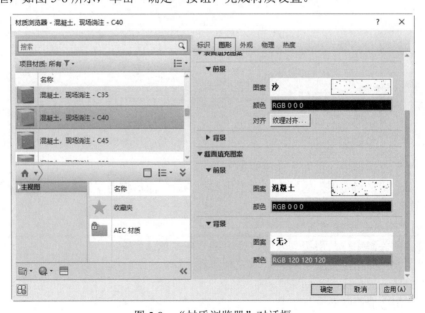

图 5-8 "材质浏览器"对话框

（6）在选项栏中设置高度：1F，在轴线 5-9 和轴线 5-A 交点处放置柱，此时两组网格线将高亮显示，如图 5-9 所示，单击放置柱。

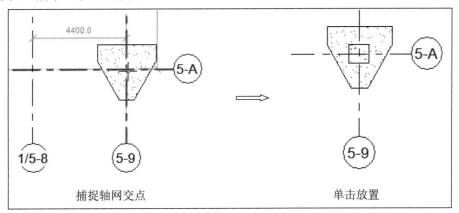

图 5-9　放置柱

提示：放置柱时，使用 Space 键更改柱的方向。每次按 Space 键时，柱都将发生旋转，以便与选定位置的相交轴网对齐。在不存在任何轴网的情况下，按 Space 键时会使柱旋转 90 度。

（7）单击"注释"选项卡"尺寸标注"面板中的"对齐"按钮（快捷键：DI），标注柱边线到轴线的距离，然后选取柱，使尺寸处于激活状态，输入新的尺寸，按 Enter 键调整柱位置，如图 5-10 所示。

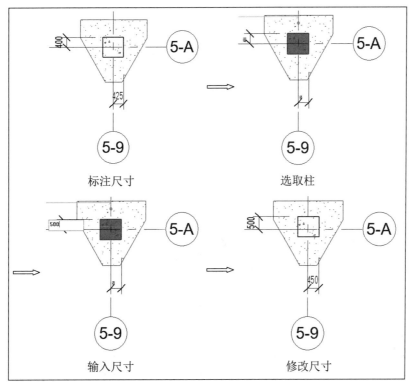

图 5-10　调整柱位置

（8）继续采用相同的方法，布置 850×800mm 类型结构柱，如图 5-11 所示。

（9）单击"结构"选项卡"结构"面板中的"柱"按钮（快捷键：CL），在"属性"选项板中单击"编辑类型"按钮，打开"类型属性"对话框，单击"复制"按钮，打开"名称"对话框，输入名称为"700×800 mm"，单击"确定"按钮，返回"类型属性"对话框，更改 b 为 700，h 为 800，其他参数采用默认设置，单击"确定"按钮，完成混凝土-矩形-柱 700×800 mm 类型的创建，如图 5-12 所示。

（10）在选项栏中设置高度：3F，将"700×800 mm"类型的结构柱放置在如图 5-13 所示的轴网处，并调整结构柱的位置。

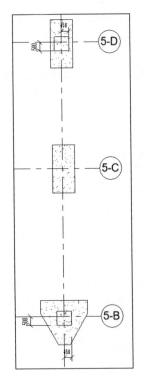

图 5-11 布置 850×800mm
结构柱

图 5-12 设置"700×800mm"类型

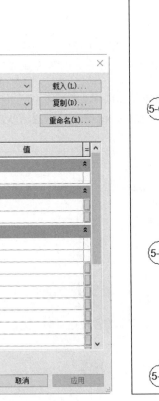

图 5-13 布置 700×800mm
结构柱（1）

（11）在选项栏中设置高度：1F，将"700×800mm"类型的结构柱放置在如图 5-14 所示的轴网处，并调整结构柱的位置。

（12）将视图切换至 3F 结构楼层平面。单击"结构"选项卡"结构"面板中的"柱"按钮（快捷键：CL），在选项栏中设置深度：1F，将 700×800mm 类型结构柱放置在如图 5-15 所示的轴网处，并调整结构柱的位置。

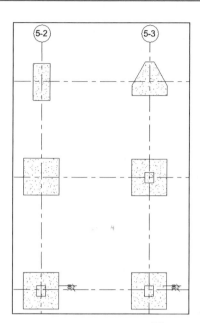

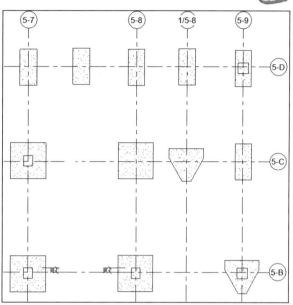

图 5-14 布置 700×800mm 结构柱（2）

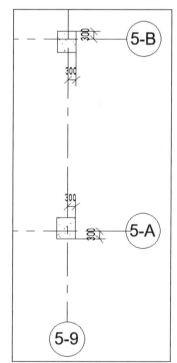

图 5-15 布置 700×800mm 结构柱（3）

（13）将视图切换至 3F 结构楼层平面。单击"结构"选项卡"结构"面板中的"柱"按钮（快捷键：CL），在属性选项板中单击"编辑类型"按钮，打开"类型属性"对话框，单击"复制"按钮，打开"名称"对话框，输入名称为"700×700mm"，单击"确定"按钮，返回"类型属性"对话框，更改 b 为 700，h 为 700，其他参数采用默认设置，单击"确定"按钮，完成混凝土-矩形-柱 700×700mm 类型的创建。

（14）在选项栏中设置深度：-1F，单击"修改|放置 结构柱"选项卡"多个"面板中的"在轴网处"按钮 ，打开如图 5-16 所示的"修改|放置结构柱>在轴网交点处"选项卡。

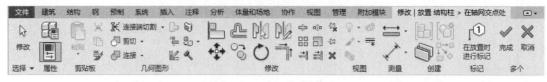

图 5-16 "修改|放置 结构柱>在轴网交点处"选项卡

（15）框选轴线，在轴线的交点处会显示放置的柱，单击"完成"按钮 ，完成柱的放置，然后调整结构柱的位置，如图 5-17 所示。

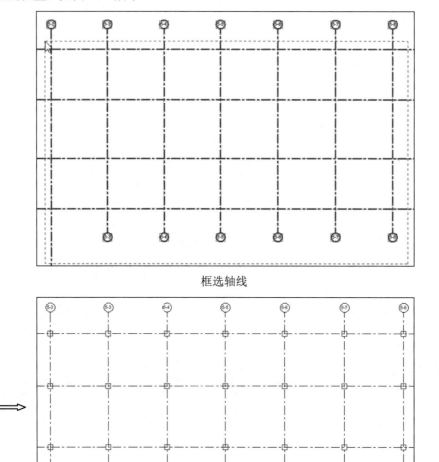

图 5-17 布置 700×700mm 结构柱（1）

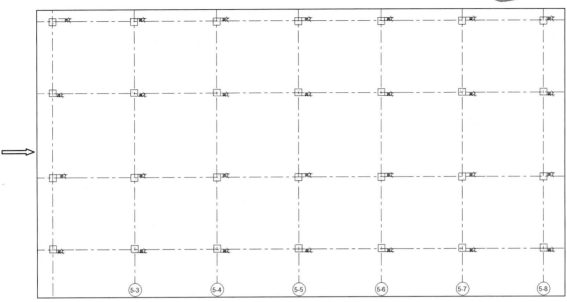

调整位置

图 5-17　布置 700×700mm 结构柱（1）（续）

提示：用"在轴网处"命令布置柱时，框选轴网后，如果其中有一条轴线或多条轴线上不需要布置柱，可以按住Shift键取消选取该轴线。

（16）按住 Ctrl 键选取如图 5-17 所示的 700×700mm 结构柱，在"属性"选项板中更改底部标高为 1F，如图 5-18 所示。

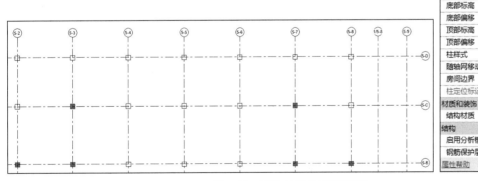

图 5-18　更改结构柱底部标高

（17）按住 Ctrl 键选取如图 5-17 所示的 700×700mm 结构柱，在"属性"选项板中更改顶部标高为 4F，如图 5-19 所示。

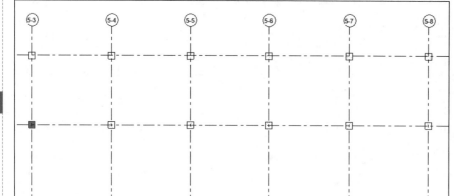

图 5-19　更改结构柱顶部标高

（18）将视图切换至屋顶结构楼层平面。单击"结构"选项卡"结构"面板中的"柱"按钮（快捷键：CL），在选项栏中设置深度：3F，将 700×700mm 类型结构柱放置在如图 5-20 所示的轴网处，并调整结构柱的位置。

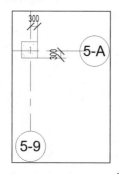
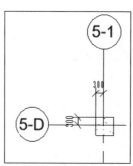
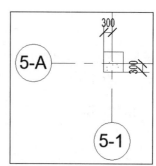

图 5-20　布置 700×700mm 结构柱 2

（19）将视图切换至-1F 结构平面。单击"结构"选项卡"结构"面板中的"柱"按钮（快捷键：CL），在"属性"选项板中单击"编辑类型"按钮，打开"类型属性"对话框，单击"复制"按钮，打开"名称"对话框，输入名称为"750×800mm"，单击"确定"按钮，返回"类型属性"对话框，更改 b 为 750，h 为 800，其他参数采用默认设置，单击"确定"按钮，完成混凝土-矩形-柱 750×800mm 类型的创建。

（20）在选项栏中设置高度：1F，将 750×800mm 类型结构柱放置在如图 5-21 所示的轴网处，并调整结构柱的位置。

（21）将视图切换至屋顶结构平面。单击"结构"选项卡"结构"面板中的"柱"按钮（快捷键：CL），在"属性"选项板中单击"编辑类型"按钮，打开"类型属性"对话框，单击"复制"按钮，打开"名称"对话框，输入名称为"600×800mm"，单击"确定"按钮，返回"类型属性"对话框，更改 b 为 600，h 为 800，其他参数采用默认设置，单击"确定"按钮，完成混凝土-矩形-柱 600×800mm 类型的创建。

（22）在选项栏中设置深度为 3F，将 600×800mm 类型结构柱放置在如图 5-22 所示的轴网处，并调整结构柱的位置。

（23）选取轴线 5-C 与 5-1 交点处的 600×800mm 类型结构柱，在"属性"选项板中更改底部标高为-1F；选取轴线 5-C 与 5-9 交点处的 600×800mm 类型结构柱，在"属性"选项板中更改底部标高为 1F。

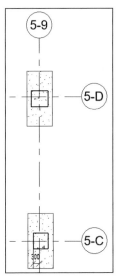

图 5-21 布置 750×800mm 结构柱

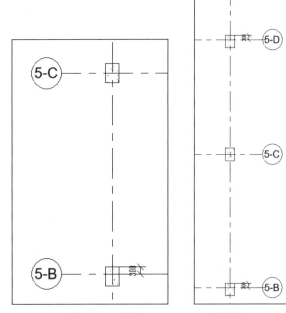

图 5-22 布置 600×800mm 结构柱

（24）将视图切换至屋顶结构平面。单击"结构"选项卡"结构"面板中的"柱"按钮 （快捷键：CL），在"属性"选项板中单击"编辑类型"按钮 ，打开"类型属性"对话框，单击"复制"按钮，打开"名称"对话框，输入名称为"600×600mm"，单击"确定"按钮，返回"类型属性"对话框，更改 b 为 600，h 为 600，其他参数采用默认设置，单击"确定"按钮，完成混凝土-矩形-柱 600×600mm 类型的创建。

（25）在选项栏中设置深度：3F，将 600×600mm 类型结构柱放置在如图 5-23 所示的轴网处。

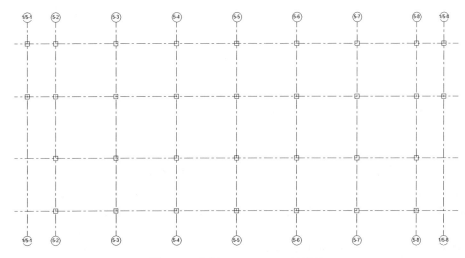

图 5-23 布置 600×600mm 结构柱

（26）按住 Ctrl 键选取如图 5-25 所示的 600×600mm 结构柱，在"属性"选项板中更改"底部标高"为 4F，如图 5-24 所示。

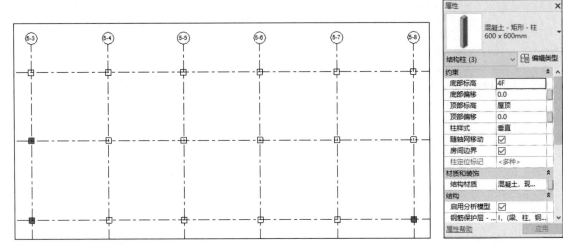

图 5-24　更改结构柱底部标高

（27）按住 Ctrl 键选取如图 5-25 所示的 600×600mm 结构柱，在"属性"选项板中更改"顶部标高"为 RF，如图 5-25 所示。

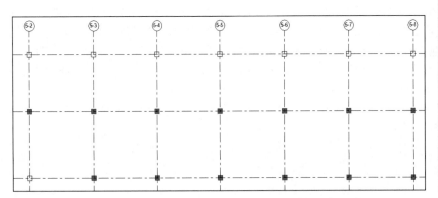

图 5-25　更改结构柱顶部标高

（28）按住 Ctrl 键选取如图 5-25 所示的 600×600mm 结构柱，在"属性"选项板中更改"底部标高"为-1F，如图 5-26 所示。

（29）将视图切换至 RF 结构平面。单击"结构"选项卡"结构"面板中的"柱"按钮（快捷键：CL），在"属性"选项板中单击"编辑类型"按钮，打开"类型属性"对话框，单击"复制"按钮，打开"名称"对话框，输入名称为"400×400mm"，单击"确定"按钮，返回"类型属性"对话框，更改 b 为 400，h 为 400，其他参数采用默认设置，单击"确定"按钮，完成混凝土-矩形-柱 400×400mm 类型的创建。

（30）在选项栏中设置高度：屋顶，将 400×400mm 类型结构柱放置在如图 5-27 所示的轴网处，并调整结构柱的位置。

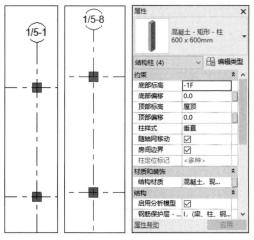

图 5-26　更改结构柱底部标高

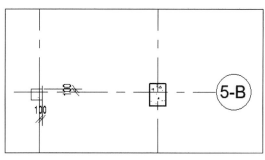

图 5-27　布置 400×400mm 结构柱

（31）单击"结构"选项卡"结构"面板中的"柱"按钮（快捷键：CL），在"属性"选项板中单击"编辑类型"按钮，打开"类型属性"对话框，单击"复制"按钮，打开"名称"对话框，输入名称为"300×300mm"，单击"确定"按钮，返回"类型属性"对话框，更改 b 为 300，h 为 300，其他参数采用默认设置，单击"确定"按钮，完成混凝土-矩形-柱 300×300mm 类型的创建。

（32）在选项栏中设置高度：屋顶，将 300×300mm 类型结构柱放置在如图 5-28 所示的轴网处，并调整结构柱的位置。

（33）将视图切换至-1F 结构平面。单击"结构"选项卡"结构"面板中的"柱"按钮（快捷键：CL），在"属性"选项板中单击"编辑类型"按钮，打开"类型属性"对话框，单击"复制"按钮，打开"名称"对话框，输入名称为"500×500mm"，单击"确定"按钮，返回"类型属性"对话框，更改 b 为 500，h 为 500，其他参数采用默认设置，单击"确定"按钮，完成混凝土-矩形-柱 500×500mm 类型的创建。

（34）在选项栏中设置高度：3F，将 500×500mm 类型结构柱放置在如图 5-29 所示的轴网处，并调整结构柱的位置。

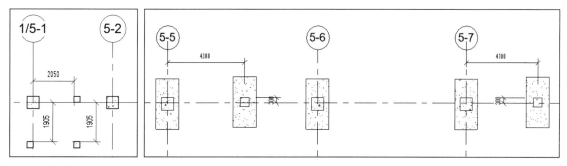

图 5-28　布置 300×300mm
　　　　　结构柱

图 5-29　布置 500×500mm 结构柱

5.1.2　布置连廊结构柱

（1）将视图切换至 1F 结构平面。单击"结构"选项卡"结构"面板中的"柱"按钮（快捷键：CL），在选项栏中设置高度：3F，在"属性"选项板中选择 400×400mm 类型，将其放置在如

图 5-30 所示的轴网处，并调整结构柱的位置。

（2）按住 Ctrl 键选取如图 5-31 所示的 400×400mm 结构柱，在"属性"选项板中更改"底部偏移"为-950，"顶部偏移"为-1750，如图 5-31 所示。

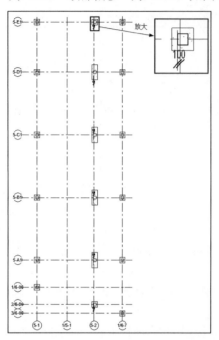

图 5-30　布置连廊上的结构柱

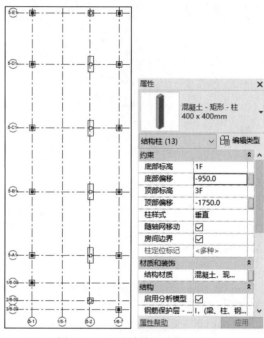

图 5-31　更改结构柱高度（1）

（3）按住 Ctrl 键选取如图 5-31 所示的 400×400mm 结构柱，在"属性"选项板中更改"底部偏移"为-950，"顶部标高"为 2F，"顶部偏移"为-250，如图 5-32 所示。

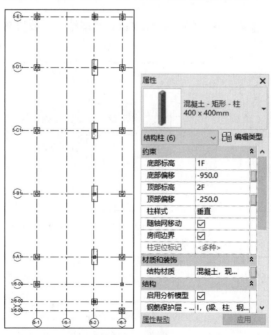

图 5-32　更改结构柱高度（2）

（4）单击"文件"下拉菜单中的"另存为"→"项目"命令，打开"另存为"对话框，指定文件保存位置并输入文件名，单击"保存"按钮。

5.2　通过图纸布置结构柱

视 频 讲 解

本节将以 1F～3F 层中结构柱的布置为例，介绍如何通过图纸来进行结构柱的布置。

（1）打开 3.2.2 节绘制的项目文件，将视图切换至 3F 平面视图。

（2）为了方便布置结构柱，这里先将走廊上的轴线隐藏。选取走廊位置的水平轴线和 1/6-7 竖直轴线，单击"修改|轴网"选项卡"视图"面板"在视图中隐藏"下拉列表中的"隐藏图元"按钮，隐藏轴线，然后调整轴线的长度，结果如图 5-33 所示。

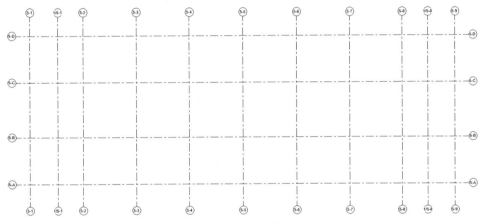

图 5-33　整理轴网

（3）单击"插入"选项卡"导入"面板中的"链接 CAD"按钮，打开"链接 CAD 格式"对话框，选择"1F-3F 柱平面布置图"，设置定位为"自动-原点到内部原点"，放置于"3F"，选中"定向到视图"复选框，设置导入单位为"毫米"，其他参数采用默认设置，如图 5-34 所示，单击"打开"按钮，导入 CAD 图纸，如图 5-35 所示。

图 5-34　"链接 CAD 格式"对话框

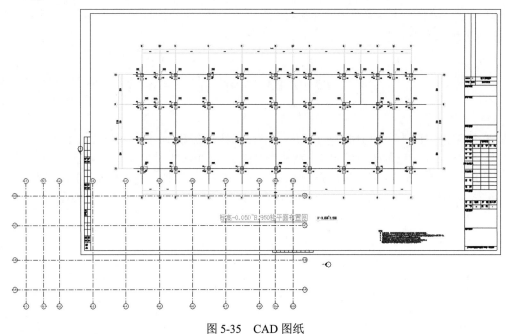

图 5-35　CAD 图纸

（4）单击"修改"选项卡"修改"面板中的"解锁"按钮 （快捷键：UP），选择 CAD 图纸，按 Enter 键将其解锁。

（5）单击"修改"选项卡"修改"面板中的"对齐"按钮 （快捷键：AL），在模型中单击 5-1 轴线，然后单击链接的 CAD 图纸中的轴线 5-1，将轴线 5-1 对齐；接着在模型中单击轴线 5-A，然后单击链接的 CAD 图纸中的轴线 5-A，将轴线 5-A 对齐，此时，CAD 图纸与轴网重合，如图 5-36 所示。

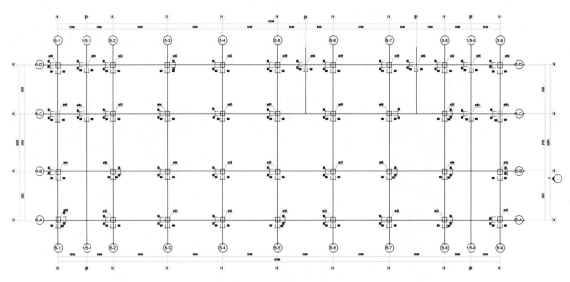

图 5-36　轴网和图纸重合

（6）单击"修改"选项卡"修改"面板中的"锁定"按钮 （快捷键：PN），选择 CAD 图纸，将其锁定。

（7）单击"结构"选项卡"结构"面板中的"柱"按钮（快捷键：CL），打开"修改|放置 结构柱"选项卡，默认激活"垂直柱"按钮，绘制垂直柱。

（8）在"属性"选项板中选择"混凝土-矩形-柱 300×450mm"类型，单击"编辑类型"按钮，打开"类型属性"对话框，单击"复制"按钮，打开"名称"对话框，输入名称为"700×800mm"，单击"确定"按钮，返回"类型属性"对话框，更改 b 为 700，h 为 800，其他参数采用默认设置，单击"确定"按钮，完成混凝土-矩形-柱 700×800mm 类型的创建。

（9）在选项栏中设置深度：1F，根据图纸中的标注布置 700×800mm 类型的结构柱，如图 5-37 所示。

Note

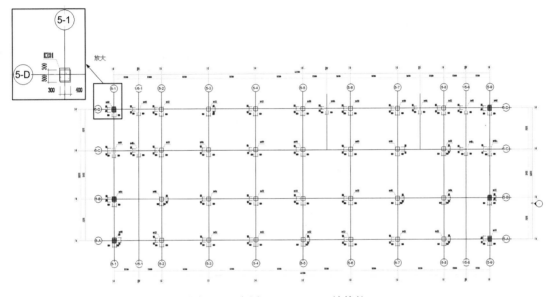

图 5-37　布置 700×800mm 结构柱

（10）从图 5-38 中可以看出，布置的结构柱和图纸中的结构柱位置没有完全重合。单击"修改"选项卡"修改"面板中的"对齐"按钮（快捷键：AL），先选取图纸上结构柱上边线，然后选取布置的结构柱上边线，使结构柱的上边线对齐；选取图纸上结构柱左侧边线，然后选取布置的结构柱左侧边线，使结构柱完全重合，如图 5-38 所示。采用相同的方法，调整结构柱的位置。

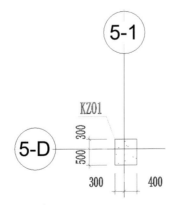

图 5-38　对齐结构柱边线

（11）单击"结构"选项卡"结构"面板中的"柱"按钮（快捷键：CL），在属性选项板中单击"编辑类型"按钮，打开"类型属性"对话框，单击"复制"按钮，打开"名称"对话框，输入名称为"700×700mm"，单击"确定"按钮，返回"类型属性"对话框，更改 b 为 700，h 为 700，其他参数采用默认设置，单击"确定"按钮，完成混凝土-矩形-柱 700×700mm 类型的创建。

（12）在选项栏中设置深度：-1F，单击"修改|放置 结构柱"选项卡"多个"面板中的"在轴网处"按钮，打开如图 5-39 所示的"修改|放置 结构柱>在轴网交点处"选项卡。

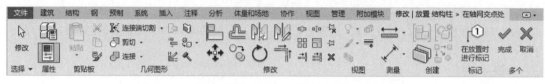

图 5-39　"修改|放置 结构柱>在轴网交点处"选项卡

（13）框选轴线，在轴线的交点处会显示放置的柱，如图 5-40 所示，单击"完成"按钮，完成柱的放置，如图 5-41 所示。

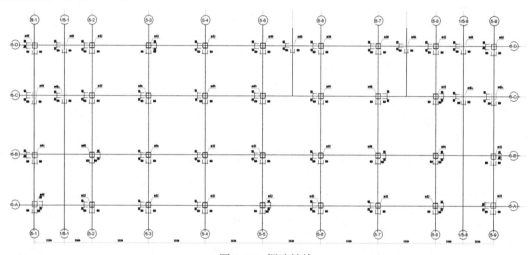

图 5-40　框选轴线

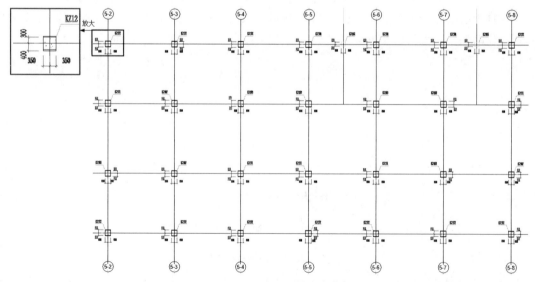

图 5-41　布置 700×700mm 结构柱

Note

（14）单击"修改"选项卡"修改"面板中的"对齐"按钮（快捷键：AL），先选取图纸上结构柱上边线，然后选取布置的结构柱上边线，使结构柱的上边线对齐，如图5-42所示。

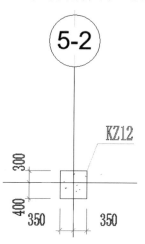

图 5-42 对齐结构柱边线

（15）采用相同的方法，调整结构柱的位置。选取图纸，单击"视图"面板"在视图中隐藏"下拉列表中的"隐藏图元"按钮，隐藏图纸，如图5-43所示。

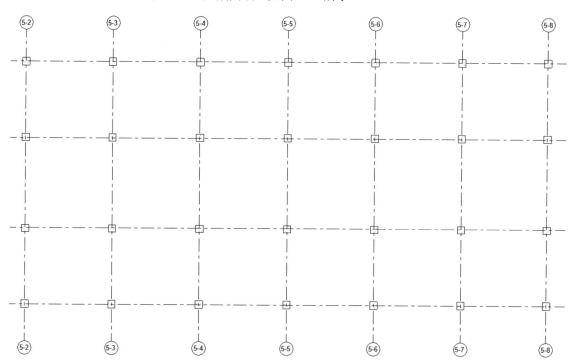

图 5-43 隐藏图纸

（16）在控制栏中单击"显示隐藏的图元"按钮，可以在视图中高亮显示之前隐藏的图元，如图5-44所示，选取第（15）步隐藏的图纸，打开如图5-45所示的"修改|1F-3F柱平面布置图"选项卡，单击"取消隐藏图元"按钮，然后单击"切换显示隐藏图元模型"按钮，显示隐藏的图纸。

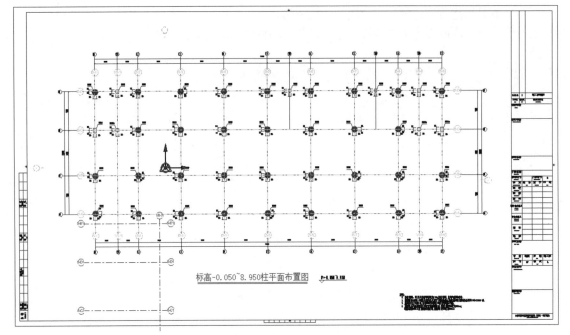

图 5-44　高亮显示隐藏的图元

图 5-45　"修改|1F-3F 柱平面布置图"选项卡

（17）单击"结构"选项卡"结构"面板中的"柱"按钮（快捷键：CL），在"属性"选项板中单击"编辑类型"按钮，打开"类型属性"对话框，单击"复制"按钮，打开"名称"对话框，输入名称为"600×800mm"，单击"确定"按钮，返回"类型属性"对话框，更改 b 为 600，h 为 800，其他参数采用默认设置，单击"确定"按钮，完成混凝土-矩形-柱 600×800mm 类型的创建。

（18）根据 CAD 图纸，布置 600×800mm 结构柱，如图 5-46 所示。

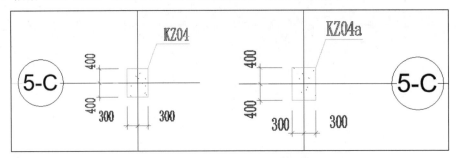

图 5-46　布置 600×800mm 结构柱

（19）单击"结构"选项卡"结构"面板中的"柱"按钮（快捷键：CL），在"属性"选项板中单击"编辑类型"按钮，打开"类型属性"对话框，单击"复制"按钮，打开"名称"对话框，输入名称为"600×600mm"，单击"确定"按钮，返回"类型属性"对话框，更改 b 为 600，h 为 600，其他参数采用默认设置，单击"确定"按钮，完成混凝土-矩形-柱 600×600mm 类型的创建。

（20）根据 CAD 图纸，布置 600×600mm 结构柱，如图 5-47 所示。

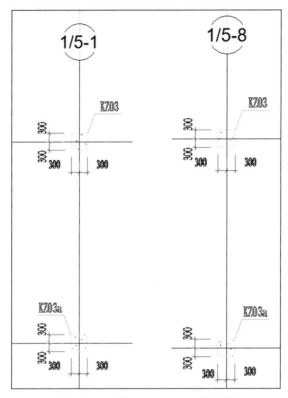

图 5-47 布置 600×600mm 结构柱

（21）单击"结构"选项卡"结构"面板中的"柱"按钮（快捷键：CL），在"属性"选项板中单击"编辑类型"按钮，打开"类型属性"对话框，单击"复制"按钮，打开"名称"对话框，输入名称为"500×500mm"，单击"确定"按钮，返回"类型属性"对话框，更改 b 为 500，h 为 500，其他参数采用默认设置，单击"确定"按钮，完成混凝土-矩形-柱 500×500mm 类型的创建。

（22）根据 CAD 图纸，布置 500×500mm 结构柱，然后使用"对齐"命令（快捷键：AL），使图纸与结构柱重合，如图 5-48 所示。

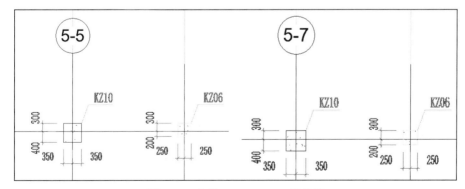

图 5-48 布置 500×500mm 结构柱

采用相同的方法，根据 CAD 图纸布置其他层的结构柱，这里不再一一进行介绍。

第6章

梁

 知识导引

由支座支撑，承受的外力以横向力和剪力为主，以弯曲为主要变形的构件称为梁。

将梁添加到平面视图中时，必须将底剪裁平面设置为低于当前标高，否则梁在该视图中不可见。但是如果使用结构样板，视图范围和可见性设置会相应地显示梁。每个梁的图元都是通过特定梁族的类型属性定义的。此外，还可以通过修改各种实例属性来定义梁的功能。

⊙ 创建主体部分的梁　　　　　　⊙ 创建连廊部分的梁

 任务驱动&项目案例

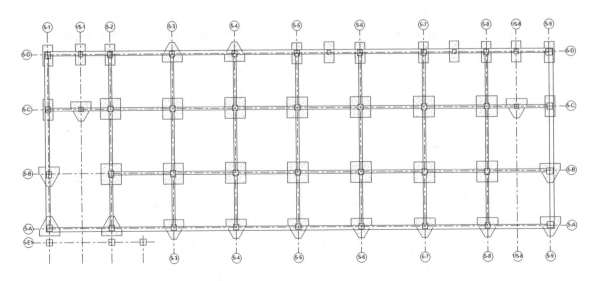

6.1 创建主体部分的梁

可以使用以下任一方法，将梁附着到项目中的任何结构图元上。
- ☑ 绘制单个梁。
- ☑ 创建梁链。
- ☑ 选择位于结构图元之间的轴线。
- ☑ 创建梁系统。

梁及其结构属性还具有以下特性。
- ☑ 可以使用"属性"选项板修改默认的"结构用途"设置。
- ☑ 可以将梁附着到任何其他结构图元（包括结构墙）上，但是其不会连接到非承重墙。
- ☑ "结构用途"参数可以包括在结构框架明细表中，这样便可以计算大梁、托梁、檩条和水平支撑的数量。
- ☑ "结构用途"参数值可确定粗略比例视图中梁的线样式。可使用"对象样式"对话框修改结构用途的默认样式。
- ☑ 梁的另一结构用途是作为结构桁架的弦杆。

6.1.1 创建基础梁

（1）打开 3.2.2 节绘制的项目文件，将视图切换至-1F 结构平面视图。

（2）单击"结构"选项卡"结构"面板中的"梁"按钮（快捷键：BM），打开"修改|放置 梁"选项卡，如图 6-1 所示。默认激活"线"按钮。

图 6-1 "修改|放置 梁"选项卡

视频讲解

"修改|放置 梁"选项卡中的选项说明如下。
- ☑ 放置平面：在列表中可以选择梁的放置平面。
- ☑ 结构用途：指定梁的结构用途，包括大梁、水平支撑、托梁、檩条以及其他。
- ☑ 三维捕捉：选中此选项来捕捉任何视图中的其他结构图元，不论高程如何，屋顶梁都将捕捉到柱的顶部。
- ☑ 链：选中此选项后依次连续放置梁。在放置梁时的第二次单击将作为下一个梁的起点。 按 Esc 键完成链式放置梁。

（3）在"属性"选项板中选择"混凝土-矩形梁 300×600mm"，单击"编辑类型"按钮，打开"类型属性"对话框，单击"复制"按钮，打开"名称"对话框，输入名称为"550×850 mm"，单击"确定"按钮，返回"类型属性"对话框，输入 b 为 550，h 为 850，其他参数采用默认设置，如图 6-2 所示，单击"确定"按钮。

提示：在 Revit 中提供了混凝土和钢梁两种不同属性的梁，其属性参数也稍有不同。

（4）在"属性"选项板的结构材质栏中单击 按钮，打开"材质浏览器"对话框，选取"混凝土，现场浇注-C30"材质，如图 6-3 所示，单击"确定"按钮，完成矩形梁材质的设置。

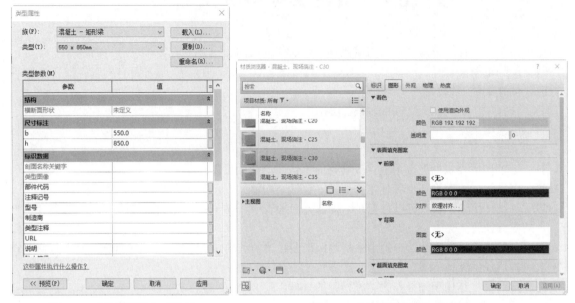

图 6-2　"类型属性"对话框　　　　　　　　图 6-3　"材质浏览器"对话框

（5）在绘图区域中以轴线与轴线的交点作为梁的起点，移动鼠标，光标将捕捉到其他结构图元（如柱的质心或墙的中心线），状态栏将显示光标的捕捉位置，这里捕捉轴线的交点作为终点，如图 6-4 所示。

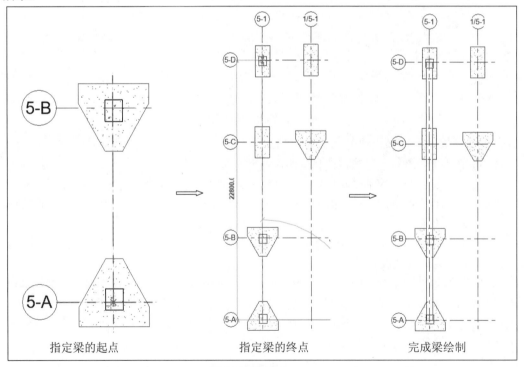

指定梁的起点　　　　　　　　　指定梁的终点　　　　　　　　　完成梁绘制

图 6-4　绘制梁

提示： 若要在绘制时指定梁的精确长度，在起点处单击，然后按其延伸的方向移动光标，键入所需长度，最后按 Enter 键以放置梁。

（6）单击"注释"选项卡"尺寸标注"面板中的"对齐"按钮（快捷键：DI），标注梁边线到轴线的距离，然后选取梁，使尺寸处于激活状态，单击尺寸值，打开文本框输入新的尺寸，按 Enter 键调整梁位置，如图 6-5 所示。

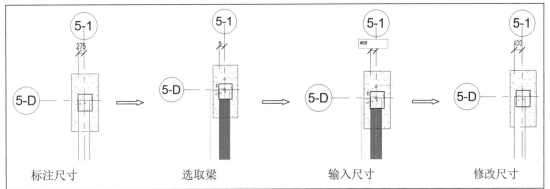

图 6-5　调整梁位置

（7）选取第（5）步绘制的梁，打开如图 6-6 所示的"修改|结构框架"选项卡，单击"修改"面板中的"拆分图元"按钮（快捷键：SL），在轴线 5-B 和轴线 5-C 处将梁进行拆分，如图 6-7 所示。

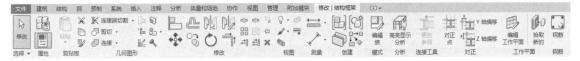

图 6-6　"修改|结构框架"选项卡

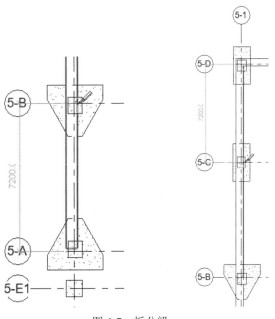

图 6-7　拆分梁

（8）选取拆分后的梁，在"属性"选项板中设置起点标高偏移和终点标高偏移都为-250，其他参数采用默认设置，调整梁的标高位置，如图 6-8 所示。

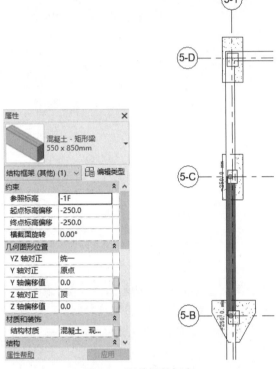

图 6-8　调整梁的标高

混凝土梁的"属性"选项板中的主要选项说明如下。

☑　参照标高：标高限制。这是一个只读的值，取决于放置梁的工作平面。

☑　YZ 轴对正：包括"统一"和"独立"两个选项。使用"统一"选项可为梁的起点和终点设置相同的参数；使用"独立"选项可为梁的起点和终点设置不同的参数。

☑　Y 轴对正：指定物理几何图形相对于定位线的位置，包括"原点""左侧""中心"或"右侧"。

☑　Y 轴偏移值：指几何图形偏移的数值，是在"Y 轴对正"参数中设置的定位线与特性点之间的距离。

☑　Z 轴对正：指定物理几何图形相对于定位线的位置，包括"原点""顶部""中心"或"底部"。

☑　Z 轴偏移值：指在"Z 轴对正"参数中设置的定位线与特性点之间的距离。

（9）单击"结构"选项卡"结构"面板"梁"按钮（快捷键：BM），继续沿着轴线绘制 550×600mm 梁，5-A 和 5-D 中的梁外边距离轴线 400mm，5-9 中的梁的内边在 5-9 轴线上，然后将轴线 5-D 上的梁在轴线 5-2 和轴线 5-7 处进行拆分，并更改梁的起点标高偏移和终点标高偏移为-250，结果如图 6-9 所示。

（10）单击"结构"选项卡"结构"面板中的"梁"按钮（快捷键：BM），在"属性"选项板中单击"编辑类型"按钮，打开"类型属性"对话框，单击"复制"按钮，打开"名称"对话框，输入名称为 400×850mm，单击"确定"按钮，返回"类型属性"对话框，输入 b 为 400，h 为 850，其他参数采用默认设置，如图 6-10 所示，单击"确定"按钮，完成混凝土-矩形梁 400×850mm 类型的创建。

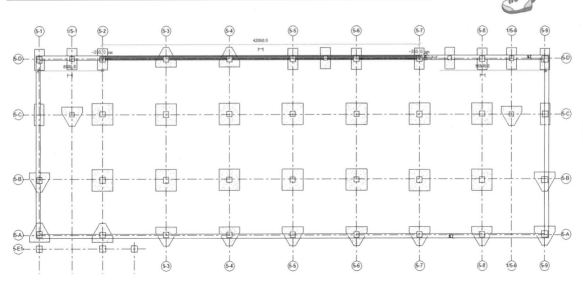

图 6-9 绘制 550×600mm 梁

图 6-10 创建"400×850mm"类型

（11）在"修改|放置 梁"选项卡中单击"在轴网上"按钮，打开如图 6-11 所示的"修改|放置 梁>在轴网线上"选项卡，按住 Ctrl 键选取 5-2~5-8 轴线以及轴线 5-C 和 5-B，在所选轴线上预览梁，如图 6-12 所示，确认没有问题，单击"完成"按钮，根据所选轴线生成梁，结果如图 6-13 所示。

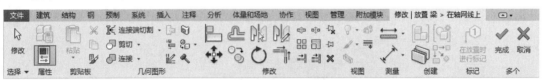

图 6-11 "修改|放置 梁>在轴网线上"选项卡

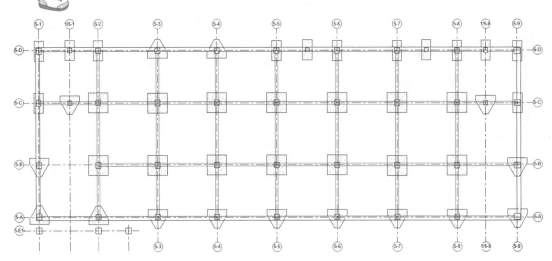

图 6-12　选取轴线

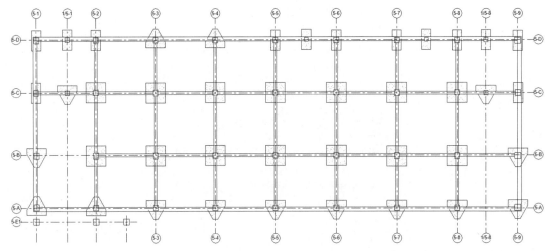

图 6-13　绘制 400×850mm 梁

（12）选取轴线 5-C 上的梁，打开"修改|结构框架"选项卡，单击"修改"面板中的"拆分图元"按钮 ✤（快捷键：SL），在轴线 5-2 处将梁进行拆分。

📢 提示：如果梁与其他图元之间有连接，在拆分梁时，系统会打开如图 6-14 所示的错误提示对话框，单击"取消连接图元"按钮，可以取消梁与图元之间的连接，拆分梁；单击"取消"按钮，梁将保持不变。

图 6-14　错误提示对话框

（13）选取轴线 5-B 上左侧的梁，拖动梁左侧端上的控制点，可以调整梁的长度，如图 6-15 所示。

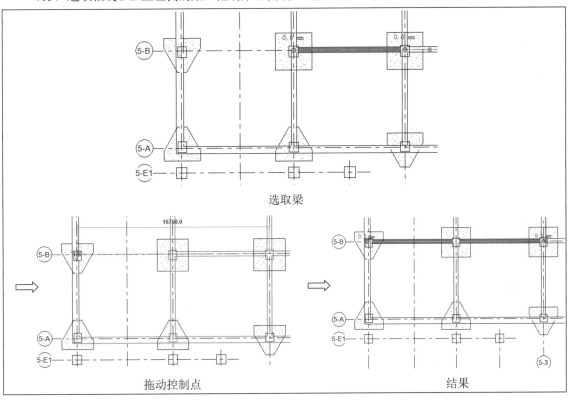

图 6-15　调整长度

（14）选取轴线 5-3 上的梁，单击梁上的起点标高偏移 0.0mm，输入新的起点标高偏移值为-250mm，按 Enter 键调整梁的起点标高。采用相同的方法，调整梁的终点标高为-250mm，如图 6-16 所示。

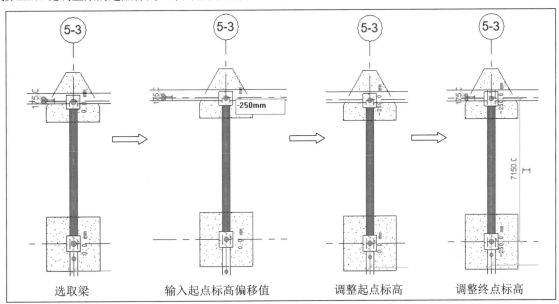

图 6-16　调整梁的起点/终点标高

（15）采用上述方法，选取如图 6-17 所示的梁，更改起点标高偏移和终点标高偏移为-250，如图 6-17 所示。

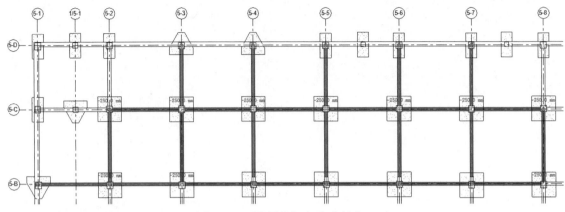

图 6-17　更改梁的起点/终点标高

（16）利用"对齐尺寸标注"命令✎（快捷键：DI）和"对齐"命令🖿（快捷键：AL）调整梁的位置，如图 6-18 所示。

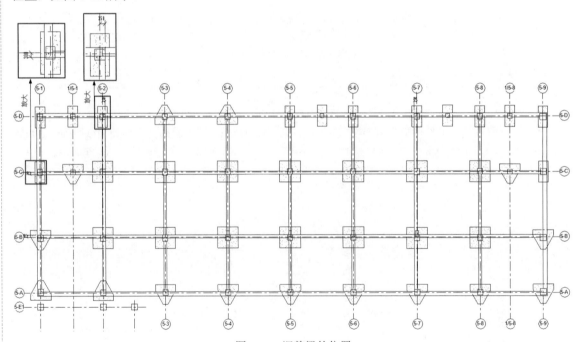

图 6-18　调整梁的位置

（17）单击"结构"选项卡"结构"面板中的"梁"按钮⬳（快捷键：BM），在"属性"选项板中单击"编辑类型"按钮🖳，打开"类型属性"对话框，单击"复制"按钮，打开"名称"对话框，输入名称为 400×600mm，单击"确定"按钮，返回"类型属性"对话框，输入 b 为 400，h 为 600，其他参数采用默认设置，单击"确定"按钮，完成混凝土-矩形梁 400×600mm 类型的创建。

（18）沿着轴线绘制 400×600mm 梁，然后利用"对齐尺寸标注"命令✎（快捷键：DI）调整梁的位置，结果如图 6-19 所示。

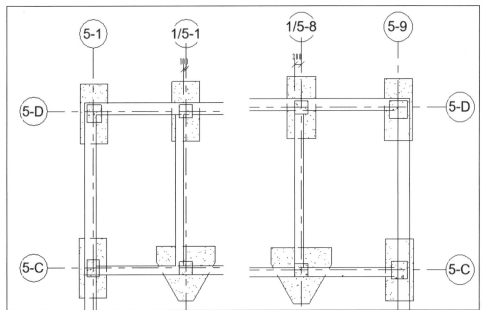

图 6-19　绘制并调整 400×600mm 梁

（19）选取如图 6-13 所示的梁，在"属性"选项板中选择"400×600mm"类型，更改梁的类型，如图 6-20 所示。

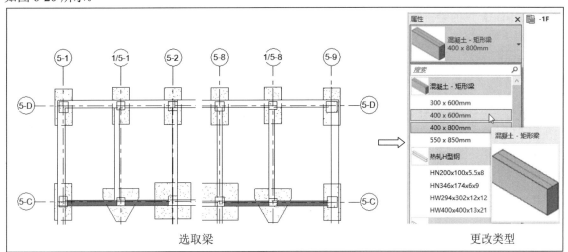

图 6-20　更改梁类型

（20）单击"结构"选项卡"结构"面板中的"梁"按钮（快捷键：BM），在"属性"选项板中单击"编辑类型"按钮，打开"类型属性"对话框，单击"复制"按钮，打开"名称"对话框，输入名称为 400×800mm，单击"确定"按钮，返回"类型属性"对话框，输入 b 为 400，h 为 800，其他参数采用默认设置，单击"确定"按钮，完成混凝土-矩形梁 400×800mm 类型的创建。

（21）绘制 400×800mm 梁，然后利用"对齐尺寸标注"命令（快捷键：DI）调整梁的位置，结果如图 6-21 所示。选取左侧 400×800mm 梁，在"属性"选项板中更改起点标高偏移和终点标高偏移为-250。

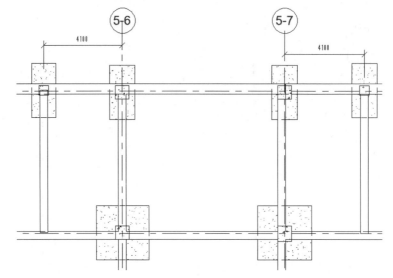

图 6-21　绘制 400×800mm 梁

（22）单击"结构"选项卡"结构"面板中的"梁"按钮（快捷键：BM），在"属性"选项板中单击"编辑类型"按钮，打开"类型属性"对话框，单击"复制"按钮，打开"名称"对话框，输入名称为 400×700mm，单击"确定"按钮，返回"类型属性"对话框，输入 b 为 400，h 为 700，其他参数采用默认设置，单击"确定"按钮，完成混凝土-矩形梁 400×700mm 类型的创建。

（23）退出梁的绘制命令，选取如图 6-22 所示的梁，在"属性"选项板中选择"400×700mm"类型，更改梁类型。

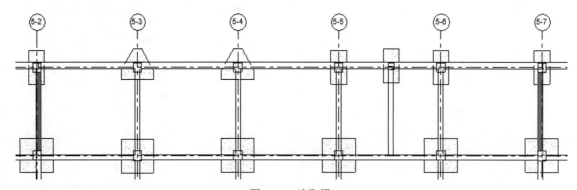

图 6-22　选取梁

提示：Revit 沿轴线放置梁时，将使用下列条件。
☑ 扫描所有与轴线相交的可能支座，如柱、墙或梁。
☑ 如果墙位于轴线上，则不会在该墙上放置梁。墙的各端用作支座。
☑ 如果梁与轴线相交并穿过轴线，则此梁被认为是中间支座，此梁支座支撑在轴线上创建的新梁。
☑ 如果梁与轴线相交但不穿过轴线，则此梁由在轴线上创建的新梁支撑。

（24）单击"文件"下拉菜单中的"另存为"→"项目"命令，打开"另存为"对话框，指定文件保存位置并输入文件名，单击"保存"按钮。

6.1.2 创建一层梁

（1）打开 6.1.1 节绘制的项目文件，将视图切换至 1F 结构平面视图。

（2）单击"结构"选项卡"结构"面板中的"梁"按钮 （快捷键：BM），在"属性"选项板中单击"编辑类型"按钮 ，打开"类型属性"对话框，单击"复制"按钮，打开"名称"对话框，输入名称为 300×750mm，单击"确定"按钮，返回"类型属性"对话框，输入 b 为 300，h 为 750，其他参数采用默认设置，单击"确定"按钮。

（3）沿着轴线绘制 300×750mm 梁，利用"对齐尺寸标注"命令 （快捷键：DI）或"对齐"命令 （快捷键：AL）调整梁的位置，结果如图 6-23 所示。

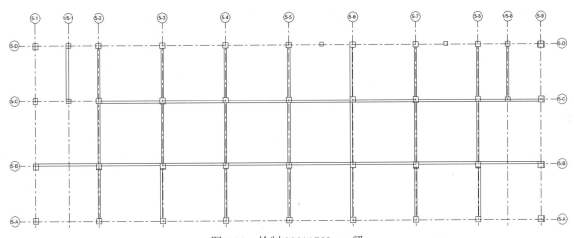

图 6-23 绘制 300×750mm 梁

（4）单击"结构"选项卡"结构"面板中的"梁"按钮 （快捷键：BM），在"属性"选项板中选择"300×500mm"类型。根据轴线绘制 300×500mm 梁，利用"对齐尺寸标注"命令 （快捷键：DI）或"对齐"命令 （快捷键：AL）调整梁的位置，结果如图 6-24 所示。

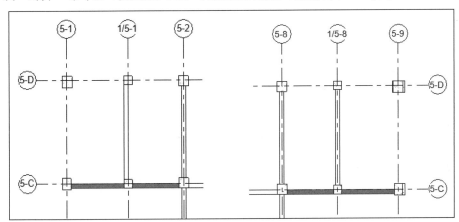

图 6-24 绘制 300×500mm 梁

（5）单击"结构"选项卡"结构"面板中的"梁"按钮 （快捷键：BM），在"属性"选项板中单击"编辑类型"按钮 ，打开"类型属性"对话框，单击"复制"按钮，打开"名称"对话框，输入名称为 250×500mm，单击"确定"按钮，返回"类型属性"对话框，输入 b 为 250，h 为 500，其他参数采用默认设置，单击"确定"按钮。

（6）根据轴线绘制 250×500mm 梁，利用"对齐尺寸标注"命令 ✎（快捷键：DI）调整梁的位置，结果如图 6-25 所示。

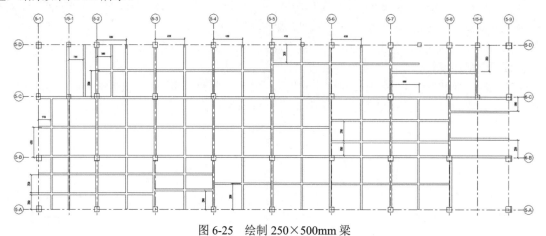

图 6-25　绘制 250×500mm 梁

（7）选取轴线 5-5 和轴线 5-6 中间的梁，然后单击"拆分图元"按钮 ⊕（快捷键：SL），将其在轴线 5-C 和轴线 5-B 中间的梁处进行拆分；选取拆分后上部的梁，在"属性"选项板中单击"编辑类型"按钮 🖏，打开"类型属性"对话框，单击"复制"按钮，打开"名称"对话框，输入名称为 250×700mm，单击"确定"按钮，返回"类型属性"对话框，输入 b 为 250，h 为 700，其他参数采用默认设置，单击"确定"按钮，更改梁类型，如图 6-26 所示。

（8）单击"结构"选项卡"结构"面板中的"梁"按钮 ◿（快捷键：BM），在"属性"选项板中选择"300×600mm"类型，沿着轴线 1/5-8 绘制梁，如图 6-27 所示。

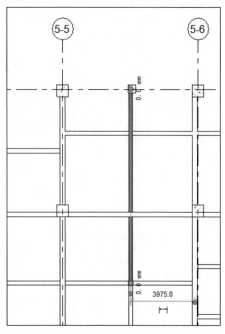

图 6-26　更改梁类型

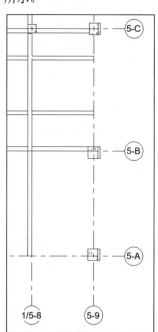

图 6-27　绘制 300×600mm 梁

（9）单击"结构"选项卡"结构"面板中的"梁"按钮（快捷键：BM），在"属性"选项板中选择"300×600mm"类型，在轴线 5-7 和轴线 5-8 之间绘制梁，如图 6-28 所示。

（10）单击"结构"选项卡"结构"面板中的"梁"按钮（快捷键：BM），在"属性"选项板中单击"编辑类型"按钮，打开"类型属性"对话框，单击"复制"按钮，打开"名称"对话框，输入名称为 250×600mm，单击"确定"按钮，返回"类型属性"对话框，输入 b 为 250，h 为 600，其他参数采用默认设置，单击"确定"按钮。

（11）在轴线 5-A 和轴线 5-B 之间绘制 250×600mm 梁，利用"对齐尺寸标注"命令（快捷键：DI）调整梁的位置，然后调整梁的起点标高偏移和终点标高偏移为-20，结果如图 6-29 所示。

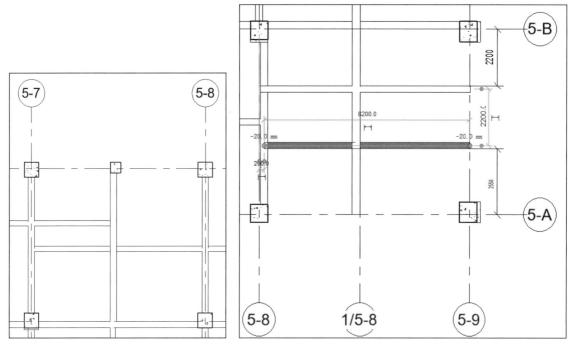

图 6-28 绘制 300×600mm 梁　　　　图 6-29 绘制 250×600mm 梁

（12）单击"结构"选项卡"结构"面板中的"梁"按钮（快捷键：BM），在"属性"选项板中单击"编辑类型"按钮，打开"类型属性"对话框，单击"复制"按钮，打开"名称"对话框，输入名称为 250×400mm，单击"确定"按钮，返回"类型属性"对话框，输入 b 为 250，h 为 400，其他参数采用默认设置，单击"确定"按钮。

（13）在轴线 5-2 和轴线 5-3 之间绘制 250×400mm 梁，利用"对齐尺寸标注"命令（快捷键：DI）调整梁的位置，结果如图 6-30 所示。

（14）单击"结构"选项卡"结构"面板中的"梁"按钮（快捷键：BM），在"属性"选项板中单击"编辑类型"按钮，打开"类型属性"对话框，单击"复制"按钮，打开"名称"对话框，输入名称为 200×500mm，单击"确定"按钮，返回"类型属性"对话框，输入 b 为 200，h 为 500，其他参数采用默认设置，单击"确定"按钮。

（15）在轴线 1/5-2 和轴线 5-2 之间绘制 200×500mm 梁，利用"对齐尺寸标注"命令（快捷键：DI）调整梁的位置，结果如图 6-31 所示。

Note

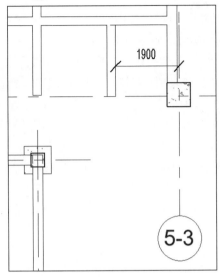

图 6-30　绘制 250×400mm 梁

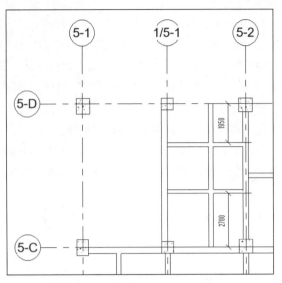

图 6-31　绘制 200×500mm 梁

（16）单击"结构"选项卡"结构"面板中的"梁"按钮（快捷键：BM），在"属性"选项板中单击"编辑类型"按钮，打开"类型属性"对话框，单击"复制"按钮，打开"名称"对话框，输入名称为 200×400mm，单击"确定"按钮，返回"类型属性"对话框，输入 b 为 200，h 为 400，其他参数采用默认设置，单击"确定"按钮。

（17）选中轴线 5-A 和轴线 5-B 之间的部分梁，将梁的类型更改为 300×500mm，选中轴线 5-7 和 5-8 中间的部分梁，将梁的类型更改为 300×700mm，结果如图 6-32 所示。

（18）单击"文件"下拉菜单中的"另存为"→"项目"命令，打开"另存为"对话框，指定文件的保存位置并输入文件名，单击"保存"按钮。

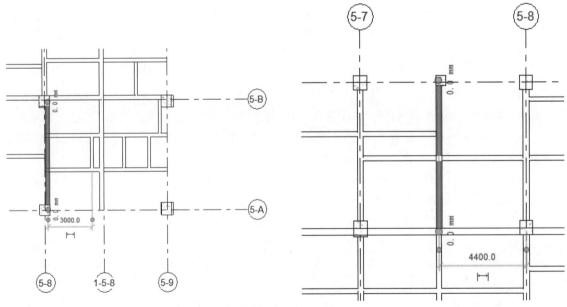

图 6-32　更改梁的类型

6.1.3 创建二层梁

（1）打开 6.1.2 节绘制的项目文件，框选如图 6-33 所示的图形，打开如图 6-34 所示的"修改|选择多个"选项卡，单击"过滤器"按钮▽，打开"过滤器"对话框，取消选中"结构柱"和"轴网"复选框，如图 6-35 所示。单击"确定"按钮，只选取梁，如图 6-36 所示。

（2）单击"剪贴板"面板中的"复制到剪贴板"按钮🗐（快捷键：Ctrl+C），然后单击"粘贴"下拉菜单中的"与选定的标高对齐"按钮🗐，打开"选择标高"对话框，选择"2F"标高，如图 6-37 所示。单击"确定"按钮，将 1F 梁复制到 2F 结构层。

Note

视频讲解

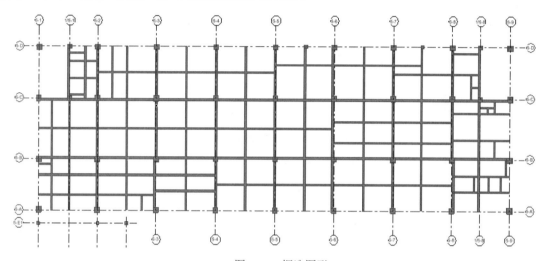

图 6-33　框选图形

图 6-34　"修改|选择多个"选项卡

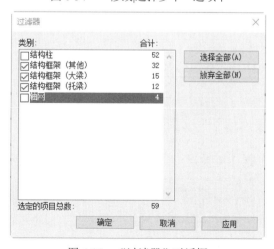

图 6-35　"过滤器"对话框

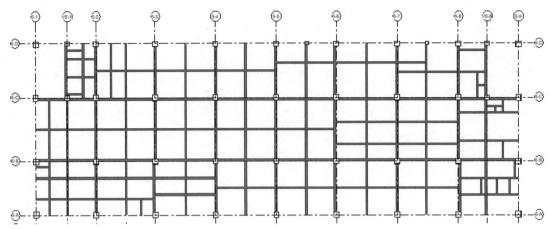

图 6-36　选取梁

图 6-37　"选择标高"对话框

（3）将视图切换至 2F 结构平面视图。删除多余的梁，然后选取梁，拖动两端控制点调整梁的长度，结果如图 6-38 所示。

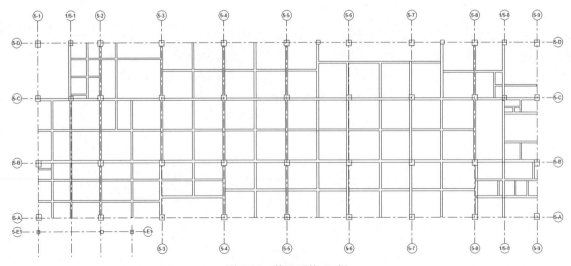

图 6-38　整理后的 2F 梁

（4）选取轴线 5-B 和 5-C 中间的水平梁，单击"修改"面板中的"拆分图元"按钮 （快捷键：SL），在轴线 5-3 处将其进行拆分，然后利用"对齐尺寸标注"命令 （快捷键：DI）调整梁的位置，如图 6-39 所示。

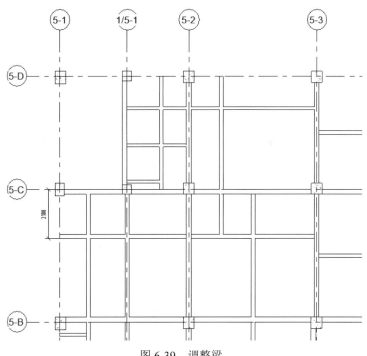

图 6-39　调整梁

（5）单击"结构"选项卡"结构"面板中的"梁"按钮 （快捷键：BM），在"属性"选项板中选择"300×750mm"类型，沿着轴线绘制梁，然后利用"对齐"命令 （快捷键：AL）添加梁边线与柱边线的对齐关系，如图 6-40 所示。

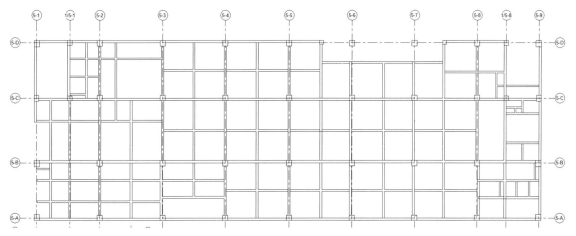

图 6-40　绘制 300×750mm 梁

（6）单击"结构"选项卡"结构"面板中的"梁"按钮 （快捷键：BM），在"属性"选项板中选择"400×800mm"类型，沿着轴线绘制梁，然后利用"对齐"命令 （快捷键：AL）添加梁边线与柱边线的对齐关系，如图 6-41 所示。

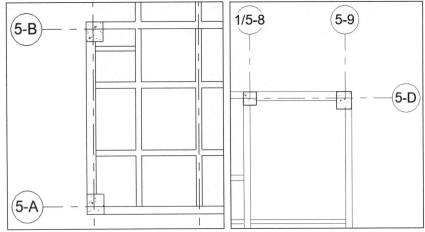

图 6-41　绘制 400×800mm 梁

（7）选取轴线 5-6 上的梁，单击"修改"面板中的"拆分图元"按钮 ⊹ （快捷键：SL），在轴线 5-C 处将梁进行拆分，然后选取上端梁，在"属性"选项板中单击"编辑类型"按钮 ⊞，打开"类型属性"对话框，新建"500×800mm"类型，更改 b 为 500，h 为 800，单击"确定"按钮，再利用"对齐"命令 ⊩ （快捷键：AL）添加梁边线与柱边线的对齐关系，如图 6-42 所示。

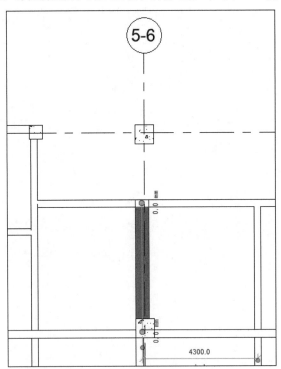

图 6-42　更改类型

（8）选取轴线 5-6 上的下端梁，单击"修改"面板中的"拆分图元"按钮 ⊹ （快捷键：SL），在轴线 5-B 处将梁进行拆分，然后选取上端梁，在"属性"选项板中选取"400×800mm"类型，再利用"对齐"命令 ⊩ （快捷键：AL）添加梁边线与柱边线的对齐关系，采用相同的方法，对轴线 5-7 上的梁进行拆分，并更改类型，如图 6-43 所示。

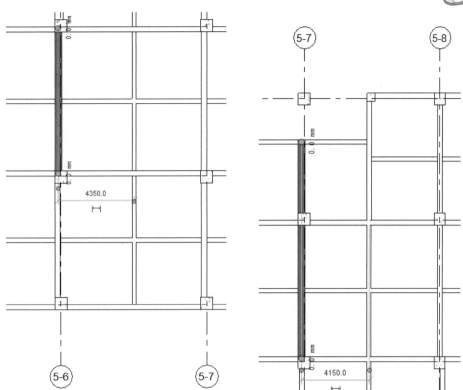

图 6-43 更改为 "400×800mm" 类型

（9）单击 "结构" 选项卡 "结构" 面板中的 "梁" 按钮 （快捷键：BM），在 "属性" 选项板中选择 "250×500mm" 类型，绘制梁，利用 "对齐尺寸标注" 命令 （快捷键：DI）调整梁的位置，拖动梁的端点，调整梁的长度，如图 6-44 所示。

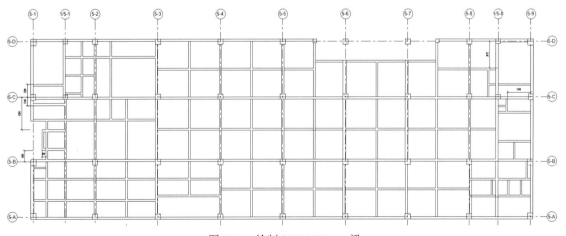

图 6-44 绘制 250×500mm 梁

（10）选取轴线 5-8 下端 300×500mm 类型的梁，更改类型为 300×750mm。选取轴线 5-8 上端的梁，利用 "对齐" 命令 （快捷键：AL）添加梁边线与柱边线的对齐关系，如图 6-45 所示。

（11）选取轴线 1/5-8 上的梁，单击 "修改" 面板中的 "拆分图元" 按钮 （快捷键：SL），在轴线 5-B 处将梁进行拆分，然后选取如图 6-46 所示的梁，更改起点标高偏移和终点标高偏移为-20。

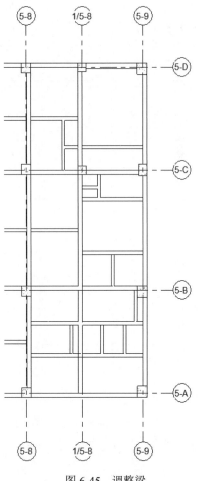

图 6-45　调整梁

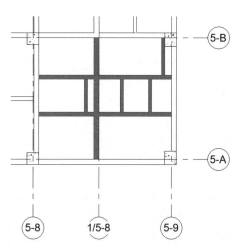

图 6-46　选取梁

（12）单击"修改"选项卡"修改"面板中的"对齐"命令📇（快捷键：AL），添加梁边线与柱边线的对齐关系，如图 6-47 所示。

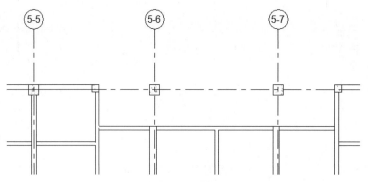

图 6-47　调整梁位置

（13）单击"结构"选项卡"结构"面板中的"梁"按钮（快捷键：BM），在"属性"选项板中选择"热轧轻型工字钢 Q145"类型，绘制梁，利用"对齐尺寸标注"命令（快捷键：DI）调整梁的位置，如图 6-48 所示。

Note

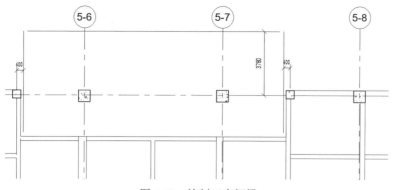

图 6-48　绘制工字钢梁

（14）单击"结构"选项卡"结构"面板中的"梁系统"按钮▦，打开"修改|放置 结构梁系统"选项卡，如图 6-49 所示。系统默认激活"自动创建梁系统"按钮▦。

图 6-49　"修改|放置 结构梁系统"选项卡

"修改|放置 结构梁系统"选项卡中的选项说明如下。

☑　梁类型：在其下拉列表中选取创建梁系统的梁类型。

☑　对正：指定梁系统相对于所选边界的起始位置，包括起点、终点或中心。

　●　起点：位于梁系统顶部或左侧的第一个梁将用于进行对正。

　●　终点：位于梁系统底部或右侧的第一个梁将用于进行对正。

　●　中心：第一个梁将放置在梁系统的中心位置，其他梁则在中心位置两侧以固定距离分隔放置。

☑　布局规则：指定梁间距规则。包括固定距离、固定数量、最大间距和净间距。

　●　固定距离：指定梁系统内各梁中心线之间的距离，梁系统中的梁的数量根据选择的边界进行计算。

　●　固定数量：指定梁系统内梁的数量，这些梁在梁系统内的间距相等且居中。

　●　最大间距：指定各梁中心线之间的最大距离，梁系统所需的梁的数量会自动进行计算，且在梁系统中居中。

　●　净间距：类似于"固定距离"值，但测量的是梁外部的间距，而不是中心线的间距。当调整梁系统中的具有净间距布局规则值的单个梁的尺寸值时，邻近的梁将相应移动以保持它们之间的距离。

☑　三维：选中此复选框，在梁绘制线定义梁立面的地方，创建非平面梁系统。

（15）设置梁类型为 Q145，对正为"中心"，布局规则为"固定距离"，固定距离为 900，其他参数采用默认设置，单击"绘制梁系统"按钮▦，打开如图 6-50 所示的"修改|创建梁系统边界"选项卡。

图 6-50　"修改|创建梁系统边界"选项卡

（16）单击"绘制"面板中的"线"按钮⬚，绘制如图 6-51 所示的梁系统边界。

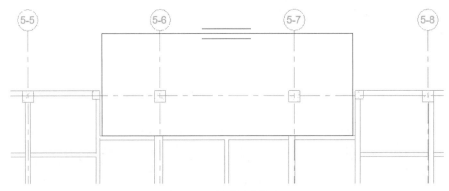

图 6-51　绘制梁系统边界

（17）单击"模式"面板中的"完成编辑模式"按钮✔，完成梁系统的绘制，如图 6-52 所示。

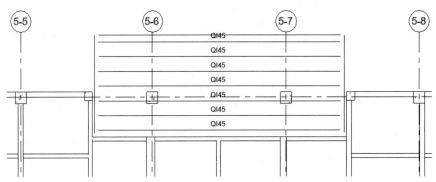

图 6-52　完成绘制梁系统

（18）选取第（17）步绘制的梁系统，打开如图 6-53 所示的"修改|结构梁系统"选项卡，单击"编辑边界"按钮⬚，打开如图 6-54 所示的"修改|创建梁系统边界"选项卡。

图 6-53　"修改|结构梁系统"选项卡

图 6-54　"修改|创建梁系统边界"选项卡

（19）单击"绘制"面板中的"梁方向"按钮▥和"拾取线"按钮▨，拾取竖直边界线为梁方向，如图 6-55 所示。

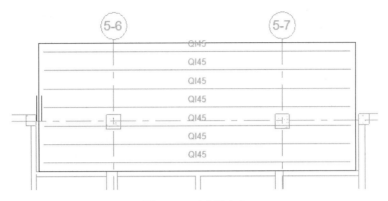

图 6-55　更改梁方向

（20）单击"模式"面板中的"完成编辑模式"按钮✔，完成梁系统的编辑，如图 6-56 所示。

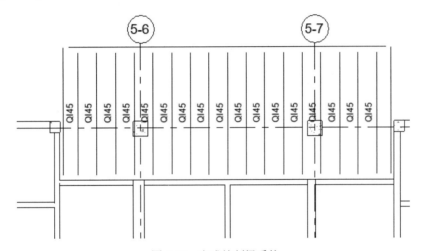

图 6-56　完成绘制梁系统

（21）将视图切换至三维视图。单击"钢"选项卡"参数化切割"面板中的"斜接"按钮▱，按住 Ctrl 键选取如图 6-57 所示的钢梁。按 Enter 键确认，钢梁在连接处做斜接处理，图元之间的子连接显示为虚线框，如图 6-58 所示。采用相同的方法，在另一侧的钢梁连接处做斜接处理。

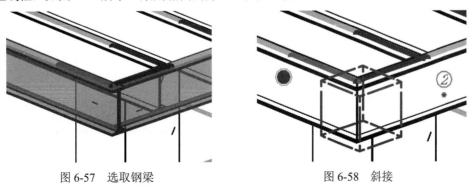

图 6-57　选取钢梁　　　　　　　　　　　　图 6-58　斜接

6.1.4　创建三层至五层梁

（1）框取轴线 5-A 到轴线 5-D 中所有图形，在打开的选项卡中单击"过滤器"按钮，打开"过滤器"对话框，选中"结构框架（其他）""结构框架（大梁）"和"结构框架（托梁）"复选框，单击"确定"按钮，只选取梁。

（2）单击"修改"选项卡"创建"面板中的"创建组"按钮（快捷键：GP），打开"创建组"对话框，输入名称为"2F 梁"，其他参数采用默认设置，如图 6-59 所示，单击"确定"按钮。

（3）选取第（2）步创建的 2F 梁组，单击"修改|模型组"选项卡"剪贴板"面板中的"复制到剪贴板"按钮（快捷键：Ctrl+C），然后单击"粘贴"下拉菜单中的"与选定的标高对齐"按钮，打开"选择标高"对话框，选择"3F"标高，如图 6-60 所示。单击"确定"按钮，将 2F 梁组复制到 3F 结构层。

图 6-59　"创建组"对话框

图 6-60　"选择标高"对话框

（4）将视图切换到 3F 结构平面视图。选取复制的 2F 梁组，单击"修改|模型组"选项卡"成组"面板中的"解组"按钮（快捷键：UG），将 2F 梁组解组。

（5）选取图中不需要的梁，按 Delete 键删除，然后选取梁，拖动梁端点调整梁的长度，结果如图 6-61 所示。

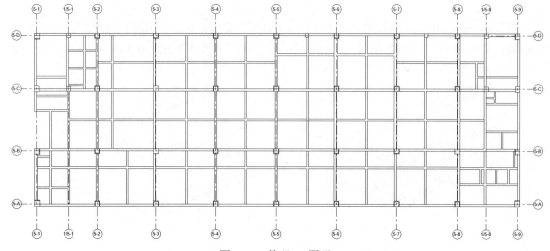

图 6-61　整理 3F 图形

（6）选取轴线 5-6 和轴线 5-7 上的梁，调整其类型。

（7）利用"拆分图元"命令 （快捷键：SL）和"对齐"命令（快捷键：AL），拆分梁并添加梁与柱的对齐关系，如图 6-62 所示。

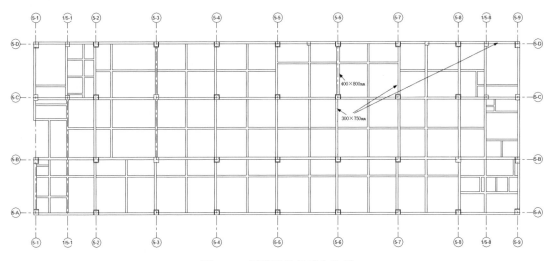

图 6-62　调整梁的类型和位置

（8）框选所有图形，在打开的选项卡中单击"过滤器"按钮，打开"过滤器"对话框，取消选中"结构柱"和"轴网"复选框，单击"确定"按钮，只选取梁。

（9）单击"剪贴板"面板中的"复制到剪贴板"按钮（快捷键：Ctrl+C），然后单击"粘贴"下拉菜单中的"与选定的标高对齐"按钮，打开"选择标高"对话框，选择"4F"和"5F"标高，单击"确定"按钮，将 3F 梁复制到 4F 和 5F 结构层。

（10）将视图切换到 4F 结构平面视图。选取图中不需要的梁，按 Delete 键删除，然后选取梁，拖动梁端点调整梁的长度，结果如图 6-63 所示。

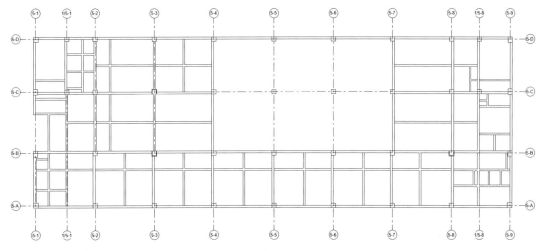

图 6-63　整理 4F 图形

（11）单击"结构"选项卡"结构"面板中的"梁"按钮（快捷键：BM），在"属性"选项板中选择"250×500mm"类型，绘制梁。利用"对齐尺寸标注"命令（快捷键：DI）调整梁的位置，拖动梁的端点调整梁的长度，如图 6-64 所示。

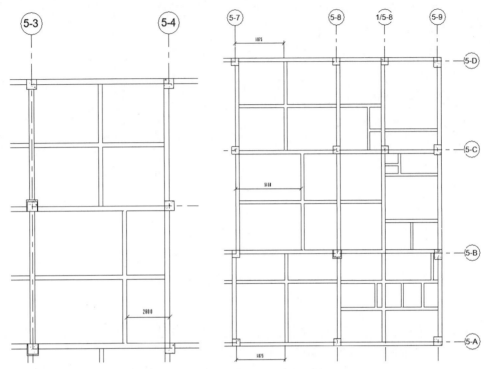

图 6-64 绘制 250×500mm 梁

（12）利用"拆分图元"命令 （快捷键：SL）和"对齐"命令 （快捷键：AL）拆分梁并添加梁与柱的对齐关系，如图 6-65 所示。

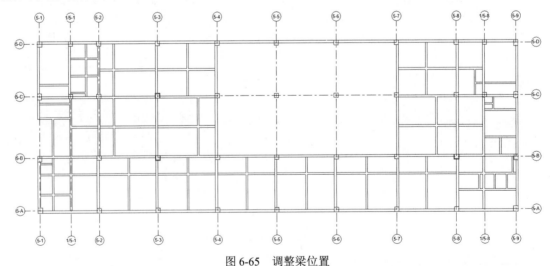

图 6-65 调整梁位置

（13）将视图切换到 5F 结构平面视图。选取图中不需要的梁，按 Delete 键删除，然后选取梁，拖动梁端点调整梁的长度，利用"对齐尺寸标注"命令 （快捷键：DI）调整梁的位置，结果如图 6-66 所示。

图 6-66 整理 5F 图形

6.1.5 创建六层至屋顶的梁

（1）框选 5F 结构层中所有图形，在打开的选项卡中单击"过滤器"按钮 ▽，打开"过滤器"对话框，取消选中"结构柱"和"轴网"复选框，单击"确定"按钮，只选取梁。

（2）单击"剪贴板"面板中的"复制到剪贴板"按钮 □（快捷键：Ctrl+C），然后单击"粘贴"下拉菜单中的"与选定的标高对齐"按钮 🖺，打开"选择标高"对话框，选择"6F"标高，单击"确定"按钮，将 5F 梁复制到 6F 结构层。

（3）将视图切换到 6F 结构平面视图。选取图中不需要的梁，按 Delete 键删除，然后选取梁，拖动梁端点调整梁的长度，利用"对齐尺寸标注"命令 ✍（快捷键：DI）调整梁的位置，结果如图 6-67 所示。

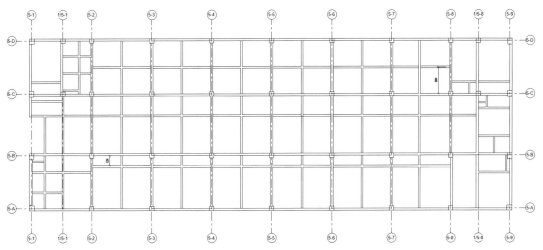

图 6-67 整理 6F 图形

（4）单击"结构"选项卡"结构"面板中的"梁"按钮 ✍（快捷键：BM），在"属性"选项板中选择"250×500mm"类型，绘制梁。利用"对齐尺寸标注"命令 ✍（快捷键：DI）调整梁的位置，如图 6-68 所示。

视频讲解

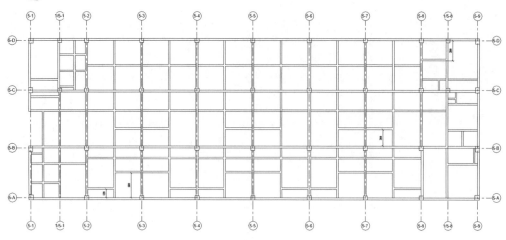

图 6-68　绘制 250×500mm 梁

（5）选取如图 6-69 所示的梁，更改起点标高偏移和终点标高偏移为 0。

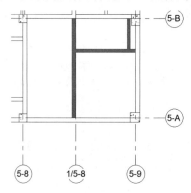

图 6-69　选取梁

（6）单击"结构"选项卡"结构"面板中的"梁"按钮 （快捷键：BM），在"属性"选项板中选择"200×400mm"类型，绘制梁。利用"对齐尺寸标注"命令 （快捷键：DI）调整梁的位置，如图 6-70 所示。

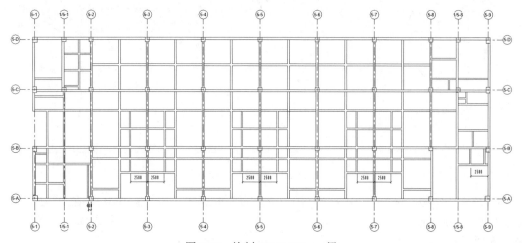

图 6-70　绘制 200×400mm 梁

（7）框选 6F 结构层中所有图形，在打开的选项卡中单击"过滤器"按钮，打开"过滤器"对话框，取消选中"结构柱"和"轴网"复选框，单击"确定"按钮，只选取梁。

（8）单击"剪贴板"面板中的"复制到剪贴板"按钮（快捷键：Ctrl+C），然后单击"粘贴"下拉菜单中的"与选定的标高对齐"按钮，打开"选择标高"对话框，选择"7F""8F""RF""屋顶"标高，如图 6-71 所示。单击"确定"按钮，将 6F 梁复制到 7F、8F、RF 和屋顶结构层。

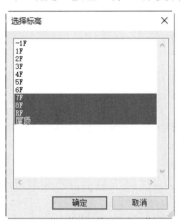

图 6-71　"选择标高"对话框

（9）将视图切换到 8F 结构平面视图。选取图中不需要的梁，按 Delete 键删除，然后选取梁，拖动梁端点调整梁的长度，利用"对齐尺寸标注"命令（快捷键：DI）调整梁的位置，结果如图 6-72 所示。

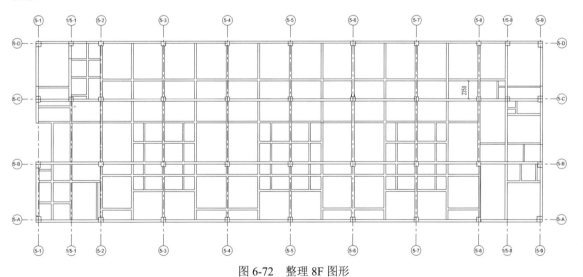

图 6-72　整理 8F 图形

（10）单击"结构"选项卡"结构"面板中的"梁"按钮（快捷键：BM），在"属性"选项板中选择"200×400mm"类型，绘制梁，利用"对齐尺寸标注"命令（快捷键：DI）调整梁的位置，如图 6-73 所示。

（11）将视图切换到 RF 结构平面视图。选取图中不需要的梁，按 Delete 键删除，然后选取梁，拖动梁端点调整梁的长度，利用"对齐尺寸标注"命令（快捷键：DI）调整梁的位置，结果如图 6-74 所示。

图 6-73　绘制 200×400mm 梁

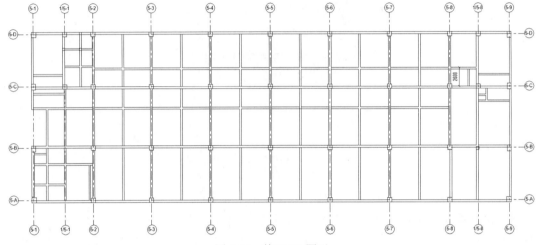

图 6-74　整理 RF 图形

（12）单击"结构"选项卡"结构"面板中的"梁"按钮（快捷键：BM），在"属性"选项板中选择"250×500mm"类型，绘制梁，利用"对齐尺寸标注"命令（快捷键：DI）调整梁的位置，如图 6-75 所示。

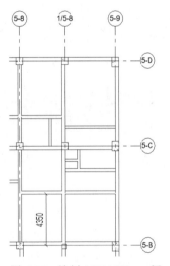

图 6-75　绘制 250×500mm 梁

（13）选取轴线 5-B 上的梁，单击"修改"面板中的"拆分图元"按钮（快捷键：SL），在轴线 5-8 处将梁进行拆分，然后选取左侧的梁，在"属性"选项板中选取"500×800mm"类型；继续选取轴线 5-B 上右侧的梁，将其在轴线 5-2 处进行拆分；利用"对齐"命令（快捷键：AL）添加梁与轴线以及梁与梁之间的对齐关系，如图6-76所示。

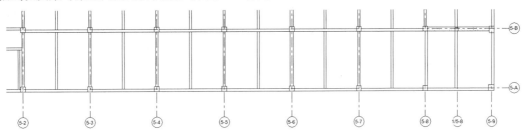

图6-76 更改类型及位置（1）

（14）选取轴线5-1上5-B和5-A之间的梁，在"属性"选项板中选取"300×750mm"类型，更改其类型，利用"对齐"命令 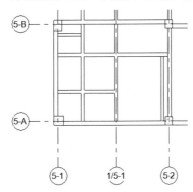（快捷键：AL）添加梁与柱的对齐关系，如图6-77所示。

图6-77 更改类型及位置（2）

（15）选取梁，单击"修改"面板中的"拆分图元"按钮 （快捷键：SL），在适当位置进行拆分，然后选取梁，在"属性"选项板中选取"400×800mm"类型，更改其类型，利用"对齐"命令 （快捷键：AL）添加梁与柱的对齐关系，如图6-78所示。

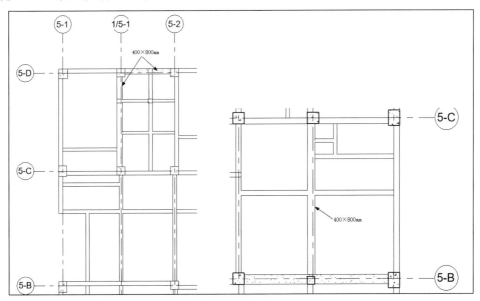

图6-78 更改类型及位置（3）

Note

（16）选取梁，单击"修改"面板中的"拆分图元"按钮 ⊞（快捷键：SL），在适当位置进行拆分，然后选取如图 6-79 所示的梁，在"属性"选项板中更改起点标高偏移和终点标高偏移为 250。

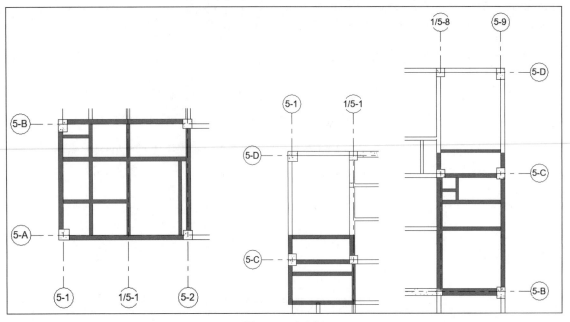

图 6-79　选取梁

（17）将视图切换到屋顶结构平面视图。选取图中不需要的梁，按 Delete 键删除，然后选取梁，拖动梁端点调整梁的长度，利用"对齐"命令 ⊟（快捷键：AL）调整梁的位置，结果如图 6-80 所示。

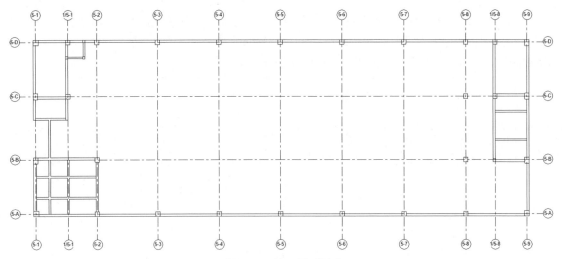

图 6-80　整理屋顶图形

（18）选取梁，在"属性"选项板中选取适当类型，更改其类型，再利用"对齐"命令 ⊟（快捷键：AL），添加梁与柱的对齐关系，如图 6-81 所示。

（19）单击"结构"选项卡"结构"面板中的"梁"按钮 ⊘（快捷键：BM），在"属性"选项板中选择"250×500mm"类型，绘制梁。利用"对齐尺寸标注"命令 ⊿（快捷键：DI）调整梁的位置，如图 6-82 所示。

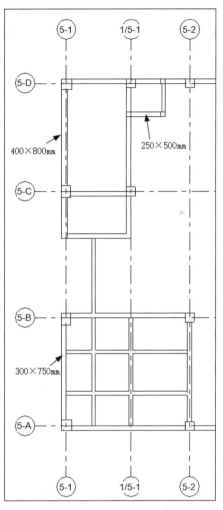

图 6-81　更改类型及对齐关系

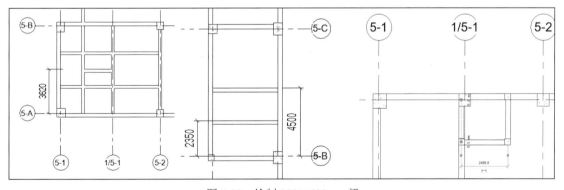

图 6-82　绘制 250×500mm 梁

（20）选取如图 6-83 所示的梁，在"属性"选项板中更改起点标高偏移和终点标高偏移为-2400。

（21）单击"结构"选项卡"结构"面板中的"梁系统"按钮▦（快捷键：BS），打开"修改|放置 梁"选项卡，系统默认激活"自动创建梁系统"按钮▦。在选项栏中设置梁类型为 250×500mm，在"属性"选项板中设置布局规则为"固定数量"，线数为 3，如图 6-84 所示。

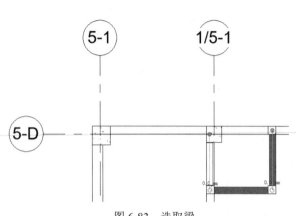

图 6-83　选取梁

图 6-84　"属性"选项板

（22）将光标移至要添加梁系统的结构构件处，系统根据所选最近的结构件创建平行的梁系统，如图 6-85 所示，然后单击以创建梁系统，如图 6-86 所示。

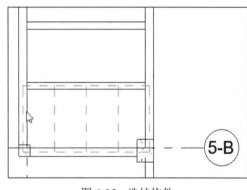

图 6-85　选结构件

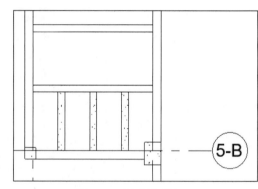

图 6-86　创建梁系统

6.2　创建连廊部分的梁

视频讲解

（1）将视图切换至 1F 结构平面。单击"结构"选项卡"结构"面板中的"梁"按钮（快捷键：BM），在"属性"选项板中单击"编辑类型"按钮，打开"类型属性"对话框，单击"复制"按钮，打开"名称"对话框，输入名称为 300×700mm，单击"确定"按钮，返回"类型属性"对话框，输入 b 为 300，h 为 700，其他参数采用默认设置，单击"确定"按钮，完成混凝土-矩形梁 300×700mm 类型的创建。

（2）沿着轴线绘制梁，然后利用"对齐尺寸标注"命令（快捷键：DI）调整梁的位置，结果如图 6-87 所示。选取绘制的梁，在"属性"选项板中更改起点标高偏移和终点标高偏移为-950。

（3）单击"结构"选项卡"结构"面板中的"梁"按钮（快捷键：BM），在"属性"选项板中单击"编辑类型"按钮，打开"类型属性"对话框，单击"复制"按钮，打开"名称"对话框，输入名称为 300×500mm，单击"确定"按钮，返回"类型属性"对话框，输入 b 为 300，h 为 500，其他参数采用默认设置。单击"确定"按钮，完成混凝土-矩形梁 300×500mm 类型的创建。

（4）沿着轴线绘制梁，然后选取绘制的梁，在"属性"选项板中更改起点标高偏移和终点标高偏移为-950。结果如图 6-88 所示。

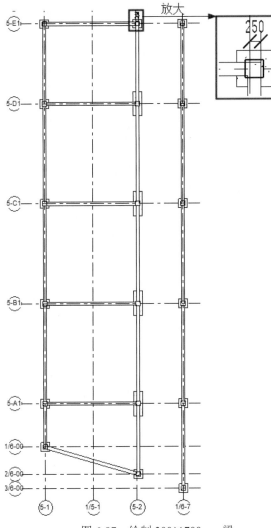

图 6-87　绘制 300×700mm 梁

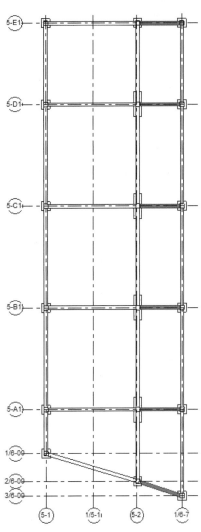

图 6-88　绘制 300×500mm 梁

（5）将视图切换至 2F 结构平面视图。单击"结构"选项卡"结构"面板中的"梁"按钮（快捷键：BM），在"属性"选项板中单击"编辑类型"按钮，打开"类型属性"对话框，单击"复制"按钮，打开"名称"对话框，输入名称为 250×1000mm，单击"确定"按钮，返回"类型属性"对话框，输入 b 为 250，h 为 1000，其他参数采用默认设置，单击"确定"按钮。

（6）沿着轴线绘制 250×1000mm 梁，利用"对齐尺寸标注"命令（快捷键：DI）或"对齐"命令（快捷键：AL）调整梁的位置，结果如图 6-89 所示。选取绘制的梁，在"属性"选项板中更改起点标高偏移和终点标高偏移为 50。

（7）单击"结构"选项卡"结构"面板中的"梁"按钮（快捷键：BM），在"属性"选项板中选择"300×700mm"类型，绘制梁，利用"对齐尺寸标注"命令（快捷键：DI）或"对齐"命令（快捷键：AL）调整梁的位置，如图 6-90 所示。

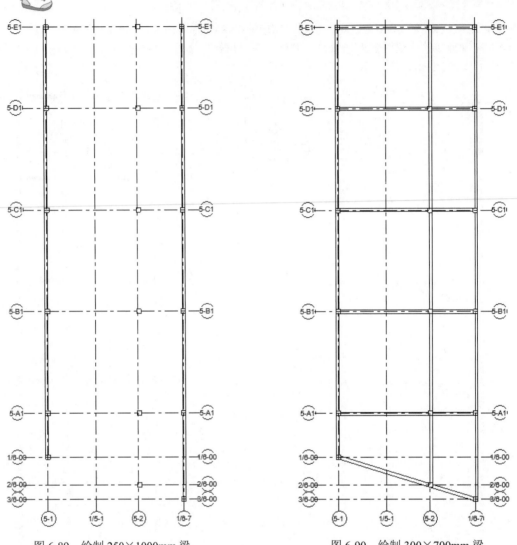

图 6-89　绘制 250×1000mm 梁　　　　　图 6-90　绘制 300×700mm 梁

（8）单击"结构"选项卡"结构"面板中的"梁"按钮✍（快捷键：BM），在"属性"选项板中选择"250×500mm"类型，绘制梁。利用"对齐尺寸标注"命令✍（快捷键：DI）和"角度尺寸标注"命令△调整梁的位置，如图 6-91 所示。

（9）选取如图 6-92 所示的左侧梁，在"属性"选项板中更改起点标高偏移和终点标高偏移为 50。选取如图 6-92 所示的右侧梁，在"属性"选项板中更改起点标高偏移和终点标高偏移为-250。

（10）将视图切换至 3F 结构平面视图。单击"结构"选项卡"结构"面板中的"梁"按钮✍（快捷键：BM），在"属性"选项板中单击"编辑类型"按钮⊞，打开"类型属性"对话框，单击"复制"按钮，打开"名称"对话框，输入名称为 250×900mm，单击"确定"按钮，返回"类型属性"对话框，输入 b 为 250，h 为 900。其他参数采用默认设置，单击"确定"按钮。

（11）沿着轴线绘制 250×900mm 梁，利用"对齐尺寸标注"命令✍（快捷键：DI）调整梁的位置，结果如图 6-93 所示。

（12）选取第（11）步绘制的 250×900mm 梁，在"属性"选项板中更改起点标高偏移和终点标高偏移为-1750。

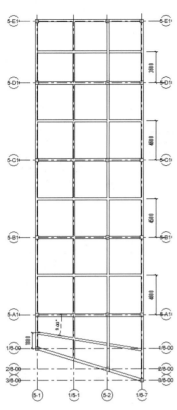

图 6-91 绘制 250×500mm 梁

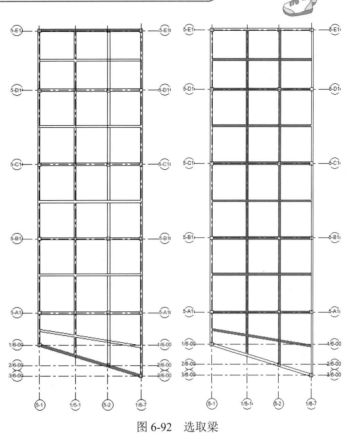

图 6-92 选取梁

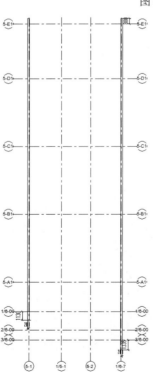

图 6-93 绘制 250×900mm 梁

第7章

结构楼板

知识导引

楼板是建筑模型中的承重部分，它将房屋沿垂直方向分隔为若干层，并把人和家具等竖向荷载及楼板自重通过墙体、梁或柱传给基础。结构楼板包括钢筋混凝土楼板和钢结构楼板，其中钢筋混凝土楼板采用混凝土与钢筋共同制作。这种楼板坚固、耐久、刚度大、强度高、防火性能好，当前应用比较普遍。

选择支撑框架、墙或绘制楼板范围来创建结构楼板。

⊙　创建主体部分的楼板　　　　　　　　　⊙　创建连廊部分的楼板

任务驱动&项目案例

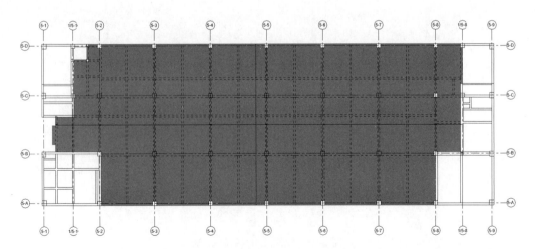

7.1 创建主体部分的楼板

7.1.1 创建基础底板

（1）打开 6.2 节绘制的项目文件，将视图切换到-1F 结构平面视图。

（2）单击"结构"选项卡"结构"面板"楼板" 下拉列表中的"楼板：结构"按钮 （快捷键：SB），打开"修改|创建楼层边界"选项卡，如图 7-1 所示。

图 7-1 "修改|创建楼层边界"选项卡

"修改|创建楼层边界"选项卡中的选项说明如下。

- ☑ 偏移：指定相对于楼板边缘的偏移值。
- ☑ 延伸到墙中（至核心层）：如果利用"拾取线"命令创建楼板边界，则创建的楼板将延伸到墙核心层。

（3）在"属性"选项板中选择"常规-300mm"类型，如图 7-2 所示。

属性选项板中的主要选项说明如下。

- ☑ 标高：将楼板约束到的标高。
- ☑ 自标高的高度偏移：指定楼板顶部相对于标高参数的高程。
- ☑ 房间边界：指定楼板是否作为房间边界图元。
- ☑ 与体量有关：指定此图元是从体量图元创建的。
- ☑ 结构：指定此图元有一个分析模型。
- ☑ 启用分析模型：显示分析模型，并将它包含在分析计算中。默认情况下处于选中状态。
- ☑ 钢筋保护层-顶面：指定与楼板顶面之间的钢筋保护层距离。
- ☑ 钢筋保护层-底面：指定与楼板底面之间的钢筋保护层距离。
- ☑ 钢筋保护层-其他面：指从楼板到邻近图元面之间的钢筋保护层距离。

图 7-2 "属性"选项板

- ☑ 坡度：将坡度定义线修改为指定值，而无须编辑草图。如果有一条坡度定义线，则此参数最初会显示一个值。如果没有坡度定义线，则此参数为空并被禁用。
- ☑ 周长：设置楼板的周长。

（4）在"属性"选项板中单击"编辑类型"按钮 ，打开如图 7-3 所示的"类型属性"对话框，单击"复制"按钮，打开"名称"对话框，输入名称为"现场浇注混凝土 400mm"，单击"确定"按钮，返回"类型属性"对话框，单击结构栏中的"编辑"按钮 编辑...，打开如图 7-4 所示的"编辑部件"对话框。

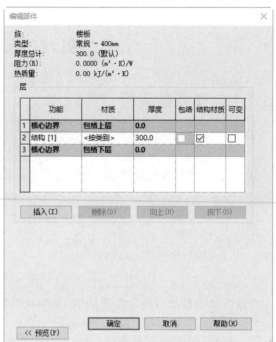

图 7-3 "类型属性"对话框   图 7-4 "编辑部件"对话框

"类型属性"对话框中的主要选项说明如下。

☑ 结构：指定楼板层。单击"编辑"按钮，打开"编辑部件"对话框以添加、修改或删除楼板层。

☑ 默认的厚度：指示楼板类型的厚度，通过累加楼板层的厚度得出。

☑ 功能：指示楼板是内部的还是外部的。

☑ 粗略比例填充样式：指定粗略比例视图中图元的填充样式。

☑ 粗略比例填充颜色：将颜色应用于粗略比例视图中图元的填充样式。

☑ 结构材质：为图元结构指定材质。

☑ 传热系数：用于计算热传导，通常通过流体和实体之间的对流和阶段变化来计算。

☑ 热阻：用于测量对象或材质抵抗热流量（每时间单位的热量或热阻）的温度差。

☑ 热质量：等同于热容或热容量。

☑ 吸收率：用于测量对象吸收辐射的能力，等于吸收的辐射通量与入射辐射通量的比率。

☑ 粗糙度：用于测量表面的纹理。

"编辑部件"对话框中的主要选项说明如下。

☑ 插入：单击"插入"按钮，插入一个图层，或选择一个图层以进行修改。

☑ 向上/向下：单击"向上"或"向下"按钮，移动层的位置。

☑ 功能：在功能下拉列表中选择层的功能，如图 7-5 所示。

☑ 材质：选择图层的材质，单击▦按钮，打开"材质浏览器"对话框，选择材质。

☑ 厚度：指定层的厚度。

（5）在结构[1]栏对应的材质列中单击▦按钮，打开"材质浏览

图 7-5 功能下拉列表

器"对话框,选取"混凝土,现场浇筑-C30"材质,其他参数采用默认设置,如图7-6所示,单击"确定"按钮,返回"编辑部件"对话框,更改厚度为400,其他参数采用默认设置,如图7-7所示,连续单击"确定"按钮,完成"常规 - 400 mm"类型的设置。

图7-6 "材质浏览器"对话框

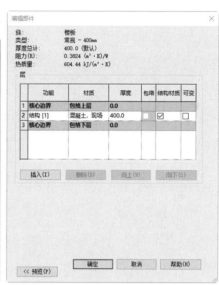

图7-7 设置参数

(6)单击"绘制"面板中的"边界线"按钮和"矩形"按钮,沿着梁边线绘制封闭的边界,绘制的第一条线为结构楼板的跨方向,如图7-8所示。

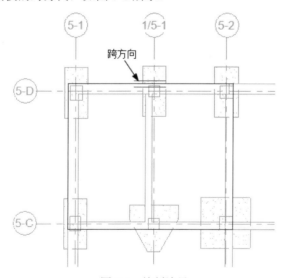

图7-8 绘制边界

(7)单击"绘制"面板中的"拾取线"按钮,拾取梁的边线作为楼板边界线,如图7-9所示。

(8)选取竖直边界线,拖动边界线的上端点调整边界线的长度,直到其成为水平边界线,然后拖动水平边界线的端点使其与竖直边界线重合,如图7-10所示。

(9)采用相同的方法,调整其他边界线的长度,使边界线形成封闭环,如图7-11所示。单击"模式"面板中的"完成编辑模式"按钮,完成400mm厚度楼板的创建,如图7-12所示。

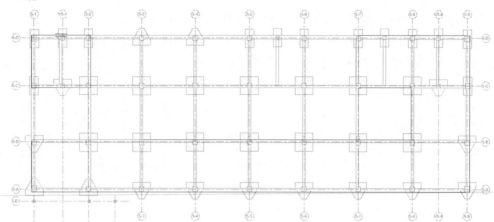

图 7-9　拾取边线

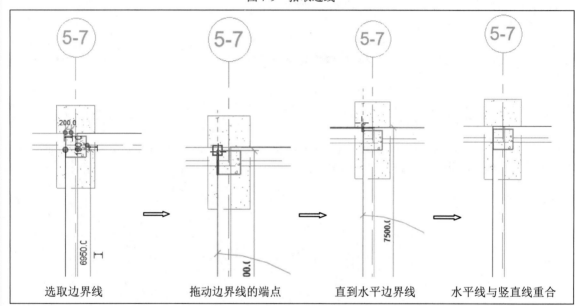

选取边界线　　　拖动边界线的端点　　　直到水平边界线　　　水平线与竖直线重合

图 7-10　调整边界线长度

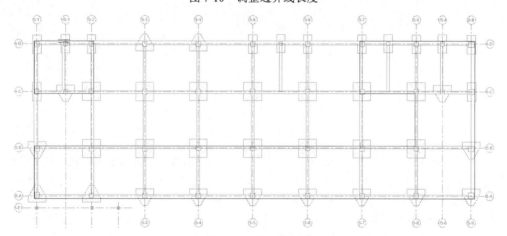

图 7-11　封闭边界

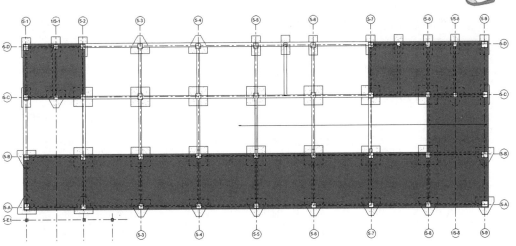

图 7-12 创建基础楼板

📢 **提示**：如果边界线没有形成闭环，单击"完成编辑模式"按钮 ✅，弹出如图 7-13 所示的错误提示对话框，视图中相交的边界线或没有闭环的边界线会高亮显示。

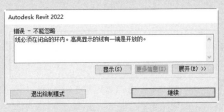

图 7-13 提示对话框

（10）将视图切换到屋顶结构平面视图。单击"结构"选项卡"结构"面板"楼板" 下拉列表中的"楼板：结构"按钮 （快捷键：SB），在"属性"选项板中选择"常规 - 400mm"类型，设置自标高的高度偏移为-100，其他参数采用默认设置，如图 7-14 所示。

（11）单击"绘制"面板中的"边界线"按钮 和"矩形"按钮 □，沿着梁边线绘制封闭的边界，如图 7-15 所示。

图 7-14 "属性"选项板

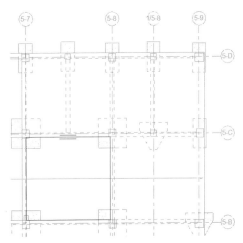

图 7-15 绘制边界

（12）单击"模式"面板中的"完成编辑模式"按钮✔，完成 400mm 厚度楼板的创建，如图 7-16 所示。

（13）单击"结构"选项卡"结构"面板"楼板"下拉列表中的"楼板：结构"按钮（快捷键：SB），在"属性"选项板中选择"常规 - 400 mm"类型，设置自标高的高度偏移为-250，其他参数采用默认设置，如图 7-17 所示。

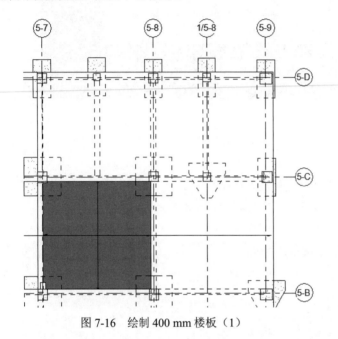

图 7-16　绘制 400 mm 楼板（1）　　　　图 7-17　"属性"选项板

（14）单击"绘制"面板中的"边界线"按钮和"拾取"按钮，拾取梁边线作为楼板边界线。然后单击"修改"面板中的"修剪/延伸为角"按钮（快捷键：TR），选取边界线，修剪或延伸边界线，使边界线形成封闭环，如图 7-18 所示。

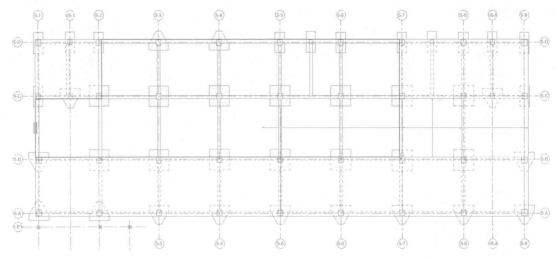

图 7-18　绘制边界

（15）单击"模式"面板中的"完成编辑模式"按钮✔，完成 400mm 厚度楼板的创建，如图 7-19 所示。

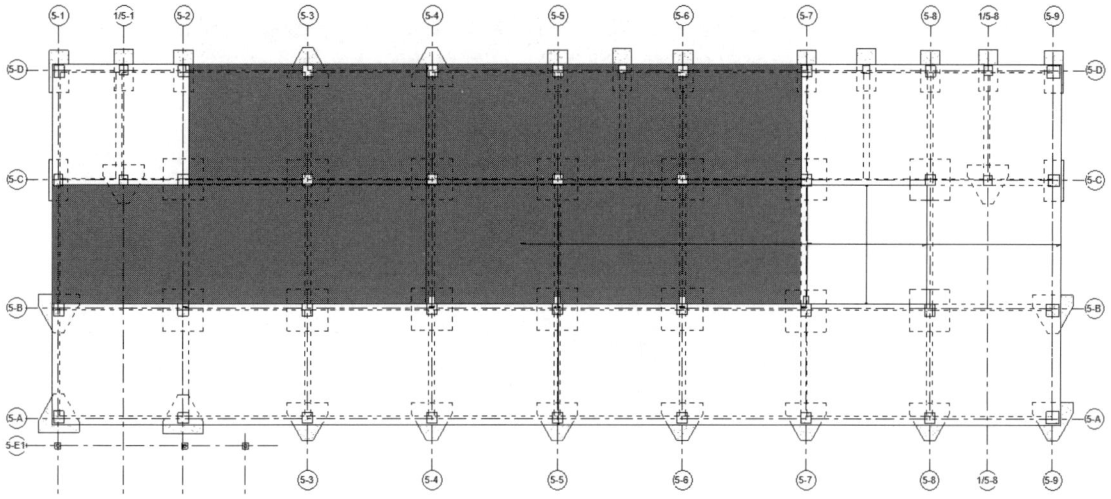

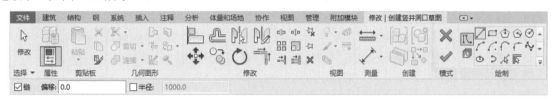

图 7-19　绘制 400 mm 楼板（2）

（16）单击"建筑"选项卡"洞口"面板中的"竖井"按钮，打开"修改|创建竖井洞口草图"选项卡，如图 7-20 所示。

图 7-20　"修改|创建竖井洞口草图"选项卡

（17）单击"绘制"面板中的"边界线"按钮和"矩形"按钮，绘制如图 7-21 所示的边界线。

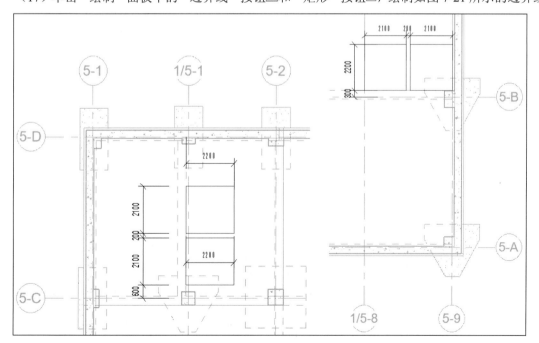

图 7-21　绘制边界线

（18）在"属性"选项板中设置底部约束为"-1F"，底部偏移为"-1800"，顶部约束为"直到标高: -1F"，顶部偏移为0，其他参数采用默认设置，如图7-22所示。

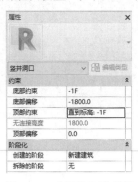

图 7-22　"属性"选项板

"属性"选项板中的选项说明如下。

☑ 底部约束：洞口的底部标高。

☑ 底部偏移：洞口距洞底定位标高的高度。

☑ 顶部约束：用于约束洞口顶部的标高。如果未定义墙顶定位标高，则洞口高度为在"无连接高度"中指定的值。

☑ 无连接高度：如果未定义"顶部约束"，则会使用洞口的高度（从洞底向上测量）。

☑ 顶部偏移：洞口距顶部标高的偏移。

☑ 创建的阶段：指示主体图元的创建阶段。

☑ 拆除的阶段：指示主体图元的拆除阶段。

（19）单击"模式"面板中的"完成编辑模式"按钮✔，完成竖井洞口的绘制，如图7-23所示。

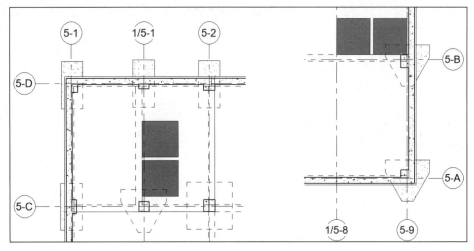

图 7-23　竖井洞口

（20）单击"建筑"选项卡"洞口"面板中的"竖井"按钮，打开"修改|创建竖井洞口草图"选项卡，单击"绘制"面板中的"边界线"按钮和"矩形"按钮，绘制如图7-24所示的边界线。

（21）在"属性"选项板中设置底部约束为"-1F"，底部偏移为"-2700"，顶部约束为"直到标高: -1F"，顶部偏移为0，其他参数采用默认设置，如图7-25所示。单击"模式"面板中的"完成编辑模式"按钮✔，完成竖井洞口的绘制，如图7-26所示。

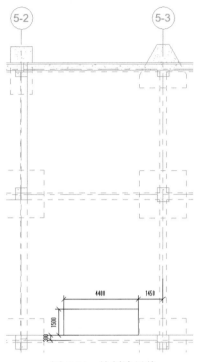

图 7-24 绘制边界线

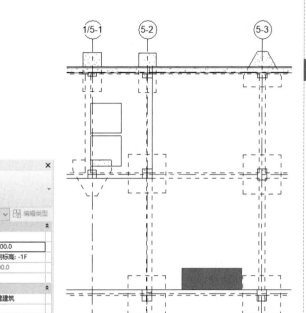

图 7-25 "属性"选项板

图 7-26 竖井洞口

（22）单击"建筑"选项卡"洞口"面板中的"竖井"按钮，打开"修改|创建竖井洞口草图"选项卡，单击"绘制"面板中的"边界线"按钮和"矩形"按钮，绘制如图 7-27 所示的边界线。

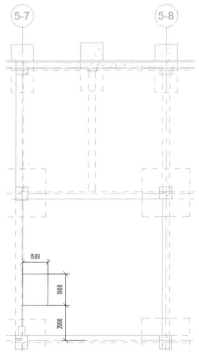

图 7-27 绘制边界线

（23）在"属性"选项板中设置底部约束为"-1F"，底部偏移为"-1400"，顶部约束为"直到标高：-1F"，顶部偏移为 0，其他参数采用默认设置，如图 7-28 所示。单击"模式"面板中的"完成编辑模式"按钮✔，完成竖井洞口的绘制，如图 7-29 所示。

（24）单击"建筑"选项卡"洞口"面板中的"竖井"按钮，打开"修改|创建竖井洞口草图"选项卡，单击"绘制"面板中的"边界线"按钮和"矩形"按钮，绘制如图 7-30 所示的边界线。

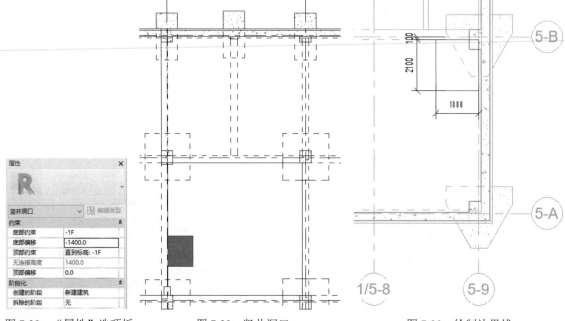

图 7-28　"属性"选项板　　　　图 7-29　竖井洞口　　　　图 7-30　绘制边界线

（25）在"属性"选项板中设置底部约束为"-1F"，底部偏移为"-3000"，顶部约束为"直到标高：-1F"，顶部偏移为 0，其他参数采用默认设置，如图 7-31 所示。单击"模式"面板中的"完成编辑模式"按钮✔，完成竖井洞口的绘制，如图 7-32 所示。

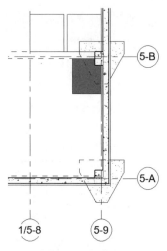

图 7-31　"属性"选项板　　　　　图 7-32　竖井洞口

7.1.2 创建一层结构楼板

（1）将视图切换到 1F 结构平面视图。单击"结构"选项卡"结构"面板"楼板" 下拉列表中的"楼板：结构"按钮 （快捷键：SB），在"属性"选项板中单击"编辑类型"按钮 ，打开"类型属性"对话框，单击"复制"按钮，打开"名称"对话框，输入名称为"常规-180mm"，单击"确定"按钮，返回"类型属性"对话框，单击结构栏中的"编辑"按钮 编辑… ，打开"编辑部件"对话框，更改厚度为 180，如图 7-33 所示，连续单击"确定"按钮。

Note

视 频 讲 解

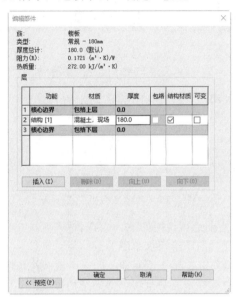

图 7-33 "编辑部件"对话框

（2）单击"绘制"面板中的"边界线"按钮 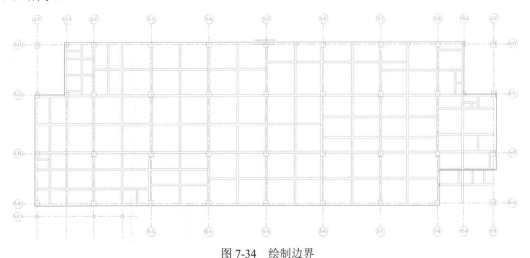 和"线"按钮 ，沿着柱边线绘制封闭的边界，如图 7-34 所示。

图 7-34 绘制边界

（3）在"属性"选项板中设置自标高的高度偏移为 0，单击"模式"面板中的"完成编辑模式"按钮 ，完成 180mm 厚度楼板的创建，如图 7-35 所示。

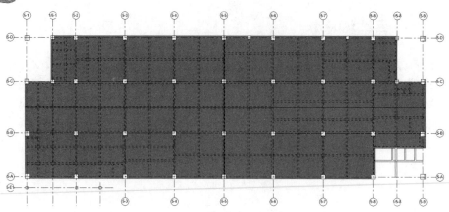

图 7-35　绘制 180mm 楼板

（4）选取第（3）步绘制的楼板，打开如图 7-36 所示的"修改|楼板"选项卡，单击"编辑边界"按钮，打开如图 7-37 所示的"修改|楼板>编辑边界"选项卡。

图 7-36　"修改|楼板"选项卡

"修改|楼板"选项卡中的主要选项说明如下。

☑　添加点：可以向图元几何图形添加单独的点。

☑　修改子图元：可以操作选定楼板或屋顶上的一个或多个点或边。

☑　拾取支座：可以拾取梁来定义分割线，并为结构楼板创建固定承重线。

☑　重设形状：删除楼板形状，修改并将图元几何图形重设为其原始状态。

图 7-37　"修改|楼板>编辑边界"选项卡

（5）单击"绘制"面板中的"边界线"按钮和"矩形"按钮，沿着梁边线绘制封闭的边界，如图 7-38 所示。

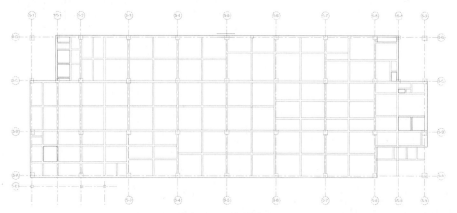

图 7-38　绘制边界

（6）单击"模式"面板中的"完成编辑模式"按钮 ✔，完成楼板的编辑，如图 7-39 所示。

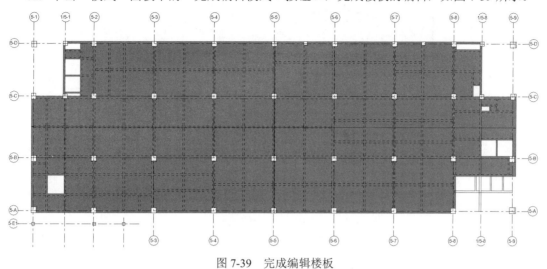

图 7-39　完成编辑楼板

（7）单击"结构"选项卡"结构"面板"楼板" ⟋ 下拉列表中的"楼板：结构"按钮 ⟋（快捷键：SB），在"属性"选项板中选择"常规-180mm"类型，设置自标高的高度偏移为-20，其他参数采用默认设置。

（8）单击"绘制"面板中的"边界线"按钮 和"线"按钮 ⟋，沿着梁边线和柱边线绘制封闭的边界线，如图 7-40 所示。

（9）单击"模式"面板中的"完成编辑模式"按钮 ✔，完成 180mm 厚度楼板的创建，如图 7-41 所示。

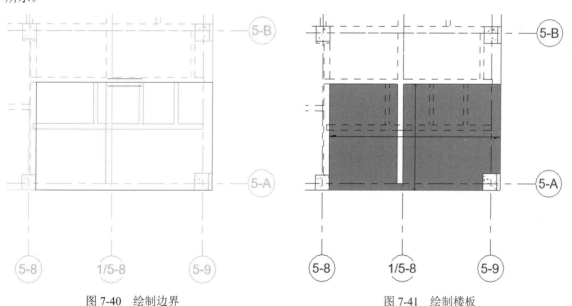

图 7-40　绘制边界　　　　　　　　　　图 7-41　绘制楼板

（10）为了使图形看起来比较清晰，下面将楼板上的跨方向符号隐藏。选取视图中的任意一个跨方向符号，单击鼠标右键，在弹出的快捷菜单中选择"在视图中隐藏"→"类别"命令，如图 7-42 所示，即可隐藏视图中所有的跨方向符号，结果如图 7-43 所示。

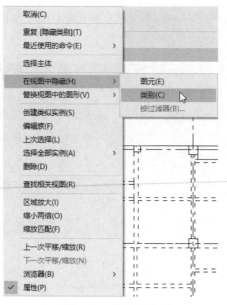

图 7-42　快捷菜单

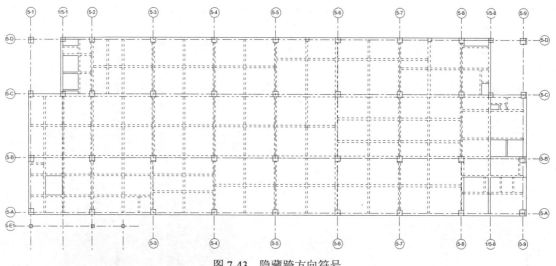

图 7-43　隐藏跨方向符号

（11）单击"文件"下拉菜单中的"另存为"→"项目"命令，打开"另存为"对话框，指定文件保存位置并输入文件名，单击"保存"按钮。

7.1.3　创建二层结构楼板

（1）将视图切换到 2F 结构平面视图。单击"结构"选项卡"结构"面板"楼板" 下拉列表中的"楼板：结构"按钮 （快捷键：SB），在"属性"选项板中单击"编辑类型"按钮 ，打开"类型属性"对话框，单击"复制"按钮，打开"名称"对话框，输入名称为"常规 120mm"，单击"确定"按钮，返回"类型属性"对话框，单击结构栏中的"编辑"按钮 ，打开"编辑部件"对话框，更改厚度为 120，连续单击"确定"按钮。

（2）单击"绘制"面板中的"边界线"按钮 和"线"按钮 ，沿着梁边线绘制封闭的边界，利用"对齐尺寸标注"命令调整边界线的位置，如图 7-44 所示。

（3）在"属性"选项板中设置自标高的高度偏移为 0，单击"模式"面板中的"完成编辑模式"按钮 ✔，完成 120mm 厚度楼板的创建，如图 7-45 所示。

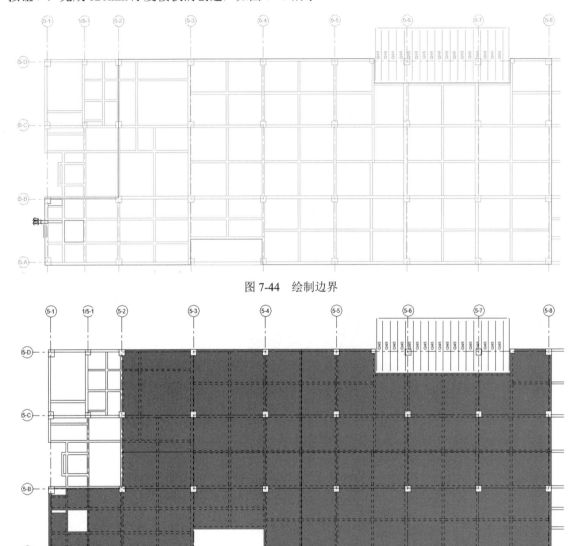

图 7-44 绘制边界

图 7-45 绘制 120mm 楼板

（4）单击"结构"选项卡"结构"面板"楼板" 下拉列表中的"楼板：结构"按钮 （快捷键：SB），在"属性"选项板中选择"常规-120mm"类型，设置自标高的高度偏移为-20，其他参数采用默认设置。

（5）单击"绘制"面板中的"边界线"按钮 和"线"按钮 ，沿着梁边线和柱边线绘制封闭的边界，如图 7-46 所示。

（6）单击"绘制"面板中的"跨方向"按钮 和"拾取线"按钮 ，拾取竖直方向的边界线为"跨方向"，如图 7-47 所示。

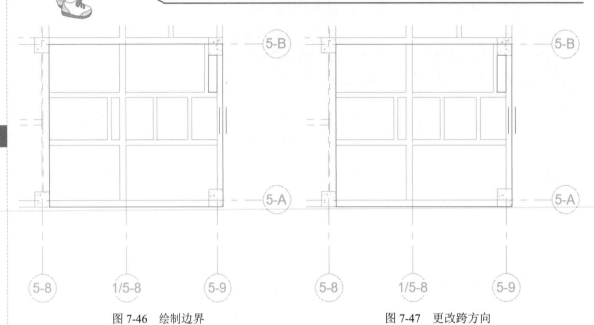

图 7-46　绘制边界　　　　　　　　　　　　　　　图 7-47　更改跨方向

（7）单击"模式"面板中的"完成编辑模式"按钮✔，完成 120mm 厚度楼板的创建，如图 7-48 所示。

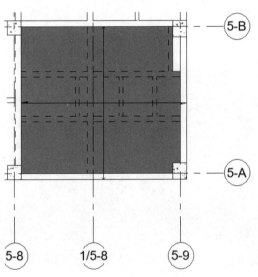

图 7-48　完成绘制楼板

（8）单击"结构"选项卡"结构"面板"楼板"▱下拉列表中的"楼板：结构"按钮▱（快捷键：SB），在"属性"选项板中单击"编辑类型"按钮▣，打开"类型属性"对话框，单击"复制"按钮，打开"名称"对话框，输入名称为"常规-140mm"，单击"确定"按钮，返回"类型属性"对话框，单击结构栏中的"编辑"按钮 编辑... ，打开"编辑部件"对话框，更改厚度为 140，连续单击"确定"按钮。

（9）单击"绘制"面板中的"边界线"按钮▯和"线"按钮✐，沿着梁边线绘制封闭的边界，利用"对齐尺寸标注"命令调整边界线的位置，如图 7-49 所示。

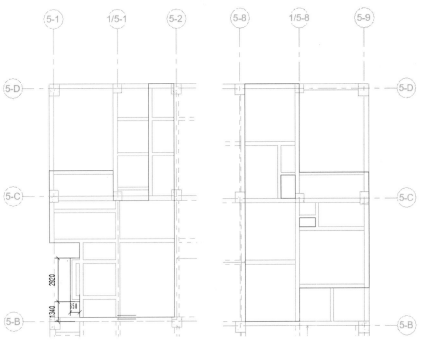

图 7-49　绘制边界

（10）在"属性"选项板中设置自标高的高度偏移为 0，单击"模式"面板中的"完成编辑模式"按钮，完成 140mm 厚度楼板的创建，如图 7-50 所示。

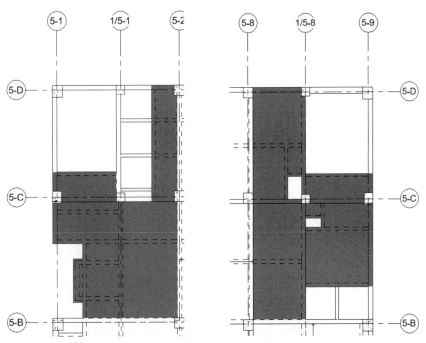

图 7-50　绘制 140mm 楼板

（11）单击"文件"下拉菜单中的"另存为"→"项目"命令，打开"另存为"对话框，指定文件保存位置并输入文件名，单击"保存"按钮。

7.1.4 创建三层至八层结构楼板

（1）按住 Ctrl 键选取 2F 结构层上的结构楼板，单击"修改|模型组"选项卡"剪贴板"面板中的"复制到剪贴板"按钮（快捷键：Ctrl+C），然后单击"粘贴"下拉菜单中的"与选定的标高对齐"按钮，打开"选择标高"对话框，选择"3F""4F""5F"标高，如图 7-51 所示。单击"确定"按钮，将 2F 结构层复制到 3F、4F 和 5F 结构层。

（2）将视图切换至 3F 结构平面视图。选取视图中最大的楼板，打开"修改|楼板"选项卡，单击"编辑边界"按钮，打开"修改|楼板>编辑边界"选项卡，删除多余的边界线，单击"绘制"面板中的"边界线"按钮和"线"按钮，对边界线进行编辑，如图 7-52 所示。

图 7-51 "选择标高"对话框

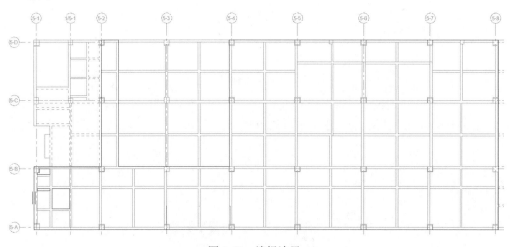

图 7-52 编辑边界

（3）单击"模式"面板中的"完成编辑模式"按钮，完成楼板的编辑，如图 7-53 所示。

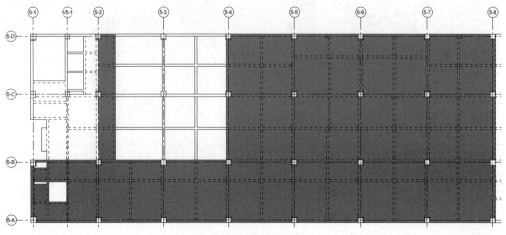

图 7-53 编辑楼板

（4）单击"结构"选项卡"结构"面板"楼板" 下拉列表中的"楼板：结构"按钮（快捷键：SB），在"属性"选项板中选择"常规-120mm"类型，设置自标高的高度偏移为"-250"。

（5）单击"绘制"面板中的"边界线"按钮和"矩形"按钮，沿着梁边线绘制封闭的边界，如图 7-54 所示。

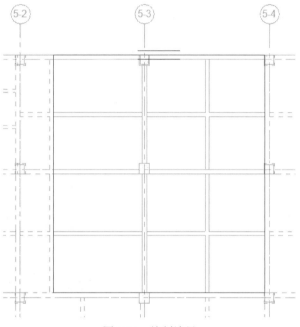

图 7-54 绘制边界

（6）单击"模式"面板中的"完成编辑模式"按钮，完成 120mm 厚度楼板的创建，如图 7-55 所示。

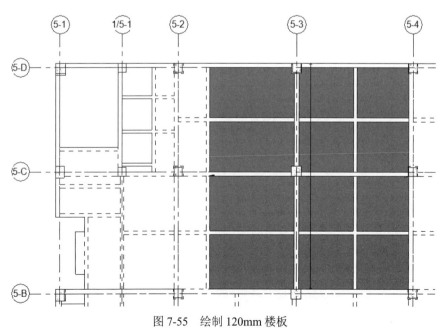

图 7-55 绘制 120mm 楼板

（7）将视图切换至 4F 结构平面视图。双击视图中最大的楼板，打开"修改|编辑边界"选项卡，删除多余的边界线，然后拖动边界线的控制点调整边界线的长度，如图 7-56 所示。

（8）单击"模式"面板中的"完成编辑模式"按钮 ✓，完成楼板的编辑，如图 7-57 所示。

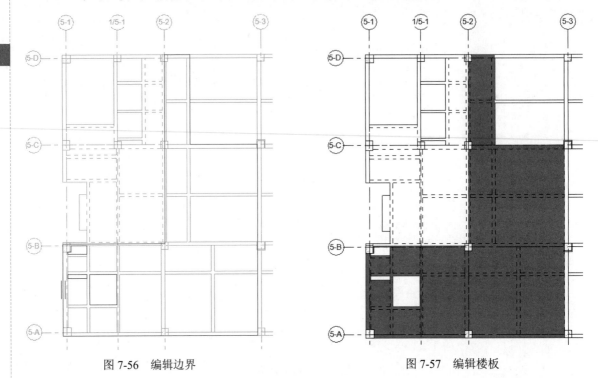

图 7-56　编辑边界　　　　　　　　　　　图 7-57　编辑楼板

（9）选取如图 7-58 所示的梁，单击"修改"面板中的"拆分图元"按钮 ▭（快捷键：SL），将其在楼板边界处进行拆分，然后选取拆分后右侧的梁，更改起点标高偏移和终点标高偏移为-250。

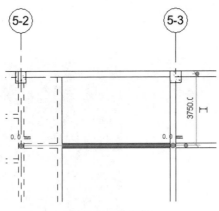

图 7-58　选取梁

（10）单击"结构"选项卡"结构"面板"楼板" ⟋ 下拉列表中的"楼板：结构"按钮 ⟋（快捷键：SB），在"属性"选项板中选择"常规-120mm"类型，设置自标高的高度偏移为-250。

（11）单击"绘制"面板中的"边界线"按钮 ⌐ 和"矩形"按钮 ▭，沿着梁边线绘制封闭的边界，如图 7-59 所示。

（12）单击"模式"面板中的"完成编辑模式"按钮✅，完成 120mm 厚度楼板的创建，如图 7-60 所示。

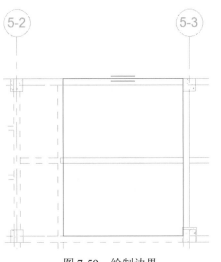

图 7-59　绘制边界

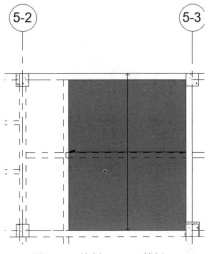

图 7-60　绘制 120mm 楼板

（13）单击"结构"选项卡"结构"面板"楼板"〰下拉列表中的"楼板：结构"按钮〰（快捷键：SB），在"属性"选项板中单击"编辑类型"按钮🔲，打开"类型属性"对话框，单击"复制"按钮，打开"名称"对话框，输入名称为"常规-150mm"，单击"确定"按钮，返回"类型属性"对话框，单击结构栏中的"编辑"按钮 编辑... ，打开"编辑部件"对话框，更改厚度为 150，连续单击"确定"按钮。

（14）单击"绘制"面板中的"边界线"按钮🖊和"线"按钮🖊，沿着梁边线绘制封闭的边界，如图 7-61 所示。

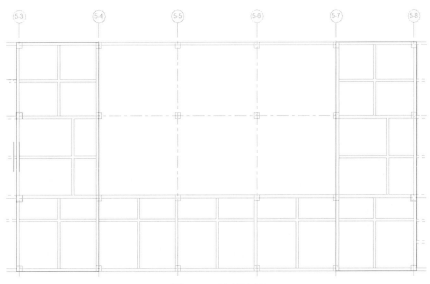

图 7-61　绘制边界

（15）在"属性"选项板中设置自标高的高度偏移为 0，单击"模式"面板中的"完成编辑模式"按钮✅，完成 150mm 厚度楼板的创建，如图 7-62 所示。

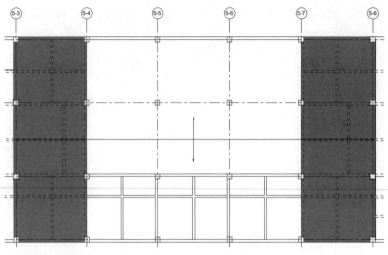

图 7-62　绘制 150mm 楼板

（16）单击"结构"选项卡"结构"面板"楼板"下拉列表中的"楼板：结构"按钮（快捷键：SB），在"属性"选项板中选择"常规-180mm"类型，设置自标高的高度偏移为 0。

（17）单击"绘制"面板中的"边界线"按钮和"矩形"按钮，沿着梁边线绘制封闭的边界，如图 7-63 所示。

（18）单击"模式"面板中的"完成编辑模式"按钮，完成 180mm 厚度楼板的创建，如图 7-64 所示。

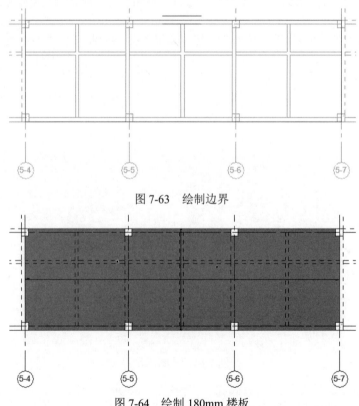

图 7-63　绘制边界

图 7-64　绘制 180mm 楼板

（19）将视图切换至 5F 结构平面视图。双击视图中最大的楼板，打开"修改|编辑边界"选项卡，删除多余的边界线，然后拖动边界线的控制点调整边界线的长度，如图 7-65 所示。

（20）单击"模式"面板中的"完成编辑模式"按钮 ✔，完成楼板的编辑，如图 7-66 所示。

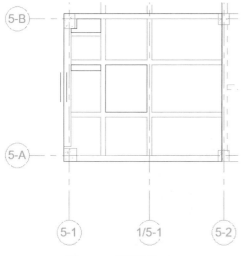

图 7-65　编辑边界

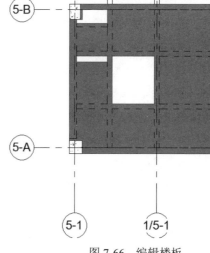

图 7-66　编辑楼板

（21）将视图切换至 5F 结构平面视图。选取视图中最大的楼板，按 Delete 键将其删除。

（22）双击视图左侧厚度为 140 mm 的楼板，打开"修改|编辑边界"选项卡，删除多余的边界线，然后拖动边界线的控制点调整边界线的长度，单击"绘制"面板中的"线"按钮 ✓，绘制边界线，如图 7-67 所示。

（23）单击"模式"面板中的"完成编辑模式"按钮 ✔，完成楼板的编辑，如图 7-68 所示。

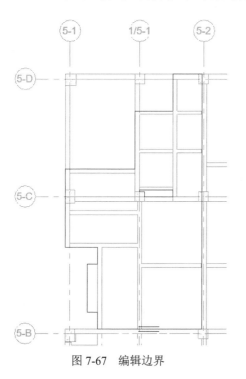

图 7-67　编辑边界

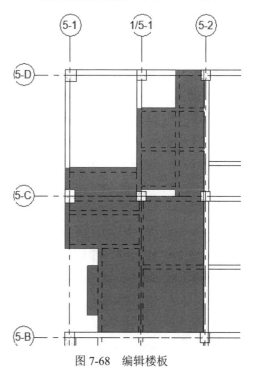

图 7-68　编辑楼板

（24）双击视图右侧厚度为 140 的楼板，打开"修改|编辑边界"选项卡，删除多余的边界线，然后拖动边界线的控制点调整边界线的长度，单击"绘制"面板中的"线"按钮✏，绘制边界线，如图 7-69 所示。

（25）在"属性"选项板中设置自标高的高度偏移为-20，单击"模式"面板中的"完成编辑模式"按钮✔，完成楼板的编辑，如图 7-70 所示。

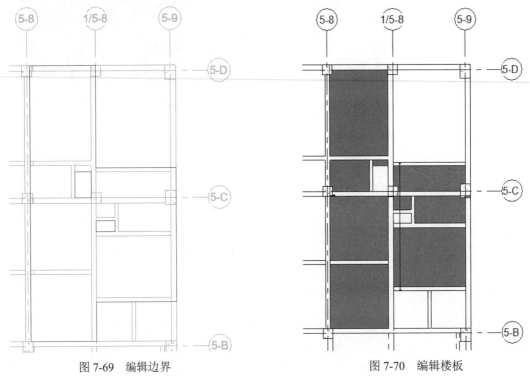

图 7-69　编辑边界　　　　　　　　　　　图 7-70　编辑楼板

（26）选取水平梁，单击"修改"面板中的"拆分图元"按钮▥（快捷键：SL），将其在适当的位置进行拆分，然后选取如图 7-71 所示的梁，更改起点标高偏移和终点标高偏移为-20。

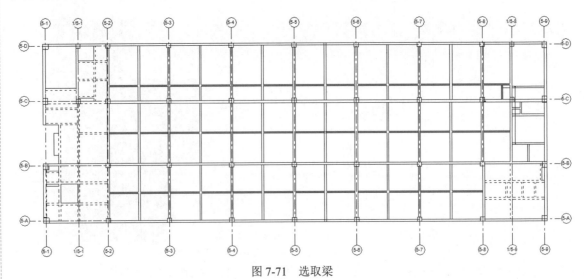

图 7-71　选取梁

（27）单击"结构"选项卡"结构"面板"楼板" 下拉列表中的"楼板：结构"按钮（快捷键：SB），在"属性"选项板中选择"常规-120mm"类型，设置自标高的高度偏移为-20。

（28）单击"绘制"面板中的"边界线"按钮和"矩形"按钮，沿着梁边线绘制封闭的边界，如图 7-72 所示。

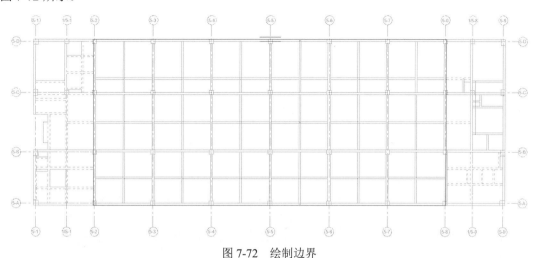

图 7-72　绘制边界

（29）单击"模式"面板中的"完成编辑模式"按钮，完成 120mm 厚度楼板的绘制，如图 7-73 所示。

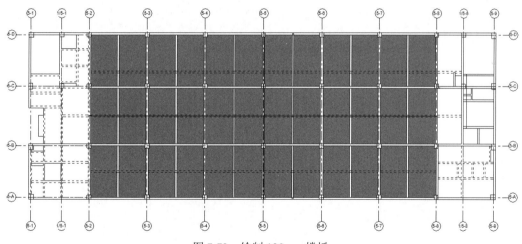

图 7-73　绘制 120mm 楼板

（30）框选视图中所有图形，打开"修改|选择多个"选项卡，单击"过滤器"按钮，打开"过滤器"对话框，选中"楼板"复选框，如图 7-74 所示，单击"确定"按钮后只选取楼板，如图 7-75 所示。

（31）单击"剪贴板"面板中的"复制到剪贴板"按钮（快捷键：Ctrl+C），然后单击"粘贴"下拉菜单中的"与选定的标高对齐"按钮，打开"选择标高"对话框，选择"6F"标高，单击"确定"按钮，将 5F 楼板复制到 6F 结构层。

（32）选取轴线 5-2 右侧的楼板，如图 7-76 所示，在"属性"选项板中设置自标高的高度偏移为 0。

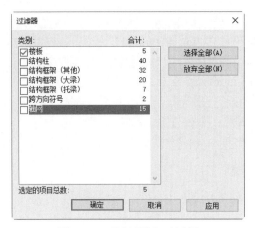

图 7-74　"过滤器"对话框

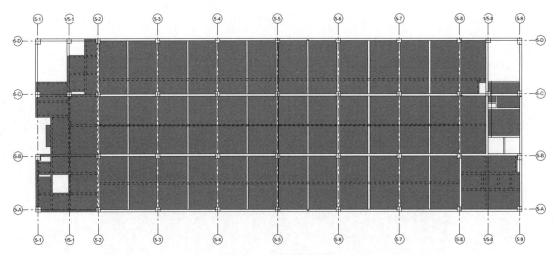

图 7-75　只选取楼板

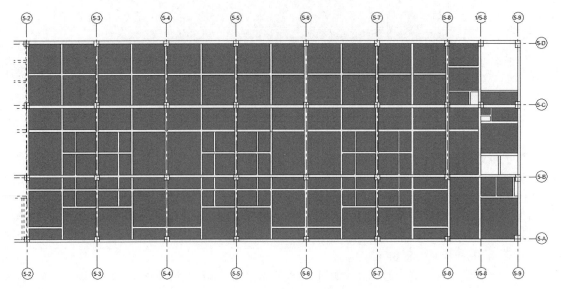

图 7-76　选取右侧楼板

（33）选取如图 7-77 所示的楼板，在"属性"选项板中的类型下拉列表中选择"常规-140mm"，更改楼板类型。

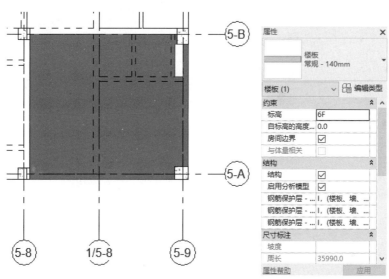

图 7-77 更改楼板类型

（34）按住 Ctrl 键，选取视图中所有的楼板。单击"剪贴板"面板中的"复制到剪贴板"按钮（快捷键：Ctrl+C），然后单击"粘贴"下拉菜单中的"与选定的标高对齐"按钮，打开"选择标高"对话框，选择"7F""8F"标高，单击"确定"按钮，将 6F 楼板复制到 7F 和 8F 结构层。

（35）单击"建筑"选项卡"洞口"面板中的"竖井"按钮，打开"修改|创建竖井洞口草图"选项卡，单击"绘制"面板中的"边界线"按钮和"矩形"按钮，绘制如图 7-78 所示的边界线。

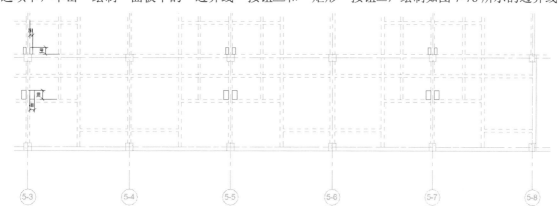

图 7-78 绘制边界线

（36）在"属性"选项板中设置底部约束为"6F"，底部偏移为"-200"，顶部约束为"直到标高：8F"，顶部偏移为 0，其他参数采用默认设置，如图 7-79 所示。

（37）单击"模式"面板中的"完成编辑模式"按钮，完成竖井洞口的绘制，如图 7-80 所示。

（38）将视图切换至 8F 结构平面视图。单击"建筑"选项卡"洞口"面板中的"竖井"按钮，打开"修改|创建竖井洞口草图"选项卡，单击"绘制"面板中的"边界线"按钮和"矩形"按钮，绘制如图 7-81 所示的边界线。

图 7-79　属性选项板

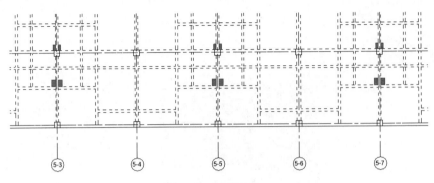

图 7-80　竖井洞口

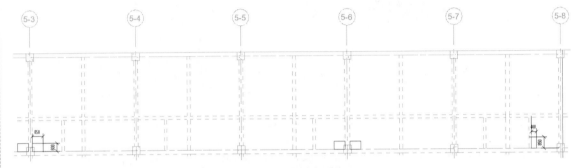

图 7-81　绘制边界线

（39）在"属性"选项板中设置底部约束为"8F"，底部偏移为"-200"，顶部约束为"未连接"，无连接高度为200，其他参数采用默认设置，如图7-82所示。

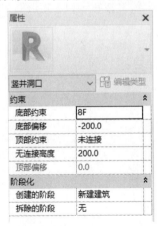

图 7-82　"属性"选项板

（40）单击"文件"下拉菜单中的"另存为"→"项目"命令，打开"另存为"对话框，指定文件保存位置并输入文件名，单击"保存"按钮。

7.1.5　创建屋顶结构楼板

（1）将视图切换到 RF 结构平面视图。单击"结构"选项卡"结构"面板"楼板"下拉列表中的"楼板：结构"按钮（快捷键：SB），在"属性"选项板中单击"编辑类型"按钮，打开"类型属性"对话框,单击"复制"按钮,打开"名称"对话框,输入名称为"常规-130mm",单击"确定"按钮,返回"类型属性"对话框,单击结构栏中的"编辑"按钮 编辑... ,打开"编辑部件"对话框,更改厚度为 130,连续单击"确定"按钮。

(2)单击"绘制"面板中的"边界线"按钮 和"线"按钮 ,沿着梁边线绘制封闭的边界,利用"对齐尺寸标注"命令 (快捷键:DI)调整边界线的位置,如图 7-83 所示。

Note

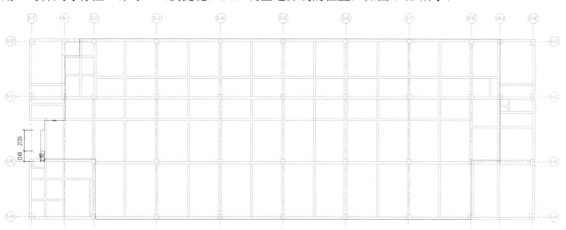

图 7-83 绘制边界

(3)在"属性"选项板中设置自标高的高度偏移为 0,单击"模式"面板中的"完成编辑模式"按钮 ,完成 130mm 厚度楼板的创建,如图 7-84 所示。

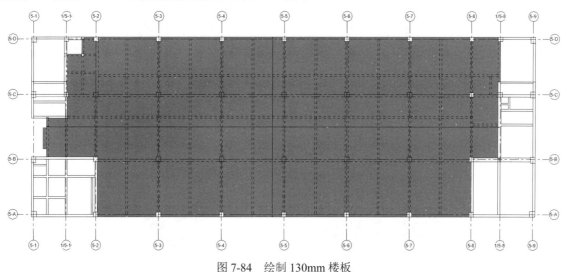

图 7-84 绘制 130mm 楼板

(4)单击"结构"选项卡"结构"面板"楼板" 下拉列表中的"楼板:结构"按钮 (快捷键:SB),在"属性"选项板中选择"常规-120mm"类型,设置自标高的高度偏移为 250,其他参数采用默认设置。

(5)单击"绘制"面板中的"边界线"按钮 和"线"按钮 ,沿着梁边线和柱边线绘制封闭的边界线,如图 7-85 所示。

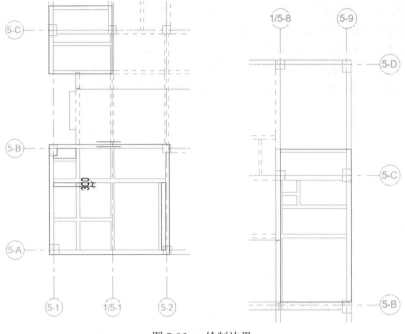

图 7-85　绘制边界

（6）单击"模式"面板中的"完成编辑模式"按钮✔，完成 120mm 厚度楼板的创建，如图 7-86 所示。

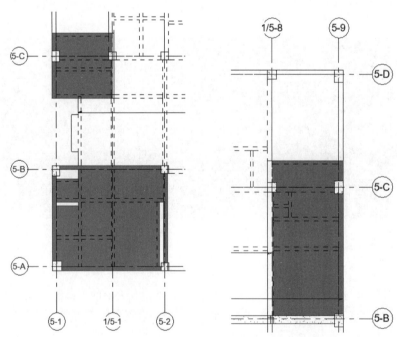

图 7-86　绘制 120mm 楼板

（7）单击"结构"选项卡"结构"面板"楼板" ⬚ 下拉列表中的"楼板：结构"按钮 ⬚ （快捷键：SB），在"属性"选项板中选择"常规-150mm"类型，设置自标高的高度偏移为 0，其他参数采用默认设置。

（8）单击"绘制"面板中的"边界线"按钮和"矩形"按钮，沿着梁边线绘制封闭的边界线，如图7-87所示。

（9）单击"模式"面板中的"完成编辑模式"按钮，完成150mm厚度楼板的创建，如图7-88所示。

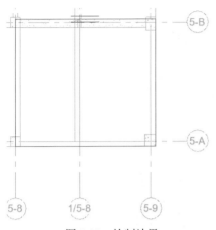

图7-87 绘制边界

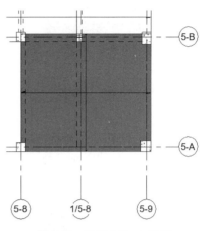

图7-88 绘制150mm楼板

（10）单击"结构"选项卡"结构"面板"楼板"下拉列表中的"楼板：结构"按钮（快捷键：SB），在"属性"选项板中选择"常规-120mm"类型，设置自标高的高度偏移为0，其他参数采用默认设置。

（11）单击"绘制"面板中的"边界线"按钮和"矩形"按钮，沿着梁边线绘制封闭的边界线，如图7-89所示。

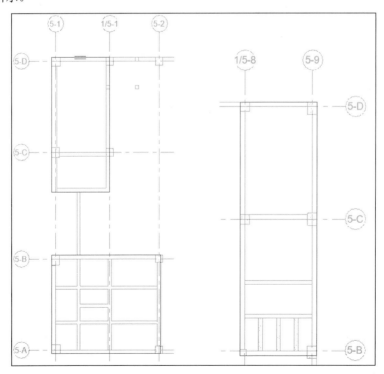

图7-89 绘制边界

（12）单击"模式"面板中的"完成编辑模式"按钮✓，完成 120mm 厚度楼板的创建，如图 7-90 所示。

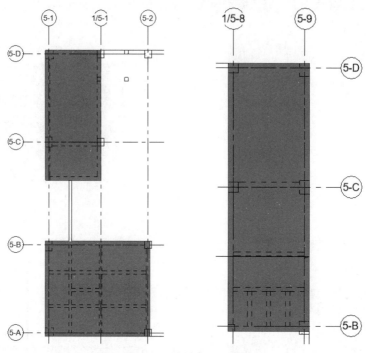

图 7-90　绘制 120mm 楼板

（13）单击"结构"选项卡"结构"面板"楼板"下拉列表中的"楼板：结构"按钮（快捷键：SB），在"属性"选项板中选择"常规-120mm"类型，设置自标高的高度偏移为"−2400"，其他参数采用默认设置。

（14）单击"绘制"面板中的"边界线"按钮和"矩形"按钮□，沿着梁边线绘制封闭的边界线，如图 7-91 所示。

（15）单击"模式"面板中的"完成编辑模式"按钮✓，完成 120mm 厚度楼板的创建，如图 7-92 所示。

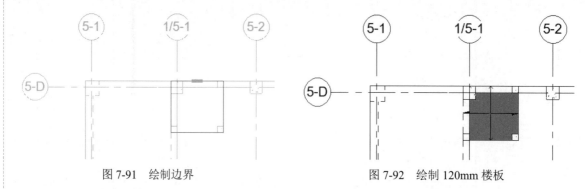

图 7-91　绘制边界　　　　　　　　　　　　图 7-92　绘制 120mm 楼板

（16）单击"文件"下拉菜单中的"另存为"→"项目"命令，打开"另存为"对话框，指定文件保存位置并输入文件名，单击"保存"按钮。

7.2 创建连廊部分的楼板

（1）将视图切换至 1F 结构平面。单击"结构"选项卡"结构"面板"楼板" 下拉列表中的"楼板：结构"按钮 （快捷键：SB），在"属性"选项板中选择"常规-400mm"类型，设置自标高的高度偏移为"-950"，其他参数采用默认设置。

（2）单击"绘制"面板中的"边界线"按钮 和"线"按钮 ，沿着柱边线绘制封闭的边界线，如图 7-93 所示。

（3）单击"模式"面板中的"完成编辑模式"按钮 ，完成 400mm 厚度楼板的创建，如图 7-94 所示。

视频讲解

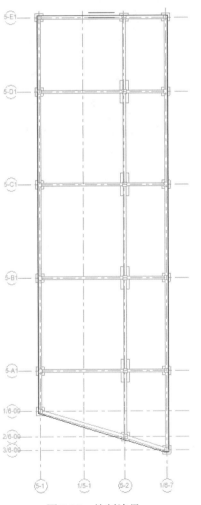

图 7-93 绘制边界

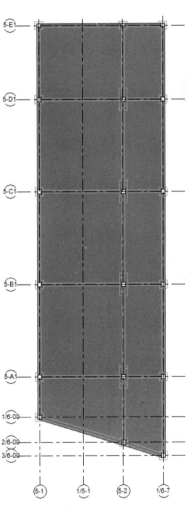

图 7-94 绘制 400mm 厚度楼板

（4）将视图切换至 2F 结构平面。单击"结构"选项卡"结构"面板"楼板" 下拉列表中的"楼板：结构"按钮 （快捷键：SB），在"属性"选项板中选择"常规-120mm"类型，设置自标高的高度偏移为"-250"，其他参数采用默认设置。

（5）单击"绘制"面板中的"边界线"按钮和"线"按钮，沿着梁边线绘制封闭的边界线，如图 7-95 所示。

（6）单击"模式"面板中的"完成编辑模式"按钮，完成 120mm 厚度楼板的创建，如图 7-96 所示。

（7）将视图切换到 2F 结构平面视图。单击"结构"选项卡"结构"面板"楼板"下拉列表中的"楼板：结构"按钮（快捷键：SB），在"属性"选项板中单击"编辑类型"按钮，打开"类型属性"对话框，单击"复制"按钮，打开"名称"对话框，输入名称为"常规-200mm"，单击"确定"按钮，返回"类型属性"对话框，单击结构栏中的"编辑"按钮 编辑...，打开"编辑部件"对话框，更改厚度为 200，连续单击"确定"按钮。

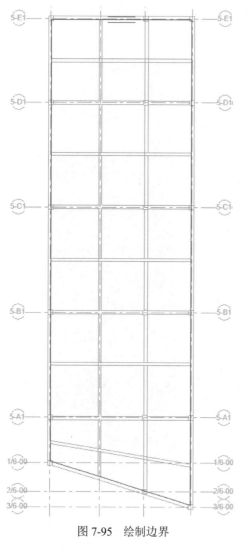

图 7-95　绘制边界

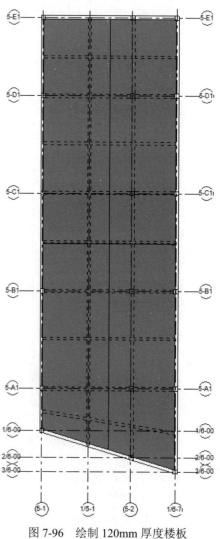

图 7-96　绘制 120mm 厚度楼板

（8）单击"绘制"面板中的"边界线"按钮和"线"按钮，沿着梁边线绘制封闭的边界，利用"对齐尺寸标注"命令（快捷键：DI）调整边界线的位置，如图 7-97 所示。

（9）在"属性"选项板中设置自标高的高度偏移为 50，单击"模式"面板中的"完成编辑模式"按钮，完成 200mm 厚度楼板的创建，如图 7-98 所示。

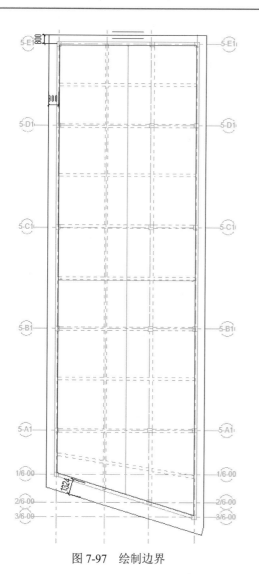

图 7-97 绘制边界

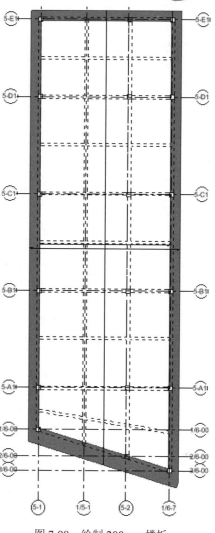

图 7-98 绘制 200mm 楼板

（10）将视图切换至 3F 结构平面。为了绘图方便，在"属性"选项板中设置范围：底部标高为 2F，显示 2F 和 3F 之间的梁，如图 7-99 所示。

（11）单击"结构"选项卡"结构"面板"楼板"下拉列表中的"楼板：结构"按钮（快捷键：SB），在"属性"选项板中单击"编辑类型"按钮，打开"类型属性"对话框，单击"复制"按钮，打开"名称"对话框，输入名称为"常规-100mm"，单击"确定"按钮，返回"类型属性"对话框，单击结构栏中的"编辑"按钮 编辑…，打开"编辑部件"对话框，更改厚度为 100，连续单击"确定"按钮。

（12）单击"绘制"面板中的"边界线"按钮和"线"按钮，沿着梁边线绘制封闭的边界，利用"对齐尺寸标注"命令（快捷键：DI）调整边界线的位置，如图 7-100 所示。

（13）在"属性"选项板中设置自标高的高度偏移为"−1750"，单击"模式"面板中的"完成编辑模式"按钮，完成 100mm 厚度楼板的创建，如图 7-101 所示。

（14）单击"文件"下拉菜单中的"另存为"→"项目"命令，打开"另存为"对话框，指定文件保存位置并输入文件名，单击"保存"按钮。

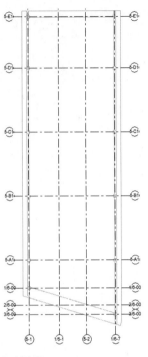

图 7-99　显示图形

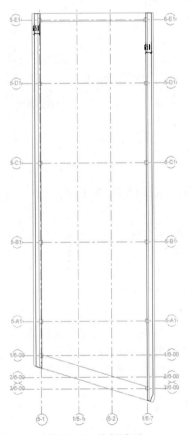

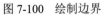

图 7-100　绘制边界

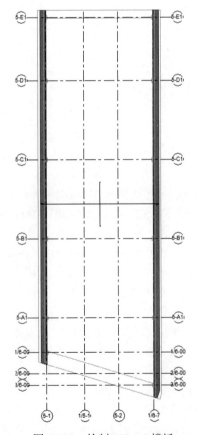

图 7-101　绘制 100mm 楼板

第 **8** 章

墙和楼梯

 知识导引

  本章中的剪力墙为现浇钢筋混凝土墙，主要承受水平地震荷载，这样的水平荷载能对墙、柱产生一种水平剪切力。

  本章中的楼梯为现浇钢筋混凝土楼梯，它是指将楼梯段、平台和平台梁现场浇筑成一个整体的楼梯，其整体性好，抗震性强。

  ⊙ 绘制墙体   ⊙ 绘制楼梯

 任务驱动&项目案例

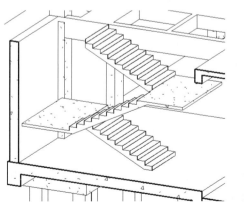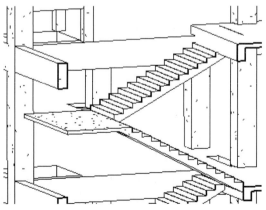

8.1　绘　制　墙　体

与建筑模型中的其他基本图元类似，墙也是预定义系统族类型的实例，表示墙功能、组合和厚度的标准变化形式。通过修改墙的类型属性来添加或删除层、将层分割为多个区域，以及修改层的厚度或指定的材质，这些特性可以自定义。

通过单击"墙"工具，选择所需的墙类型，并将该类型的实例放置在平面视图或三维视图中，可以将墙添加到建筑模型中。

可以先在功能区中选择一个绘制工具，然后在绘图区域绘制墙的线性范围，或者通过拾取现有线、边或面来定义墙的线性范围。墙相对于所绘制路径或所选现有图元的位置由墙的某个实例属性的值来确定，即"定位线"。

（1）将视图切换到-1F 结构平面。单击"结构"选项卡"结构"面板中的"墙" 下拉列表中的"墙：结构"按钮，打开"修改|放置 结构墙"选项卡，如图 8-1 所示。默认激活"线"按钮。

图 8-1　"修改|放置 结构墙"选项卡

"修改|放置 结构墙"选项卡中的主要选项说明如下。

☑　高度：为墙的墙顶定位标高选择标高，或者默认设置"未连接"，然后输入高度值。

☑　定位线：指定使用墙的哪一个垂直平面相对于所绘制的路径或在绘图区域指定的路径来定位墙，包括"墙中心线（默认）""核心层中心线""面层面：外部""面层面：内部""核心面：外部""核心面：内部"；在简单的砖墙中，"墙中心线"和"核心层中心线"平面将会重合，在从左到右绘制复合墙时，其外部面（面层面：外部）默认情况下位于顶部。

☑　链：选中此复选框，可以绘制一系列在端点处连接的墙分段。

☑　偏移：输入一个距离，指定墙的定位线与光标位置或选定的线或面之间的偏移。

☑　连接状态：选择"允许"选项以在墙相交位置自动创建对接（默认）。选择"不允许"选项以防止各墙在相交时连接。每次打开软件时默认选择"允许"选项，但上一选定选项在当前会话期间保持不变。

（2）在"属性"选项板中单击"编辑类型"按钮，打开如图 8-2 所示的"类型属性"对话框，单击"复制"按钮，打开"名称"对话框，输入名称为"外墙"，如图 8-3 所示，单击"确定"按钮，返回"类型属性"对话框。

（3）单击"编辑"按钮，打开"编辑部件"对话框，如图 8-4 所示。单击"材质"栏中的"浏览"按钮，打开"材质浏览器"对话框，选择"混凝土，现场浇注-C30"材质，其他参数采用默认设置，如图 8-5 所示，单击"确定"按钮，返回"编辑部件"对话框，更改厚度为 350，其他参数采用默认设置，如图 8-6 所示，连续单击"确定"按钮，完成外墙的设置。

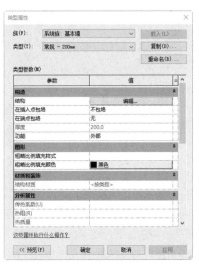

图 8-2 "类型属性"对话框

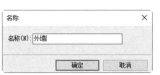

图 8-3 "名称"对话框

图 8-4 "编辑部件"对话框

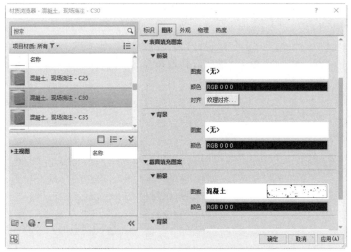

图 8-5 "材质浏览器"对话框

图 8-6 设置参数

📢 提示：Revit 软件提供了 6 种墙层，分别为结构[1]、衬底[2]、保温层/空气层[3]、涂膜层、面层 1[4]、面层 2[5]，如图 8-7 所示。

图 8-7 墙层

☑ 结构[1]：支撑其余墙、楼板或屋顶的层。

☑ 衬底[2]：作为其他材质基础的材质（如胶合板或石膏板）。

☑ 保温层/空气层[3]：隔绝并防止空气渗透。

☑ 涂膜层：用于防止水蒸气渗透的薄膜，涂膜层的厚度应该为零。

☑ 面层 1[4]：面层 1 通常是外层。

☑ 面层 2[5]：面层 2 通常是内层。

层的功能具有优先顺序，其规则如下。

☑ 结构层具有最高优先级（优先级 1）。

☑ "面层 2" 具有最低优先级（优先级 5）。

Revit 首先连接优先级高的层，然后连接优先级最低的层。例如，连接两个复合墙，第一面墙中优先级 1 的层会连接到第二面墙中优先级 1 的层上。优先级 1 的层可穿过其他优先级较低的层与另一个优先级 1 的层相连接。优先级低的层不能穿过优先级相同或优先级较高的层进行连接。

当层连接时，如果两个层都具有相同的材质，则接缝会被清除。如果是两个不同材质的层进行连接，则连接处会出现一条线。

对于 Revit 来说，每一层都必须带有指定的功能，以使其能准确地进行层匹配。

墙核心内的层可穿过连接墙核心外的优先级较高的层，即使核心层被设置为优先级 5，核心中的层也可延伸到连接墙的核心。

（4）在选项栏中设置墙体高度为 1F，定位线为"墙中心线"，其他参数采用默认设置，如图 8-8 所示。

图 8-8　在选项栏设置参数

（5）在视图中捕捉轴网的交点为墙的起点，移动鼠标到适当位置单击以确定墙体的终点，接续绘制墙体，如图 8-9 所示。

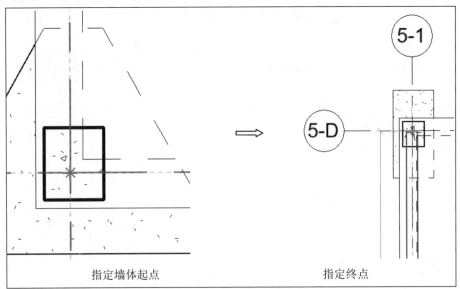

图 8-9　绘制外墙

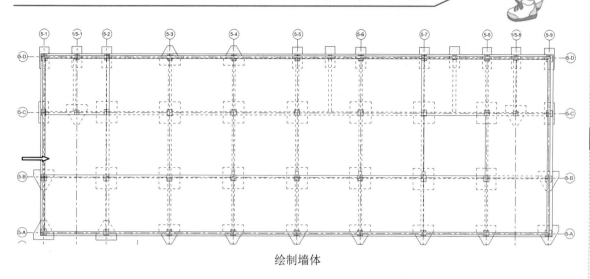

绘制墙体

图 8-9 绘制外墙（续）

可以使用如下 3 种方法来放置墙。

☑ 绘制墙：使用默认的"线"工具可通过在图形中指定起点和终点来放置直墙分段。或者，可以指定起点，沿所需方向移动光标，然后输入墙长度值。

☑ 沿着现有的线放置墙：使用"拾取线"工具可以沿在图形中选择的线来放置墙分段。线可以是模型线、参照平面或图元（如屋顶、幕墙嵌板和其他墙）边缘。

☑ 将墙放置在现有面上：使用"拾取面"工具可以将墙放置于在图形中选择的体量面或常规模型面上。

（6）单击"修改"选项卡"修改"面板中的"对齐"按钮 （快捷键：AL），先选取轴线 1 上柱的外侧边线，然后选取轴线 1 上外墙的外侧边线，使柱边线与墙边线对齐调整墙位置，采用相同的方法，调整其他墙位置，如图 8-10 所示。

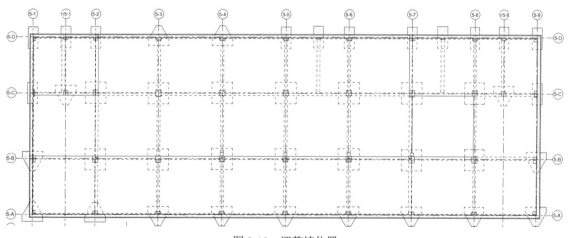

图 8-10 调整墙位置

🔊 提示：在编辑复合墙的结构时，要遵循以下原则。

☑ 在预览窗格中，样本墙的各个行必须保持从左到右的顺序显示。要测试样本墙，按顺序选择行号，然后在预览窗格中观察选择内容。如果层不是按从左到右顺序高亮显示，则 Revit 就不能生成该墙。

☑ 同一行不能指定给多个层。
☑ 不能将同一行同时指定给核心层两侧的区域。
☑ 不能为涂膜层指定厚度。
☑ 非涂膜层的厚度不能小于 1/8 英寸或 4 毫米。
☑ 核心层的厚度必须大于 0。不能将核心层指定为涂膜层。
☑ 外部和内部核心边界以及涂膜层不能上升或下降。
☑ 只能将厚度添加到从墙顶部直通底部的层，不能将厚度添加到复合层。
☑ 不能水平拆分墙，并随后不顾其他区域而移动区域的外边界。
☑ 层功能优先级不能按从核心边界到面层升序排列。

（7）在项目浏览器中双击三维视图节点下的 3D，将视图切换至 3D 视图。从图 8-11 所示的图中可以看出，墙体没有达到底部楼板。

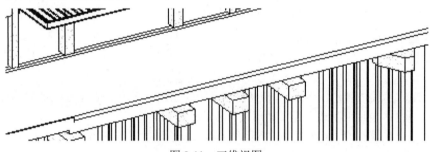

图 8-11　三维视图

（8）选取 5-D 轴线上的墙体，打开如图 8-12 所示的"修改|墙"选项卡，单击"附着 顶部/底部"按钮，打开如图 8-13 所示的选项栏，选中"底部"单选按钮，然后选取底部的结构楼板，如图 8-14 所示，使墙体延伸至底部楼板，如图 8-15 所示。

（9）采用相同的方法，选取轴线 5-1 上的墙体，将其延伸至底部楼板，如图 8-16 所示。

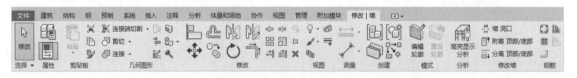

图 8-12　"修改|墙"选项卡

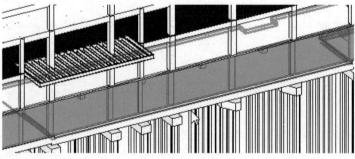

图 8-13　选项栏　　　　图 8-14　选取底部楼板

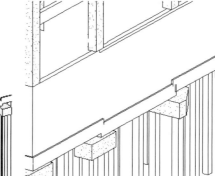

| 图 8-15 更改墙体 | 图 8-16 延伸墙体 |

提示： 可以在"修改|墙"选项卡中单击"编辑轮廓"按钮，打开"转到视图"对话框，选择相应的立面视图，当相应的视图打开时，墙的轮廓会以洋红色模型线显示，使用"修改"和"绘制"面板上的工具根据需要编辑轮廓。如果要将已编辑的墙恢复到其原始形状，则单击"重设轮廓"按钮。

技巧： 在添加墙时，遵循以下做法以成功建模并提高工作效率。

☑ 要使墙的方向在外墙和内墙之间翻转，可以选择墙并单击它旁边的蓝色翻转控件。翻转控件总是显示在 Revit 理解为外墙的那一侧。

☑ 墙体不会自动附着到其他建模构件上，如屋顶和天花板。必须使用"附着"工具和"分离"工具来明确地附着墙体。

☑ 当绘制墙时，可以通过为选项栏上的"偏移"指定值来设置其与光标的偏移距离，也可以指定测量偏移时基于的定位线。在使用椭圆或半椭圆绘图工具创建墙时，"偏移"选项不可用。

☑ 可从项目浏览器访问墙类型属性。在项目浏览器中，依次展开"族"→"墙"，以及一个墙族，然后在墙类型上单击鼠标右键，在打开的快捷菜单中单击"属性"，打开"类型属性"对话框，可在其中修改墙属性。

☑ 如果要重命名或创建一种墙类型，可在名称中指示墙功能，并在"类型属性"对话框中指定"功能类型"属性（内墙、外墙、基础墙、挡土墙、檐底板或核心竖井）。

☑ 默认情况下，内分隔墙的墙顶定位标高设置为上方标高。

☑ 可以在两面墙之间拖曳附属件，如门和窗。

☑ 将附属件放置在厚度不同的主体之间时，可以相对于其主体调整附属件的厚度。选择附属件并单击"拾取主要主体"，选择希望该附属件调整厚度以匹配的主体，附属件厚度将根据选定主体的厚度进行调整。如果稍后删除了主体，附属件也会随之删除。

☑ 如果在选项栏上选择"半径"，然后将两面直墙的端点相连接，则会以指定半径在这两面墙之间创建一个圆角。

8.2 绘 制 楼 梯

在楼梯零件编辑模式下，可以直接在平面视图或三维视图中装配构件。

楼梯可以包括以下内容。

☑ 梯段：直梯、螺旋梯段、U 形梯段、L 形梯段、自定义绘制的梯段。

☑ 平台：通过拾取两个梯段，在梯段之间自动创建，或创建自定义绘制的平台。

☑ 支撑（侧边和中心）：随梯段自动创建，或通过拾取梯段或平台边缘创建。

☑ 栏杆扶手：在创建期间自动生成，或稍后放置。

8.2.1 绘制地下室至一层楼梯

（1）打开 8.1 节绘制的项目文件，将视图切换到 1F 结构平面视图。

（2）单击"建筑"选项卡"工作平面"面板中的"参照平面"按钮（快捷键：RP），打开"修改|放置 参照平面"选项卡，如图 8-17 所示。

图 8-17 "修改|放置 参照平面"选项卡

（3）在左侧楼梯间位置参照平面，然后利用"对齐尺寸标注"命令（快捷键：DI）调整参照平面的位置，如图 8-18 所示。

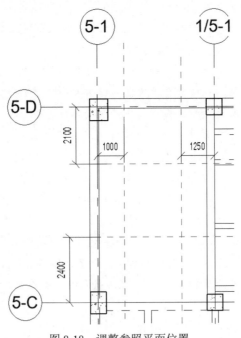

图 8-18 调整参照平面位置

（4）单击"建筑"选项卡"构建"面板中的"楼梯"按钮，打开"修改|创建楼梯"选项卡，如图 8-19 所示。

Note

图 8-19 "修改|创建楼梯"选项卡

"修改|创建楼梯"选项卡中的选项说明如下。

☑ 定位线：为向上方向的梯段选择创建路径，包括"梯边梁外侧：左""梯段：左""梯段：中心""梯段：右"和"梯边梁外侧：右"5 种定位线方式。

☑ 偏移：为创建路径指定一个可选偏移值。

☑ 实际梯段宽度：指定一个梯段宽度值。此为梯段值，且不包含支撑。

☑ 自动平台：默认情况下选中此复选框，如果创建到达下一楼层的两个单独楼梯，Revit 会在这两个梯段之间自动创建平台。

📢 提示：使用基本的通用梯段构件工具可以创建如图 8-20 所示的梯段类型。

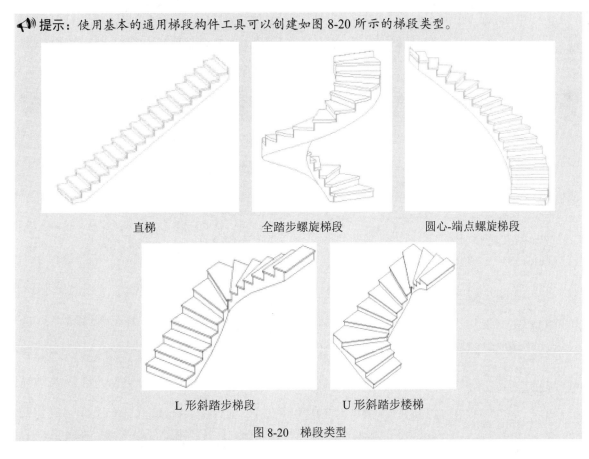

直梯 全踏步螺旋梯段 圆心-端点螺旋梯段

L 形斜踏步梯段 U 形斜踏步楼梯

图 8-20 梯段类型

（5）单击"工具"面板中的"栏杆扶手"按钮，打开"栏杆扶手"对话框，选择"无"，如图 8-21 所示，其他选项采用默认设置，单击"确定"按钮。

（6）在选项栏中设置定位线为"梯段：中心"，偏移为 0，实际梯段宽度为 1900，并选中"自动平台"复选框，如图 8-22 所示。

图 8-21 "栏杆扶手"对话框

图 8-22 设置参数

（7）在"属性"选项板中选择"现场浇注楼梯 整体浇筑楼梯"类型，单击"编辑类型"按钮，打开如图 8-23 所示的"类型属性"对话框。

"类型属性"对话框中的选项说明如下。

☑ 最大踢面高度：指定楼梯图元上每个踢面的最大高度。

☑ 最小踏板深度：设置沿所有常用梯段的中心路径测量的最小踏板深度（斜踏步、螺旋和直线）。此参数不影响创建绘制的梯段。

☑ 最小梯段宽度：设置常用梯段的宽度的初始值。此参数不影响创建绘制的梯段。

☑ 计算规则：单击"编辑"按钮，打开如图 8-24 所示的"楼梯计算器"对话框，计算楼梯的坡度。只计算新楼梯的踏板深度，现有楼梯不受影响。在使用楼梯计算器之前，需要指定踏板深度最小值和踢面高度最大值。

提示：楼梯计算器将采用在楼梯的实例属性中指定的踏板深度。如果指定的值导致计算器生成的值不属于可接受结果的范围，将显示一条警告信息。

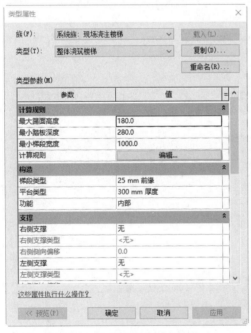

图 8-23 "类型属性"对话框

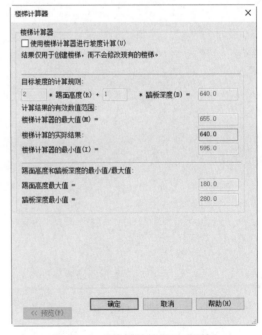

图 8-24 "楼梯计算器"对话框

☑ 梯段类型：定义楼梯图元中所有梯段的类型。

☑ 平台类型：定义楼梯图元中所有平台的类型。

- ☑ 功能：指定楼梯是内部的（默认值）还是外部的。
- ☑ 右侧支撑：指定是否连同楼梯一起创建梯边梁（闭合）、支撑梁（开放），或没有右侧支撑。梯边梁将踏板和踢面围住，支撑梁将踏板和踢面露出。
- ☑ 右侧支撑类型：定义用于楼梯的右侧支撑的类型。
- ☑ 左侧支撑：指定是否连同楼梯一起创建梯边梁（闭合）、支撑梁（开放），或没有左侧支撑。梯边梁将踏板和踢面围住，支撑梁将踏板和踢面露出。
- ☑ 左侧支撑类型：定义用于楼梯的左支撑的类型。
- ☑ 左侧偏移：指定一个值，将左侧支撑从梯段边缘以水平方向偏移。
- ☑ 中间支撑：指示是否在楼梯中应用中间支撑。
- ☑ 中间支撑类型：定义用于楼梯的中间支撑的类型。
- ☑ 中间支撑数量：定义用于楼梯的中间支撑的数量。
- ☑ 剪切标记类型：指定显示在楼梯中的剪切标记的类型。

（8）在梯段类型栏中单击 按钮，打开梯段"类型属性"对话框，单击"复制"按钮，打开"名称"对话框，输入名称为"无前缘"，单击"确定"按钮，返回梯段"类型属性"对话框，设置整体式材质为"混凝土-现场浇注混凝土"，取消选中"踏板"复选框，设置楼梯前缘长度为 0，选中"踢面"复选框，其他参数采用默认设置，如图 8-25 所示，单击"确定"按钮。

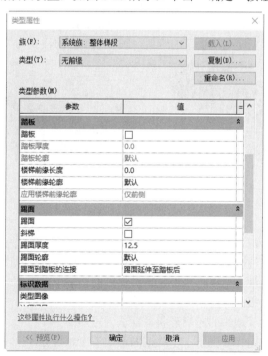

图 8-25　梯段"类型属性"对话框

（9）返回"类型属性"对话框，在平台类型栏中单击 按钮，打开平台"类型属性"对话框，新建"100mm 厚度"类型，设置整体厚度为 100、整体式材质为"混凝土-现场浇注混凝土"，如图 8-26 所示，其他参数采用默认设置，单击"确定"按钮，返回"类型属性"对话框，其他参数采用默认设置，如图 8-27 所示，单击"确定"按钮，完成室内楼梯类型的创建。

Note

图 8-26 平台"类型属性"对话框

图 8-27 "类型属性"对话框

梯段"类型属性"对话框中的主要选项说明如下。

☑ 下侧表面：指定梯段表面下方的样式，包括平滑和阶梯式。

☑ 结构深度：指台阶表面到下表面的距离，跟表面下方的样式有关，如图 8-28 所示。

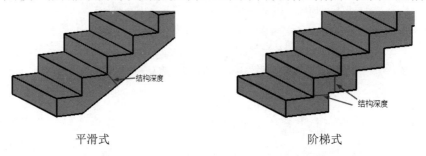

平滑式   阶梯式

图 8-28 结构深度

☑ 踏板材质：单击按钮……，打开"材质浏览器"对话框，设置踏板材质。

☑ 踢面材质：单击按钮……，打开"材质浏览器"对话框，设置踢面材质。

☑ 踏板：选中此复选框，选择将踏板包含在梯段的台阶中。

☑ 踏板厚度：指定踏板的厚度。

☑ 踏板轮廓：指定踏板边缘的轮廓形状，默认为矩形。

☑ 楼梯前缘长度：指定相对于下一个踏板的踏板深度悬挑量。

☑ 楼梯前缘轮廓：添加到踏板前侧或侧边的放样轮廓取决于"应用楼梯前缘轮廓"属性的规格。

☑ 应用楼梯前缘轮廓：指定要应用楼梯前缘轮廓的楼梯前缘边缘。

☑ 踢面：选择将踢面包含在梯段的台阶中。

☑ 斜梯：对于斜踢面选中此复选框，对于直踢面取消选中此复选框。

☑ 踢面厚度：指定踢面的厚度。

☑ 踢面轮廓：指定踢面边缘的轮廓形状，默认为矩形。

☑　踢面到踏板的连接：指定踢面与踏板的相互连接关系。

平台"类型属性"对话框中的主要选项说明如下。

☑　整体厚度：指定平台的厚度。

☑　整体式材质：单击按钮，打开"材质浏览器"对话框，指定踏板使用的材质。

☑　与梯段相同：选中此复选框，可将相同的踏板属性用作梯段类型。

（10）在"属性"选项板中设置底部标高为-1F、顶部标高为 1F、所需踢面数为 30、实际踏板深度为 300，如图 8-29 所示。

在创建楼梯时，可以从 3 个预定义的系统族中选择楼梯类型：现场浇注楼梯、预制楼梯和装配楼梯。

"属性"选项板中的主要选项说明如下。

☑　底部标高：设置楼梯的基面。

☑　底部偏移：设置楼梯相对于底部标高的高度。

☑　顶部标高：设置楼梯的顶部标高。

☑　顶部偏移：设置楼梯相对于顶部标高的偏移量。

☑　所需踢面数：踢面数是基于标高间的高度计算得出的。

☑　实际踢面数：通常此值与所需踢面数相同，但如果未向给定梯段完整添加正确的踢面数，则这两个值也可能不同。

☑　实际踢面高度：显示实际踢面高度。

☑　实际踏板深度：设置此值以修改踏板深度，而不必创建新的楼梯类型。

图 8-29　"属性"选项板

（11）单击"构件"面板中的"梯段"按钮 和"直梯"按钮 （默认状态下，系统会激活这两个按钮），在左侧参照平面与下端水平参照平面的交点处单击以确定梯段的起点，沿着竖直方向向上移动鼠标，此时系统会显示从梯段起点到鼠标当前位置已创建的踢面数以及剩余踢面数，在参照平面交点处单击即可完成第一个梯段的创建，如图 8-30 所示。

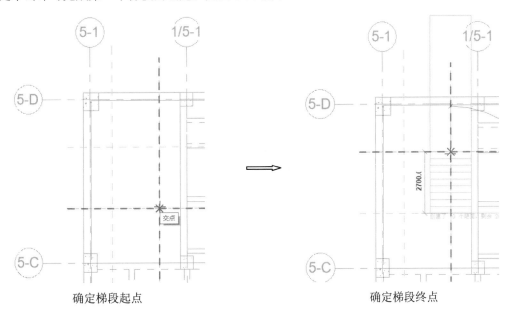

确定梯段起点　　　　　　　　　　　　　　　确定梯段终点

图 8-30　绘制第一个梯段

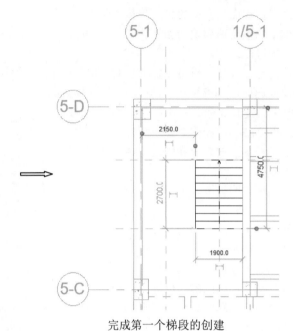

完成第一个梯段的创建

图 8-30　绘制第一个梯段（续）

（12）捕捉右侧参照平面与上端水平参照平面的交点为第二个梯段的起点，沿着竖直方向向下移动鼠标，此时系统会显示从梯段起点到鼠标当前位置已创建的踢面数以及剩余踢面数，在参照平面交点处单击即可完成第二个梯段的创建，并自动创建平台，如图 8-31 所示。

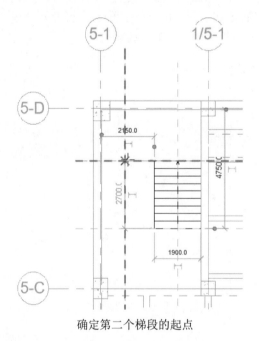

确定第二个梯段的起点

图 8-31　绘制第二个梯段

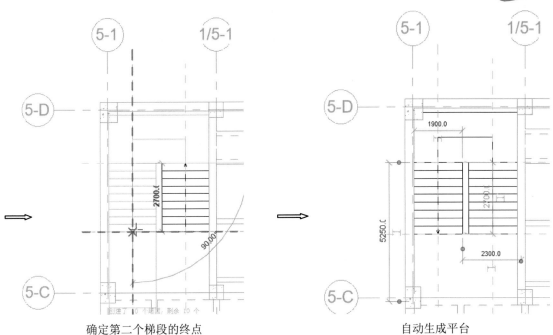

确定第二个梯段的终点   自动生成平台

图 8-31 绘制第二个梯段（续）

（13）在左侧参照平面与下端水平参照平面的交点处单击以确定第三个梯段的起点，沿着竖直方向向上移动鼠标，此时系统会显示从梯段起点到鼠标当前位置已创建的踢面数以及剩余踢面数，在参照平面交点处单击即可完成第三个梯段的创建，如图 8-32 所示。

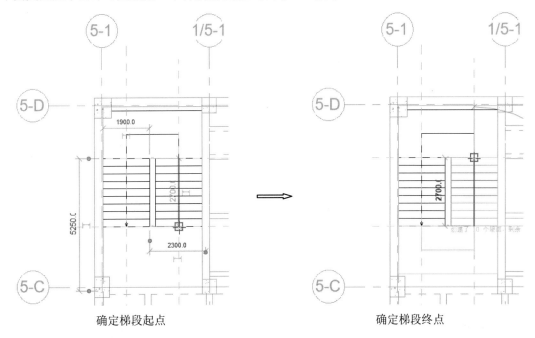

确定梯段起点   确定梯段终点

图 8-32 绘制第三个梯段

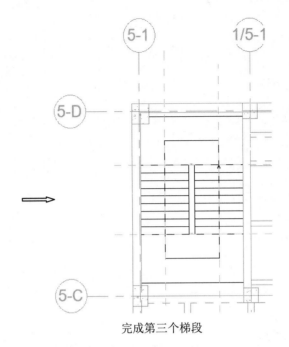

完成第三个梯段

图 8-32 绘制第三个梯段（续）

（14）单击"模式"面板中的"完成编辑模式"按钮✔，完成楼梯创建，如图 8-33 所示。

（15）将视图切换至 3D 视图，在"属性"选项板中选中"剖面框"复选框，根据结构模型显示剖面框，选取剖面框；显示剖面框上的控制，选取剖面框；显示剖面框上的控制点，拖动剖面上的控制点，调整剖面框的剖切位置，剖切到楼梯间观察楼梯，如图 8-34 所示。

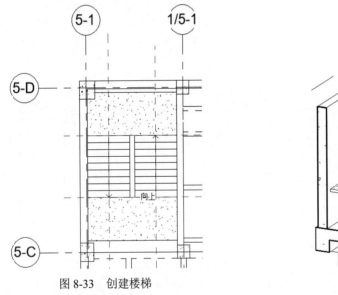

图 8-33 创建楼梯

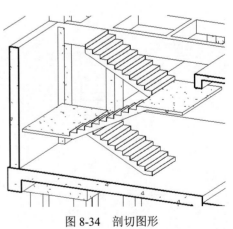

图 8-34 剖切图形

（16）选取楼梯，打开如图 8-35 所示的"修改|楼梯"选项卡，单击"编辑楼梯"按钮◉，打开如图 8-36 所示的"修改|创建楼梯"选项卡。

图 8-35　"修改|楼梯"选项卡

图 8-36　"修改|创建楼梯"选项卡

（17）选取上端平台，拖动上端控制点，使平台边线与墙边线重合。调整平台宽度，采用相同的方法，调整下端平台的宽度，如图 8-37 所示。

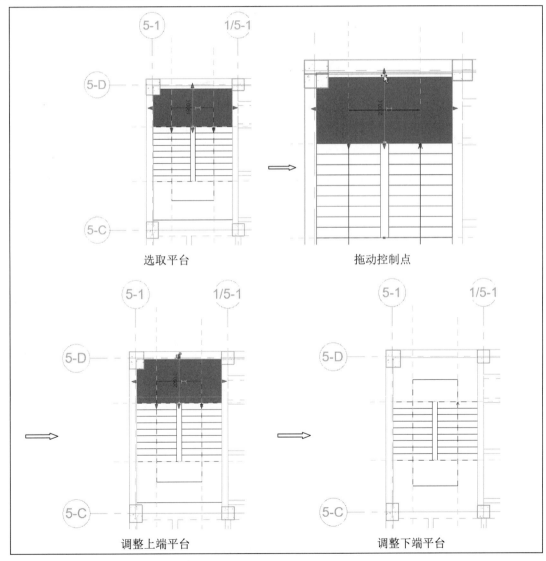

图 8-37　调整平台宽度

（18）单击"完成编辑模式"按钮✔，完成平台的编辑，如图 8-38 所示。

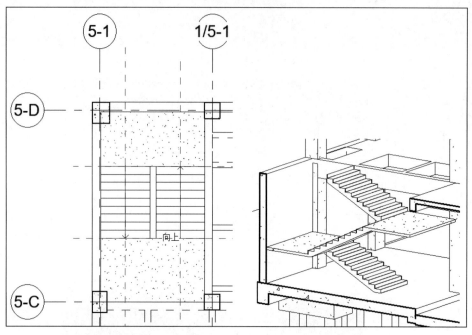

图 8-38　编辑平台

（19）将视图切换至 1F 结构平面。单击"结构"选项卡"结构"面板"楼板"下拉列表中的"楼板：结构"按钮（快捷键：SB），在"属性"选项板中选择"常规-100mm"类型，设置自标高的高度偏移为 0，其他参数采用默认设置。

（20）单击"绘制"面板中的"边界线"按钮和"线"按钮，沿着平台边线和楼梯绘制封闭的边界线，如图 8-39 所示。

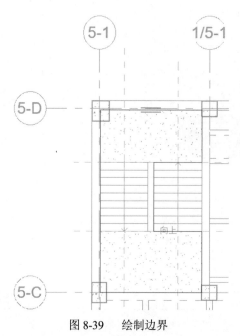

图 8-39　绘制边界

（21）单击"模式"面板中的"完成编辑模式"按钮✅，完成左侧楼梯间楼板的创建，如图 8-40 所示。

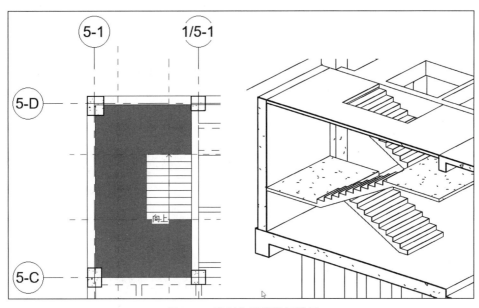

图 8-40　绘制左侧楼梯间楼板

（22）单击"建筑"选项卡"工作平面"面板中的"参照平面"按钮（快捷键：RP），在右侧楼梯间绘制参照平面，然后利用"对齐尺寸标注"命令调整参照平面的位置，如图 8-41 所示。

（23）单击"建筑"选项卡"构建"面板中的"楼梯"按钮，在选项栏中设置定位线为"梯段：中心"，偏移为 0，实际梯段宽度为 2100，并选中"自动平台"复选框。

（24）在"属性"选项板中设置底部标高为-1F，顶部标高为无，所需的楼梯高度为 2732，所需踢面数为 18，实际踏板深度为 300，其他参数采用默认设置，如图 8-42 所示。

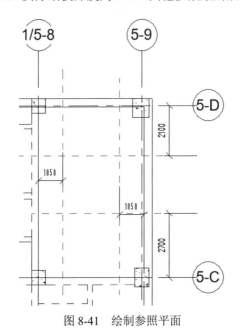

图 8-41　绘制参照平面

图 8-42　"属性"选项板

（25）捕捉参照平面的交点，绘制梯段，如图 8-43 所示。单击"模式"面板中的"完成编辑模式"按钮✔，完成第一个和第二个梯段的绘制。

（26）单击"建筑"选项卡"构建"面板中的"楼梯"按钮🔲，在选项栏中设置定位线为"梯段：中心"，偏移为 0，实际梯段宽度为 2100，并选中"自动平台"复选框。

（27）在"属性"选项板中设置底部标高为-1F，底部偏移为 2732，顶部标高为 1F，所需踢面数为 11，实际踏板深度为 280，其他参数采用默认设置，如图 8-44 所示。

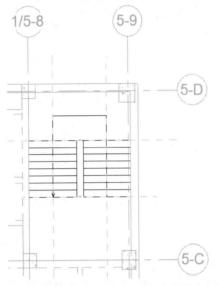

图 8-43　绘制第一个和第二个梯段

图 8-44　"属性"选项板

（28）捕捉右侧竖直参照平面上任意点，绘制梯段，如图 8-45 所示。单击"修改"面板中的"对齐"按钮🔲（快捷键：AL），先选取上端的水平参照平面，然后选取梯段的上边线，添加对齐关系，如图 8-46 所示，单击"模式"面板中的"完成编辑模式"按钮✔，完成第三个梯段的绘制。

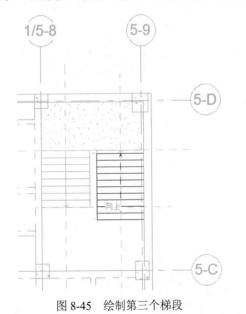

图 8-45　绘制第三个梯段

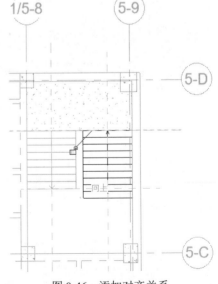

图 8-46　添加对齐关系

（29）选取第一个和第二个梯段，在打开的"修改|楼梯"选项卡中单击"编辑楼梯"按钮，打开"修改|创建楼梯"选项卡。

（30）选取第二个梯段，单击"工具"面板中的"转换"按钮，将楼梯转换为草图构件。

（31）单击"构件"面板中的"平台"按钮和"绘制草图"按钮，打开如图 8-47 所示的"修改|创建楼梯>绘制平台"选项卡。

图 8-47　"修改|创建楼梯>绘制平台"选项卡

（32）在"属性"选项板中设置相对高度为 2732，其他参数采用默认设置，如图 8-48 所示。

（33）单击"绘制"面板中的"边界"按钮和"线"按钮，根据梯段边线和楼板边线绘制平台边界，如图 8-49 所示。连续单击"模式"面板中的"完成编辑模式"按钮，完成平台的绘制，切换到三维视图，如图 8-50 所示。

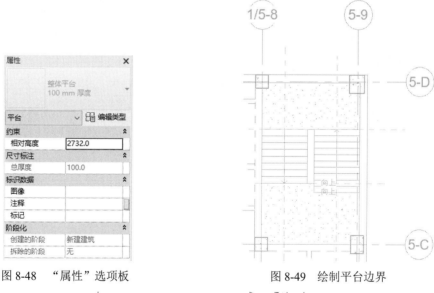

图 8-48　"属性"选项板　　　　　图 8-49　绘制平台边界

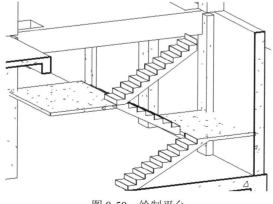

图 8-50　绘制平台

（34）双击第三个梯段，使其处于编辑状态，然后选取梯段，在"属性"选项板中更改延伸到踢面底部之下为-100，如图 8-51 所示，连续单击"模式"面板中的"完成编辑模式"按钮 ✅，完成梯段的编辑，切换到三维视图，如图 8-52 所示。

图 8-51 "属性"选项板

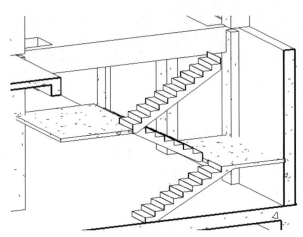

图 8-52 编辑梯段

（35）将视图切换至 1F 结构平面。单击"结构"选项卡"结构"面板"楼板" ⌂下拉列表中的"楼板：结构"按钮⌂（快捷键：SB），在"属性"选项板中选择"常规-100mm"类型，设置自标高的高度偏移为 0，其他参数采用默认设置。

（36）单击"绘制"面板中的"边界线"按钮 ⎿ 和"线"按钮 ✏，沿着平台边线和楼梯绘制封闭的边界线，如图 8-53 所示。

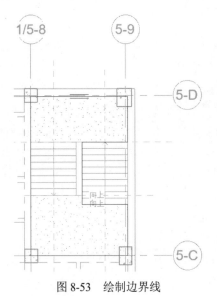

图 8-53 绘制边界线

（37）单击"模式"面板中的"完成编辑模式"按钮 ✅，完成右侧楼梯间楼板的创建，如图 8-54 所示。

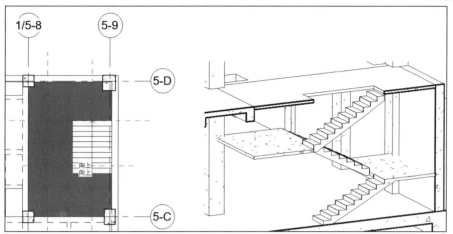

图 8-54　绘制右侧楼梯间楼板

提示：可以使用直接操纵控件修改楼梯构件，如图 8-55 所示。

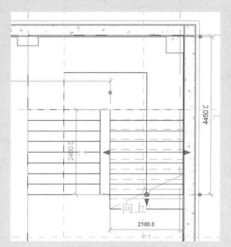

图 8-55　编辑梯段

☑ 拖曳实心圆点控件（在开放的梯段末端）以重新定位梯段末端，并添加或删除任何方向的踏板/踢面。注意，不能在楼梯的底部标高之下添加踏板/踢面。

☑ 沿楼梯路径拖曳梯段末端处的箭头控件，以添加或删除台阶。使用箭头控件修改梯段末端可以保持楼梯的高度。

☑ 拖曳其中一个梯段边缘处的箭头形状控件，可以修改梯段的宽度。

8.2.2　绘制一层至二层楼梯

（1）将视图切换至 1F 结构平面。删除不需要的参照平面。单击"建筑"选项卡"工作平面"面板中的"参照平面"按钮，（快捷键：RP），在右侧楼梯间绘制参照平面，然后利用"对齐尺寸标注"命令，调整参照平面的位置，如图 8-56 所示。

（2）单击"建筑"选项卡"构建"面板中的"楼梯"按钮，在选项栏中设置定位线为"梯段：中心"，偏移为 0，实际梯段宽度为 2000，并选中"自动平台"复选框。

视频讲解

（3）在"属性"选项板中设置底部标高为 1F，顶部标高为 2F，所需踢面数为 30，实际踏板深度为 300，其他参数采用默认设置，如图 8-57 所示。

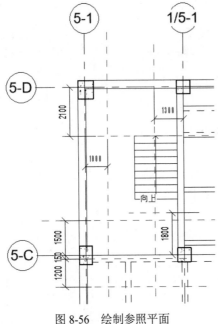

图 8-56 绘制参照平面

图 8-57 "属性"选项板

（4）单击"构件"面板中的"梯段"按钮和"直梯"按钮，在左侧参照平面与下端水平参照平面的交点处单击以确定梯段的起点，沿着竖直方向向上移动鼠标，此时系统会显示从梯段起点到鼠标当前位置已创建的踢面数以及剩余踢面数，在参照平面交点处单击完成第一个梯段的创建，如图 8-58 所示。

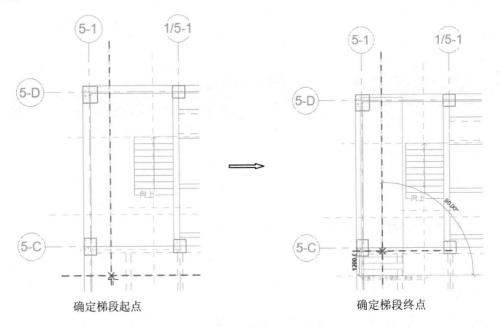

确定梯段起点   确定梯段终点

图 8-58 绘制第一个梯段

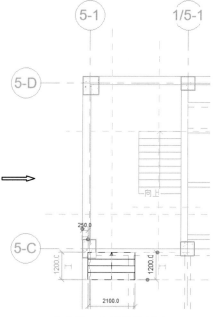

完成第一个梯段的创建

图 8-58 绘制第一个梯段（续）

（5）向上移动鼠标，捕捉右侧参照平面与第二个水平参照平面的交点为第二个梯段的起点，沿着竖直方向向上移动鼠标，此时系统会显示从梯段起点到鼠标当前位置已创建的踢面数以及剩余踢面数，在参照平面交点处单击完成第二个梯段的创建，并自动创建平台，如图 8-59 所示。

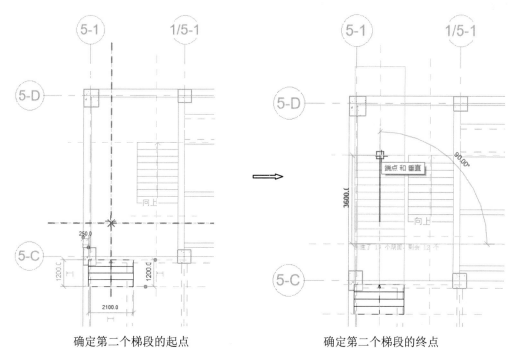

确定第二个梯段的起点　　　　　　　　　　确定第二个梯段的终点

图 8-59 绘制第二个梯段

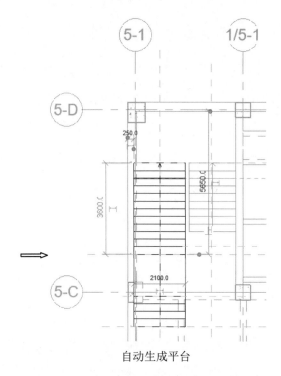

自动生成平台

图 8-59　绘制第二个梯段（续）

（6）在右侧参照平面与上端水平参照平面的交点处单击以确定第三个梯段的起点，沿着竖直方向向下移动鼠标，此时系统会显示从梯段起点到鼠标当前位置已创建的踢面数以及剩余踢面数，在参照平面交点处单击完成第三个梯段的创建，如图 8-60 所示。

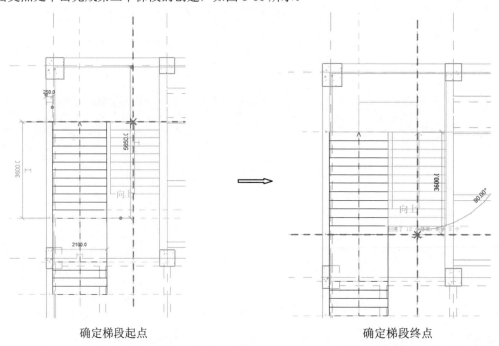

确定梯段起点　　　　　　　　　　　　　　　　确定梯段终点

图 8-60　绘制第三个梯段

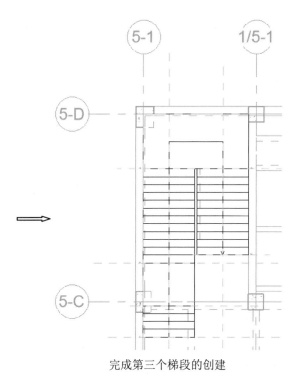

完成第三个梯段的创建

图 8-60　绘制第三个梯段（续）

（7）单击"模式"面板中的"完成编辑模式"按钮✔，完成楼梯创建，如图 8-61 所示。

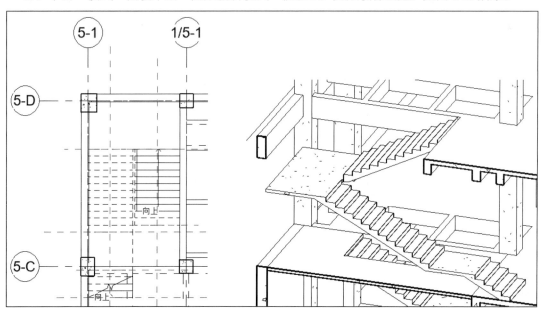

图 8-61　创建楼梯

（8）将视图切换至 2F 结构平面视图。选取楼梯间内的梯梁，在"属性"选项板中选取"250×400mm"类型，更改梁类型，然后利用"对齐尺寸标注"命令✐（快捷键：DI）调整梁的位置，结果如图 8-62 所示。

（9）双击楼梯间处的楼板，打开"修改|编辑边界"选项卡，拖动边界线的控制点调整边界线的长度。单击"线"按钮✐，沿着楼梯边线绘制边界线，并使边界线形成封闭环，如图 8-63 所示。单击"模式"面板中的"完成编辑模式"按钮✔，完成楼板的编辑。

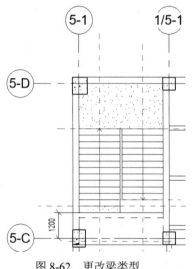

图 8-62　更改梁类型

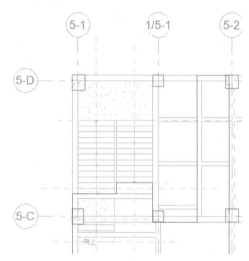

图 8-63　编辑边界

（10）放大右侧楼梯间区域，删除不需要的参照平面。单击"建筑"选项卡"工作平面"面板中的"参照平面"按钮✐（快捷键：RP），在右侧楼梯间绘制参照平面，然后利用"对齐尺寸标注"命令✐调整参照平面的位置，如图 8-64 所示。

（11）将视图切换至 1F 结构平面视图。单击"建筑"选项卡"构建"面板中的"楼梯"按钮🪜，在选项栏中设置定位线为"梯段：中心"，偏移为 0，实际梯段宽度为 2100，并选中"自动平台"复选框。

（12）在"属性"选项板中设置底部标高为 1F，顶部标高为无，所需的楼梯高度为 2700，所需踢面数为 17，实际踏板深度为 280，其他参数采用默认设置，如图 8-65 所示。

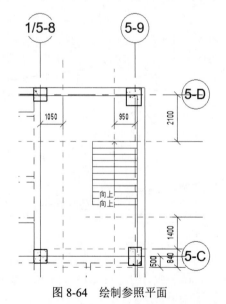

图 8-64　绘制参照平面

图 8-65　"属性"选项板

（13）捕捉参照平面的交点，绘制梯段，如图 8-66 所示。单击"模式"面板中的"完成编辑模式"按钮，完成第一个和第二个梯段的绘制。

（14）单击"建筑"选项卡"构建"面板中的"楼梯"按钮，在选项栏中设置定位线为"梯段：中心"，偏移为 0，实际梯段宽度为 2100，并选中"自动平台"复选框。

（15）在"属性"选项板中设置底部标高为 1F，底部偏移为 2700，顶部标高为 2F，所需踢面数为 12，实际踏板深度为 300，其他参数采用默认设置，如图 8-67 所示。

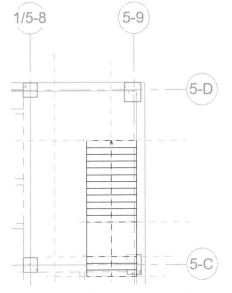

图 8-66 绘制第一个和第二个梯段

图 8-67 "属性"选项板

（16）捕捉左侧上端参照平面的交点为起点，绘制第三个梯段，如图 8-68 所示。单击"模式"面板中的"完成编辑模式"按钮，完成第三个梯段的绘制。

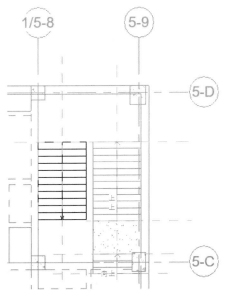

图 8-68 绘制第三个梯段

（17）双击第一个和第二个梯段，打开"修改|创建楼梯"选项卡。单击"构件"面板中的"平台"按钮◻和"绘制草图"按钮✏️，打开"修改|创建楼梯>绘制平台"选项卡。

（18）单击"绘制"面板中的"边界"按钮└和"矩形"按钮▭，根据梯段边线和梁边线绘制平台边界，如图 8-69 所示。连续单击"模式"面板中的"完成编辑模式"按钮✔️，完成平台的绘制，切换到三维视图，如图 8-70 所示。

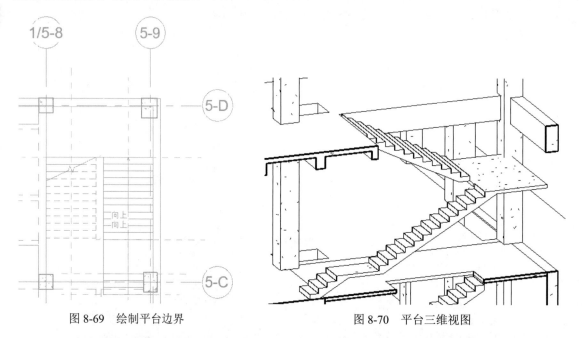

| 图 8-69 绘制平台边界 | 图 8-70 平台三维视图 |

（19）双击第三个梯段，使其处于编辑状态，然后选取梯段，在"属性"选项板中更改延伸到踢面底部之下为-100，如图 8-71 所示，连续单击"模式"面板中的"完成编辑模式"按钮✔️，完成梯段的编辑，切换到三维视图，如图 8-72 所示。

图 8-71　"属性"选项板

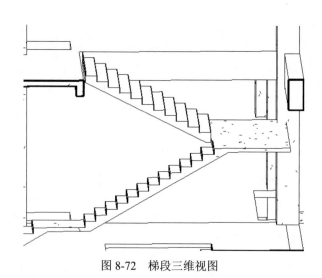

图 8-72　梯段三维视图

（20）将视图切换至 2F 结构平面视图。选取楼梯间内的梯梁，利用"拆分图元"按钮⊕（快捷键：SL）将梁在轴线 1/5-8 处进行拆分，然后选取楼梯间内的梯梁，在"属性"选项板中选取"250×400mm"类型，更改梁类型，然后利用"对齐尺寸标注"命令 ✐（快捷键：DI）调整梁的位置，结果如图 8-73 所示。

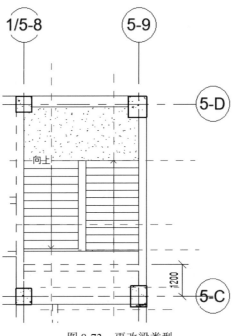

图 8-73　更改梁类型

（21）双击楼梯间处的楼板，打开"修改|编辑边界"选项卡，拖动边界线的控制点，调整边界线的长度。单击"线"按钮 ✐，沿着楼梯边线绘制边界线，并使边界线形成封闭环，如图 8-74 所示。单击"模式"面板中的"完成编辑模式"按钮 ✔，完成楼板的编辑，如图 8-75 所示。

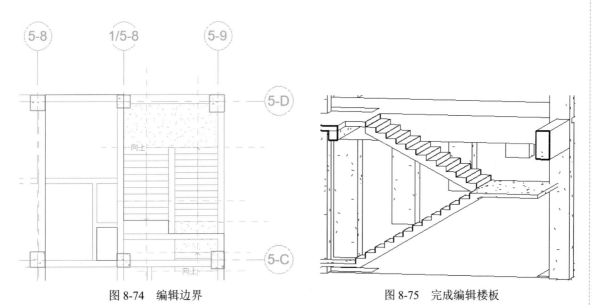

图 8-74　编辑边界　　　　　　　　图 8-75　完成编辑楼板

8.2.3 绘制二层至三层楼梯

（1）将视图切换至 2F 结构平面。利用"对齐尺寸标注"命令 （快捷键：DI）调整参照平面的位置，如图 8-76 所示。

（2）单击"建筑"选项卡"构建"面板中的"楼梯"按钮 ，在选项栏中设置定位线为"梯段：中心"，偏移为 0，实际梯段宽度为 2000，并选中"自动平台"复选框。

（3）在"属性"选项板中设置底部标高为 2F，顶部标高为 3F，所需踢面数为 28，实际踏板深度为 300，其他参数采用默认设置，如图 8-77 所示。

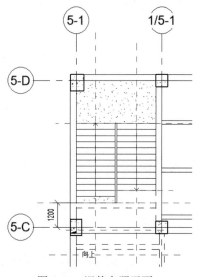

图 8-76 调整参照平面　　　　　　　　图 8-77 "属性"选项板

（4）单击"构件"面板中的"梯段"按钮 和"直梯"按钮 ，根据参照平面绘制梯段，如图 8-78 所示。

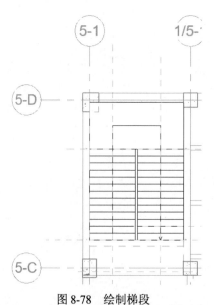

图 8-78 绘制梯段

（5）选取平台，拖动平台上端边线控制点调整其位置，使其与梁重合，单击"模式"面板中的"完成编辑模式"按钮✔完成楼梯创建，如图 8-79 所示。

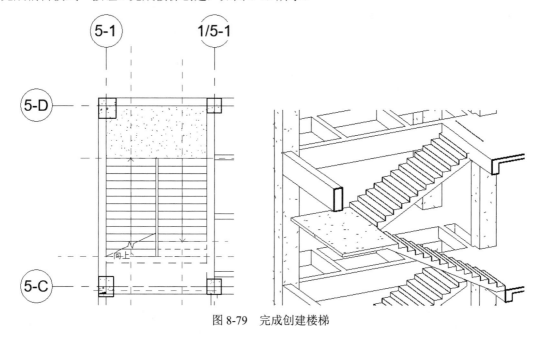

图 8-79　完成创建楼梯

（6）将视图切换至 3F 结构平面视图。选取楼梯间内的梯梁，在"属性"选项板中选取"250×400mm"类型，更改梁类型，然后利用"对齐"命令▣（快捷键：AL）调整梁的位置，结果如图 8-80 所示。

（7）双击楼梯间处的楼板，打开"修改|编辑边界"选项卡，拖动边界线的控制点，调整边界线的长度。单击"线"按钮✎，沿着楼梯边线绘制边界线，并使边界线形成封闭环，如图 8-81 所示。单击"模式"面板中的"完成编辑模式"按钮✔，完成楼板的编辑。

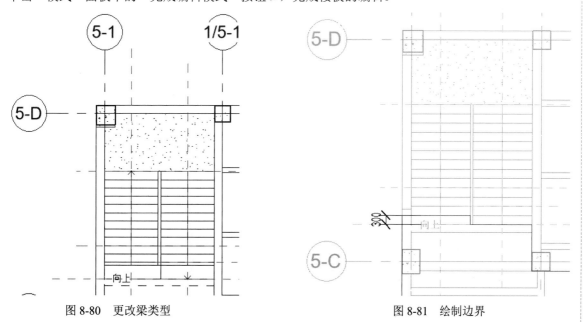

图 8-80　更改梁类型　　　　　　　　　　图 8-81　绘制边界

（8）双击楼梯，使其处于编辑状态，然后选取第一个梯段，在"属性"选项板中更改延伸到踢面底部之下为-140，如图 8-82 所示，连续单击"模式"面板中的"完成编辑模式"按钮✔，完成梯段的编辑。切换到三维视图，如图 8-83 所示。

图 8-82　"属性"选项板

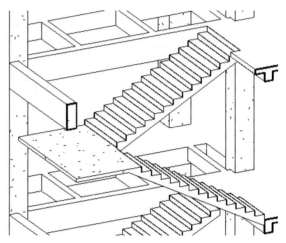

图 8-83　梯段三维视图

（9）将视图切换至 2F 结构平面。放大右侧楼梯间区域，利用"对齐尺寸标注"命令（快捷键：DI）调整参照平面的位置，如图 8-84 所示。

（10）单击"建筑"选项卡"构建"面板中的"楼梯"按钮，在选项栏中设置定位线为"梯段：中心"，偏移为 0，实际梯段宽度为 2100，并选中"自动平台"复选框。

（11）在"属性"选项板中设置底部标高为 2F，顶部标高为 3F，所需踢面数为 28，实际踏板深度为 300，其他参数采用默认设置，如图 8-85 所示。

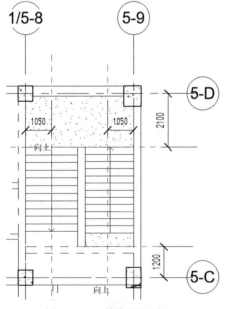

图 8-84　调整参照平面

图 8-85　"属性"选项板

（12）单击"构件"面板中的"梯段"按钮 和"直梯"按钮 ，根据参照平面绘制梯段，如图 8-86 所示。

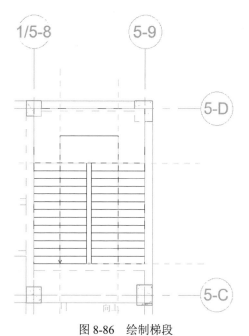

图 8-86　绘制梯段

（13）单击"模式"面板中的"完成编辑模式"按钮 ，完成楼梯创建，如图 8-87 所示。

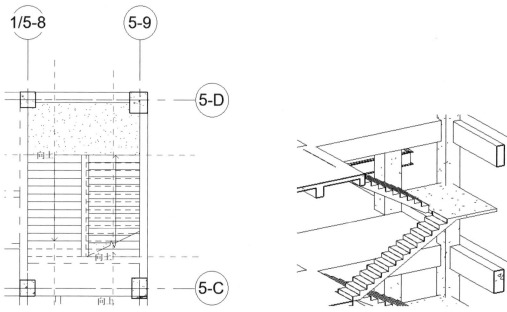

图 8-87　创建楼梯

（14）将视图切换至 3F 结构平面视图。选取楼梯间内的梯梁，利用"拆分图元"按钮 （快捷键：SL）将梁在轴线 1/5-8 处进行拆分，然后选取楼梯间内的梯梁，在"属性"选项板中选取"250×400mm"类型，更改梁类型，然后利用"对齐"命令 （快捷键：AL）调整梁的位置，结果如图 8-88 所示。

（15）双击楼梯间处的楼板，打开"修改|编辑边界"选项卡，拖动边界线的控制点，调整边界线的长度。单击"线"按钮，沿着楼梯边线绘制边界线，并使边界线形成封闭环，如图 8-89 所示。单击"模式"面板中的"完成编辑模式"按钮，完成楼板的编辑。

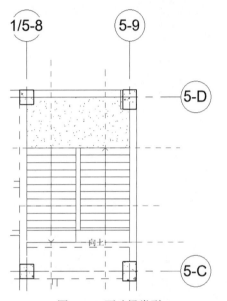

图 8-88　更改梁类型

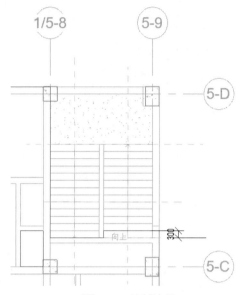

图 8-89　绘制边界

（16）双击楼梯，使其处于编辑状态，然后选取第一个梯段，在"属性"选项板中更改延伸到踢面底部之下为-140，如图 8-90 所示，连续单击"模式"面板中的"完成编辑模式"按钮，完成梯段的编辑，切换到三维视图，如图 8-91 所示。

图 8-90　"属性"选项板

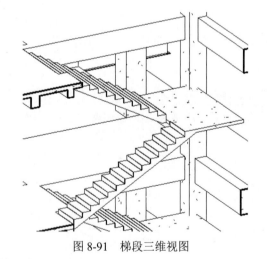

图 8-91　梯段三维视图

8.2.4　绘制三层至八层楼梯

（1）将视图切换至 3F 结构平面。利用"对齐尺寸标注"命令（快捷键：DI）调整参照平面的位置，如图 8-92 所示。

视频讲解

（2）单击"建筑"选项卡"构建"面板中的"楼梯"按钮🖉，在选项栏中设置定位线为"梯段：中心"，偏移为 0，实际梯段宽度为 2000，并选中"自动平台"复选框。

（3）在"属性"选项板中设置底部标高为 3F，顶部标高为 4F，所需踢面数为 26，实际踏板深度为 300，其他参数采用默认设置，如图 8-93 所示。

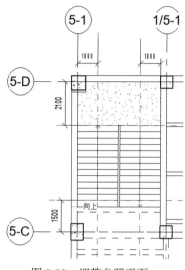

图 8-92　调整参照平面　　　　　　　　　　图 8-93　"属性"选项板

（4）单击"构件"面板中的"梯段"按钮🖉和"直梯"按钮▥，根据参照平面绘制梯段，如图 8-94 所示。

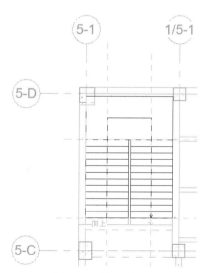

图 8-94　绘制梯段

（5）选取平台，拖动平台上端边线控制点调整其位置，使其与梁重合，单击"模式"面板中的"完成编辑模式"按钮✔，完成梯段的绘制。

（6）双击楼梯，使其处于编辑状态，然后选取第一个梯段，在"属性"选项板中更改延伸到踢面底部之下为-140，如图 8-95 所示，连续单击"模式"面板中的"完成编辑模式"按钮✔，完成梯段的编辑。切换到三维视图，如图 8-96 所示。

图 8-95　"属性"选项板

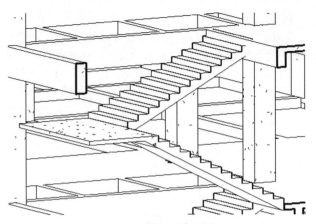

图 8-96　梯段三维视图

（7）选取楼梯，在打开的"修改|楼梯"选项卡中单击"选择标高"按钮，打开"转到视图"对话框，选择"立面：西"视图，如图 8-97 所示，单击"打开视图"按钮，转到西立面视图。

（8）打开"修改|多层楼梯"选项卡，默认激活"连接标高"按钮，按住 Ctrl 键，选取 5F、6F、7F 和 8F 标高线，单击"模式"面板中的"完成编辑模式"按钮，完成 3～8 层楼梯的创建，如图 8-98 所示。

图 8-97　"转到视图"对话框

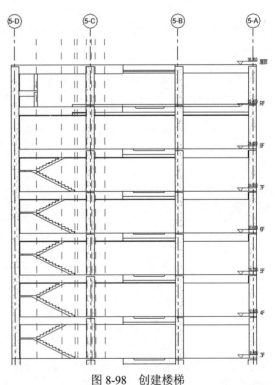

图 8-98　创建楼梯

（9）将视图切换到 4F 结构平面视图。选取楼梯间内的梯梁，在"属性"选项板中选取"250×400 mm"类型，更改梁类型，然后利用"对齐"命令（快捷键：AL）调整梁的位置，使梁的上边线与参照平面重合，结果如图 8-99 所示。

（10）双击楼梯间处的楼板，打开"修改|编辑边界"选项卡，然后利用"对齐"命令 █（快捷键：AL）调整边界线的位置，使边界线与参照平面重合，如图 8-100 所示。单击"模式"面板中的"完成编辑模式"按钮 ✔️，完成楼板的编辑。

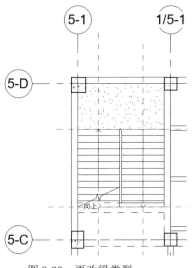

图 8-99 更改梁类型

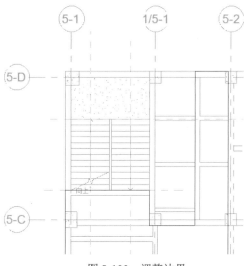

图 8-100 调整边界

（11）采用相同的方法，调整 5F、6F、7F 和 8F 左侧楼梯间的梯梁位置和楼板的边界。

（12）将视图切换至 3F 结构平面。放大右侧楼梯间区域，利用"对齐尺寸标注"命令 ✐（快捷键：DI）调整参照平面的位置，如图 8-101 所示。

（13）单击"建筑"选项卡"构建"面板中的"楼梯"按钮 ◎，在选项栏中设置定位线为"梯段：中心"，偏移为 0，实际梯段宽度为 2000，并选中"自动平台"复选框。

（14）在"属性"选项板中设置底部标高为 3F，顶部标高为 4F，所需踢面数为 26，实际踏板深度为 300，其他参数采用默认设置。

（15）单击"构件"面板中的"梯段"按钮 ◎ 和"直梯"按钮 ▦，根据参照平面绘制梯段，如图 8-102 所示。

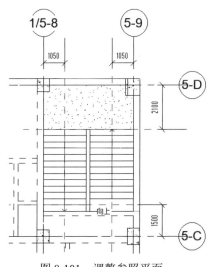

图 8-101 调整参照平面

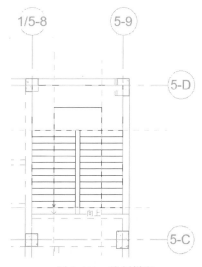

图 8-102 绘制梯段

（16）选取第一个梯段，在"属性"选项板中更改延伸到踢面底部之下为-140，如图 8-103 所示。

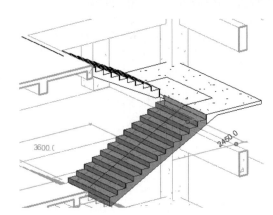

图 8-103　编辑梯段

（17）单击"多层楼梯"面板中的"连接标高"按钮，打开"转到视图"对话框，选择"立面：东"视图，如图 8-104 所示，单击"打开视图"按钮，转到东立面视图。

（18）按住 Ctrl 键，选取 5F、6F、7F 和 8F 标高线，单击"模式"面板中的"完成编辑模式"按钮，完成 3~8 层楼梯的创建，如图 8-105 所示。

图 8-104　"转到视图"对话框

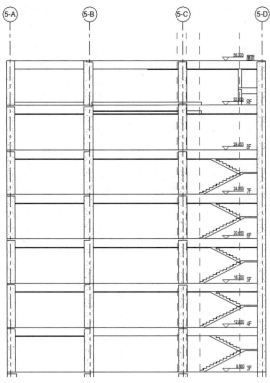

图 8-105　创建多层楼梯

（19）将视图切换到 4F 结构平面视图。选取楼梯间内的梯梁，利用"拆分图元"按钮（快捷键：SL）将梁在轴线 1/5-8 处进行拆分，然后选取楼梯间内的梯梁，在"属性"选项板中选取"250×400mm"类型，更改梁类型，然后利用"对齐"命令（快捷键：AL）调整梁的位置，使梁的上边线与参照平面重合，结果如图 8-106 所示。

（20）双击楼梯间处的楼板，打开"修改|编辑边界"选项卡，然后利用"对齐"命令（快捷键：AL）调整边界线的位置，使边界线与参照平面重合，如图 8-107 所示。单击"模式"面板中的"完成编辑模式"按钮，完成楼板的编辑。

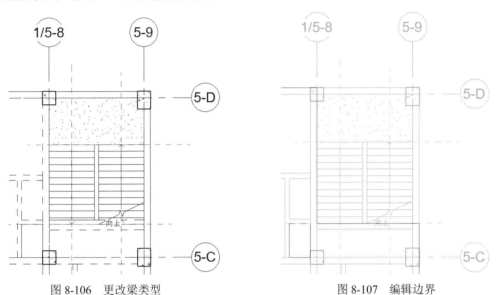

图 8-106　更改梁类型　　　　　　　　　　图 8-107　编辑边界

（21）采用相同的方法，调整 5F、6F 和 7F 的梯梁和楼梯间楼板的边界。

8.2.5　绘制八层至屋顶楼梯

（1）将视图切换至 8F 结构平面。单击"建筑"选项卡"构建"面板中的"楼梯"按钮，在选项栏中设置定位线为"梯段：中心"，偏移为 0，实际梯段宽度为 2000，并选中"自动平台"复选框。

（2）在"属性"选项板中设置底部标高为 8F，顶部标高为 RF，顶部偏移为 250，所需踢面数为 28，实际踏板深度为 300，其他参数采用默认设置，如图 8-108 所示。

图 8-108　"属性"选项板

（3）单击"构件"面板中的"梯段"按钮 ⭾和"直梯"按钮 ▦，根据参照平面绘制梯段，如图 8-109 所示。

（4）选取平台，拖动平台上端边线控制点调整其位置，使其与梁重合，如图 8-110 所示。

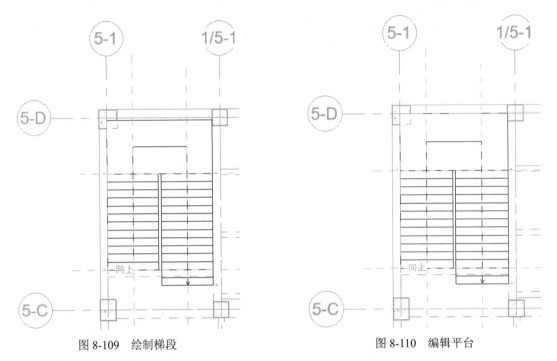

图 8-109　绘制梯段　　　　　　　　　　　图 8-110　编辑平台

（5）选取第一个梯段，在"属性"选项板中更改延伸到踢面底部之下为-130，如图 8-111 所示。单击"模式"面板中的"完成编辑模式"按钮 ✔，完成梯段的编辑，切换到三维视图，如图 8-112 所示。

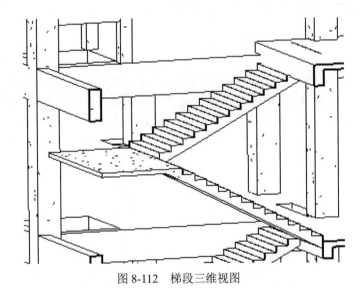

图 8-111　"属性"选项板　　　　　　　　　图 8-112　梯段三维视图

（6）将视图切换至 RF 结构平面。选取楼梯间内的梯梁，在"属性"选项板中选取"250×400mm"类型，更改梁类型，利用"对齐尺寸标注"命令 ⬌（快捷键：DI）调整梯梁的位置，如图 8-113 所示。

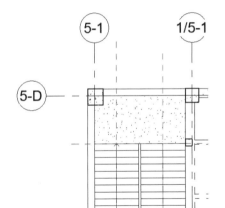

图 8-113　修改梁类型和位置

（7）双击楼梯间处的楼板，打开"修改|编辑边界"选项卡，利用"对齐"命令⬚（快捷键：AL）调整边界线的位置，使边界线与参照平面重合，如图 8-114 所示。单击"模式"面板中的"完成编辑模式"按钮✔，完成楼板的编辑，如图 8-115 所示。

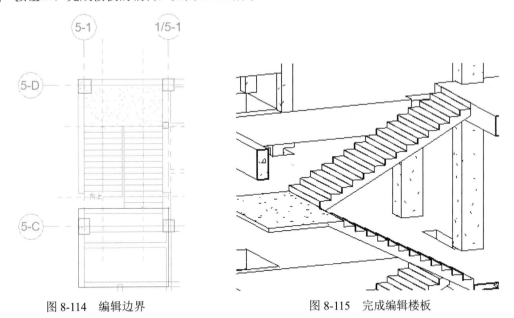

图 8-114　编辑边界　　　　　　　　　　图 8-115　完成编辑楼板

（8）将视图切换至 8F 结构平面。放大右侧楼梯间区域，单击"建筑"选项卡"构建"面板中的"楼梯"按钮⬚，在选项栏中设置定位线为"梯段：中心"，偏移为 0，实际梯段宽度为 2100，并选中"自动平台"复选框。

（9）在"属性"选项板中设置底部标高为 8F，顶部标高为 RF，顶部偏移为 250，所需踢面数为 28，实际踏板深度为 300，其他参数采用默认设置。

（10）单击"构件"面板中的"梯段"按钮⬚和"直梯"按钮⬚，根据参照平面绘制梯段，如图 8-116 所示。

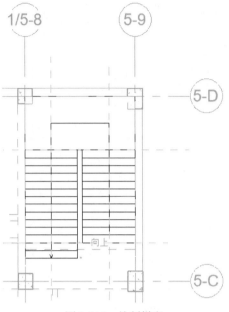

图 8-116　绘制梯段

（11）选取第一个梯段，在"属性"选项板中更改延伸到踢面底部之下为-130，如图 8-117 所示。单击"模式"面板中的"完成编辑模式"按钮✅，完成梯段的编辑。切换到三维视图，如图 8-118 所示。

图 8-117　"属性"选项板

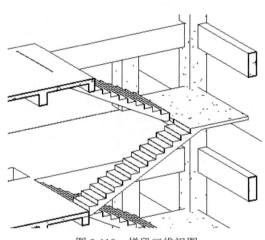

图 8-118　梯段三维视图

（12）将视图切换至 RF 结构平面。选取楼梯间内的梯梁，在"属性"选项板中选取"250×400mm"类型，更改梁类型，利用"对齐尺寸标注"命令↗（快捷键：DI）调整梯梁的位置，如图 8-119 所示。

（13）双击楼梯间处的楼板，打开"修改|编辑边界"选项卡，利用"对齐"命令┗（快捷键：AL）调整边界线的位置，使边界线与参照平面重合，如图 8-120 所示。单击"模式"面板中的"完成编辑模式"按钮✅，完成楼板的编辑，如图 8-121 所示。

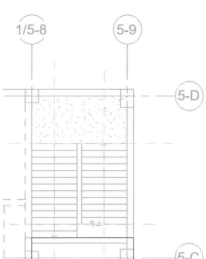

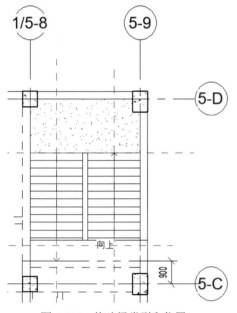

图 8-119 修改梁类型和位置

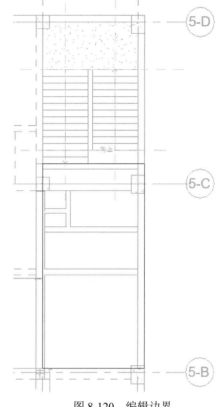

图 8-120 编辑边界

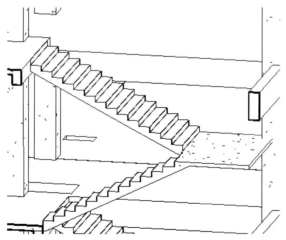

图 8-121 完成编辑楼板

第**9**章

结构配筋

 知识导引

　　钢筋工程是建筑施工工程的重中之重，目前在建筑施工工程中得到了越来越广泛的应用。钢筋的制作与绑扎质量是决定建筑结构质量优劣的关键。

　　结构钢筋在钢筋混凝土结构中按结构计算，承受拉力或压力的钢筋是所配置钢筋中的主要部分，如纵筋。纵筋是混凝土构件中最主要受力的钢筋，在混凝土构件内沿长方向布置的钢筋多为受力钢筋，主要在构件中承受拉力或压力。

- ⊙　对基础添加配筋
- ⊙　对梁添加配筋
- ⊙　对墙体添加配筋

- ⊙　对结构柱添加配筋
- ⊙　对楼板添加配筋
- ⊙　楼梯配筋

 任务驱动&项目案例

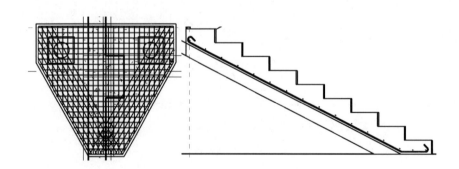

9.1 对基础添加配筋

9.1.1 方形承台配筋

下面以对轴线 5-1 和轴线 5-D 交点处的承台添加配筋为例，介绍基础配筋的创建方法。

（1）打开 8.2.5 节绘制的项目文件，将视图切换至西立面视图。

（2）单击"结构"选项卡"工作平面"面板中的"参照平面"按钮 （快捷键：RP），打开 "修改|放置 参照平面"选项卡，系统默认激活"线"按钮，在承台上适当位置绘制水平参照平面，如图 9-1 所示。

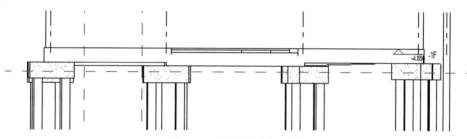

图 9-1 绘制水平参照平面

（3）单击"结构"选项卡"工作平面"面板中的"设置"按钮，打开"工作平面"对话框，选中"拾取一个平面"，如图 9-2 所示，单击"确定"按钮。

（4）在视图中选取第（2）步绘制的水平参照平面，打开"转到视图"对话框，选择"结构平面：-1F"视图，如图 9-3 所示，单击"打开视图"按钮，打开-1F 结构平面视图。

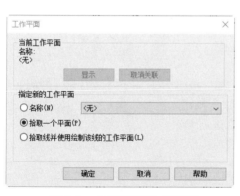

图 9-2 "工作平面"对话框

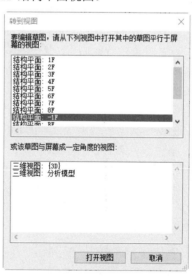

图 9-3 "转到视图"对话框

（5）单击"结构"选项卡"钢筋"面板中的"钢筋设置"按钮，打开"钢筋设置"对话框，选中"在区域和路径钢筋中启用结构钢筋"和"在钢筋形状定义中包含弯钩"复选框，如图 9-4 所示，单击"确定"按钮。

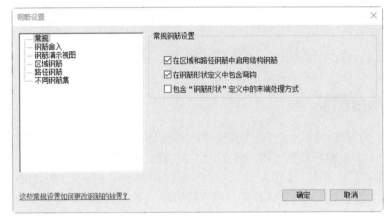

图 9-4　"钢筋设置"对话框

"钢筋设置"对话框中的选项说明如下。

☑　**在区域和路径钢筋中启用结构钢筋**：在新建文件中，默认选中此复选框，可以选择在项目中使用哪个区域和路径模式，如果创建区域或路径钢筋后，此选项禁止更改。不能在一个项目中使用两个不同的区域和路径模式。选择区域和路径钢筋中的主体结构钢筋从而能够：

●　显示楼板、墙和基础底板中的独立钢筋图元。

●　将项目中的每条钢筋添加到明细表。

●　从项目中删除区域或路径系统并保留钢筋或维持钢筋集原地不变。

☑　**在钢筋形状定义中包含弯钩**：应该在项目中放置任何钢筋之前定义此选项。已默认设置放置钢筋后，将无法清除此选项（如果不首先删除这些实例）。如果选中此复选框，在钢筋形状匹配用于明细表的计算时会包含弯钩。带有弯钩的钢筋将保持其各自的形状标识。如果取消选中此复选框，在钢筋形状匹配用于明细表的计算时会排除弯钩。带有弯钩的钢筋将与最接近的不带弯钩的形状相匹配，并且不会影响钢筋形状匹配。

☑　**包含"钢筋形状"定义中的末端处理方式**：应该在项目中放置任何钢筋之前定义此选项。已默认设置放置钢筋后，将无法清除此选项（如果不首先删除这些实例）。如果选中此复选框，则在计算钢筋形状匹配已编制明细表时会包含端部处理。带端部处理的钢筋将保持其各自的形状标识。如果取消选中此复选框，则在计算钢筋形状匹配已编制明细表时会忽略端部处理。带末端处理的钢筋将与不带末端处理的最接近的形状匹配，并且不会影响钢筋形状匹配。

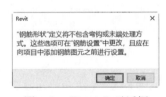

图 9-5　"Revit"对话框

（6）单击"结构"选项卡"钢筋"面板中的"钢筋"按钮，打开如图 9-5 所示的"Revit"对话框，单击"确定"按钮。

（7）系统打开如图 9-6 所示的"修改|放置钢筋"选项卡，单击"当前工作平面"按钮和"平行于工作平面"按钮。

图 9-6　"修改|放置钢筋"选项卡

"修改|放置钢筋"选项卡中的选项说明如下。

☑ 展开以创建主体⬚：通过展开钢筋形状以填充混凝土图元主体中提供的空间，从而将各个钢筋实例放置在有效主体中。

☑ 按两点⬚：通过展开钢筋形状以填充由两个点定义的框，从而将各个钢筋实例放置在有效主体中。默认情况下，该框与视图坐标系对齐，也可以将其与在放置期间指定的其他参照对齐。

☑ 自由形式⬚：通过沿主体、钢筋集布局指定参照曲面并定义钢筋属性，可以放置自由形式钢筋。

☑ 绘制⬚：使用常用的绘制工具在有效主体中手动放置钢筋形状。

☑ 当前工作平面⬚：将钢筋放置在主体视图的活动工作平面上。

☑ 近保护层参照⬚：将平面钢筋放置在平行于主体视图最近保护层参照上。

☑ 远保护层参照⬚：将平面钢筋放置在平行于主体视图最远保护层参照上。

☑ 平行于工作平面⬚：将平面钢筋平行于当前工作平面放置。

☑ 平行于保护层⬚：将平面钢筋垂直于工作平面并平行于最近的保护层参照放置。

☑ 垂直于保护层⬚：将平面钢筋垂直于工作平面以及最近的保护层参照放置。

☑ 布局：指定钢筋布局的类型，包括单根、固定数量、最大间距、间距数量和最小净间距。

　● 固定数量：钢筋的间距是可调整的，但钢筋数量是固定的，以输入数量为基础。

　● 最大间距：指定钢筋之间的最大距离，但钢筋数量会根据第一条和最后一条钢筋之间的距离发生变化。

　● 间距数量：指定数量和间距的常量值。

　● 最小净间距：指定钢筋之间的最小距离，但钢筋数量会根据第一条和最后一条钢筋之间的距离发生变化。即使钢筋大小发生变化，该间距仍会保持不变。

☑ 不同的钢筋集⬚：在由倾斜面或扭曲面构成的主体中放置不同钢筋集。不同钢筋集仅可在直的倾斜面上被替代。圆弧当前不受支持。

☑ 显示帮助工具提示⬚：单击此按钮，在放置钢筋时显示光标旁边的放置选项。

（8）在"属性"选项板中选取钢筋类型为"8 HRB335"，如图 9-7 所示。在"钢筋形状浏览器"中选取 33（在选项栏中单击⬚按钮，以显示和隐藏"钢筋形状浏览器"），如图 9-8 所示。

图 9-7　"属性"选项板

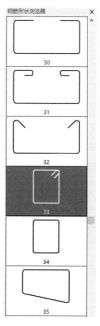

图 9-8　钢筋形状浏览器

"属性"选项板中的选项说明如下。

- ☑ 分区：指定关联钢筋所在的分区。若要更改分区，从下拉列表中选择或输入新分区的名称即可。
- ☑ 明细表标记：指定带钢筋明细表标记的钢筋实例。
- ☑ 样式：指定弯曲半径控件，"标准"或"镫筋/箍筋"。
- ☑ 镫筋/箍筋附件：指定镫筋/箍筋钢筋是捕捉到内侧（默认值）或捕捉到主体钢筋保护层的外侧。
- ☑ 造型：指定钢筋形状的标识号。也可以直接在钢筋形状浏览器中选取钢筋形状。
- ☑ 形状图像：指定与钢筋形状类型关联的图像文件。
- ☑ 起点的弯钩：在其下拉列表中选择适合选定样式的起点钢筋弯钩。
- ☑ 终点的弯钩：在其下拉列表中选择适合选定样式的终点钢筋弯钩。
- ☑ 起点的端部处理：指定用于钢筋接头起点的连接类型。
- ☑ 终点的端部处理：指定用于钢筋接头终点的连接类型。

（9）在选项卡或"属性"选项板中设置布局规则为最大间距，输入间距为 100 mm。选取轴线 5-1 和轴线 5-D 交点处的长方形承台放置钢筋，按 Space 键在保护层参照中旋转钢筋形状的方向，单击鼠标放置钢筋，如图 9-9 所示。然后按 Esc 键退出钢筋命令。

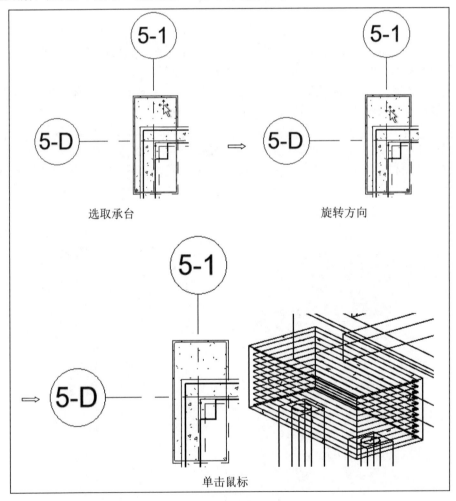

图 9-9 放置钢筋

提示：单击"结构"选项卡"钢筋"面板中的"保护层"按钮，打开如图 9-10 所示的"编辑钢筋保护层"选项栏，编辑整个图元或特定面的钢筋保护层。

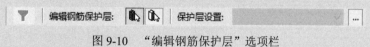

图 9-10　"编辑钢筋保护层"选项栏

☑ 拾取图元：拾取整个图元修改设置保护层。

☑ 拾取面：拾取图元的单个面修改设置保护层。

☑ 保护层设置：在下拉列表中选择保护层设置，单击按钮，打开如图 9-11 所示的"钢筋保护层设置"对话框，进行添加、删除和修改钢筋保护层设置。

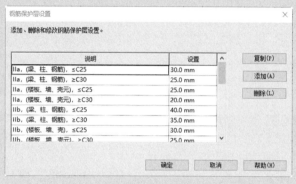

图 9-11　"钢筋保护层设置"对话框

（10）单击"结构"选项卡"工作平面"面板中的"设置"按钮，打开"工作平面"对话框，选择"名称"选项，在下拉列表中选择"轴网：5-1"，如图 9-12 所示，单击"确定"按钮。

（11）打开如图 9-13 所示的"转到视图"对话框，选择"立面：西"视图，单击"打开视图"按钮，打开西立面视图，在状态栏中更改视觉样式为"线框"。

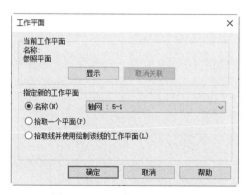

图 9-12　"工作平面"对话框

图 9-13　"转到视图"对话框

（12）单击"结构"选项卡"钢筋"面板中的"钢筋"按钮，打开"修改|放置钢筋"选项卡，单击"当前工作平面"按钮和"放置"面板中的"平行于工作平面"按钮。

（13）在"属性"选项板中选择"钢筋 12 HRB335"类型，在造型栏下拉列表中选择 33 或者在"钢筋形状浏览器"对话框中选取 33，设置布局规则为"最大间距"，输入间距为 100 mm。

（14）在长方形承台的截面上放置钢筋，结果如图 9-14 所示。然后按 Esc 键退出钢筋命令。

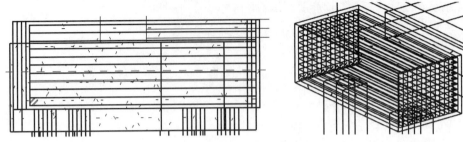

图 9-14 西立面视图放置钢筋

（15）将视图切换至-1F 结构平面视图。单击"结构"选项卡"工作平面"面板中的"设置"按钮，打开"工作平面"对话框，选择"名称"选项，在下拉列表中选择"轴网：5-D"，单击"确定"按钮。

（16）打开"转到视图"对话框，选择"立面：北"视图，单击"打开视图"按钮，打开北立面视图。

（17）单击"结构"选项卡"钢筋"面板中的"钢筋"按钮，打开"修改|放置钢筋"选项卡，单击"当前工作平面"按钮和"放置"面板中的"平行于工作平面"按钮。

（18）在"属性"选项板中选择"钢筋 12 HRB335"类型，在造型栏下拉列表中选择 33 或者在"钢筋形状浏览器"对话框中选取 33，设置布局规则为"最大间距"，输入间距为 100 mm。

（19）在长方形承台的截面上放置钢筋，结果如图 9-15 所示。然后按 Esc 键退出钢筋命令。

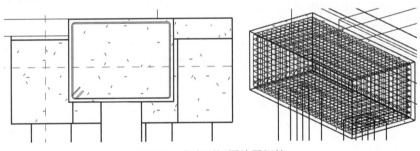

图 9-15 北立面视图放置钢筋

（20）单击"文件"下拉菜单中的"另存为"→"项目"命令，打开"另存为"对话框，指定文件保存位置并输入文件名，单击"保存"按钮。

9.1.2 三角形承台配筋

下面以对轴线 5-1 和轴线 5-B 交点处的三角形承台添加配筋为例，介绍基础配筋的创建方法。

（1）将视图切换至-1F 结构平面视图。单击"创建"选项卡"基准"面板中的"参照平面"按钮（快捷键：RP），打开"修改|放置 参照平面"选项卡，系统默认激活"线"按钮，在轴线 5-1 和轴线 5-B 交点处的三角形承台上的适当位置绘制水平参照平面，如图 9-16 所示。

（2）单击"结构"选项卡"工作平面"面板中的"设

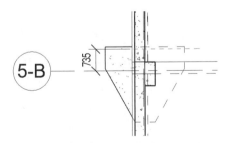

图 9-16 绘制水平参照平面

置"按钮，打开"工作平面"对话框，选择"拾取一个平面"选项，如图9-17所示，单击"确定"
按钮。

（3）在视图中选取第（1）步绘制的水平参照平面，打开"转到视图"对话框，选择"立面：北"
视图，如图9-18所示，单击"打开视图"按钮，打开北立面视图。

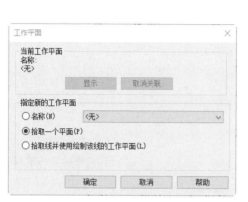

图9-17　"工作平面"对话框

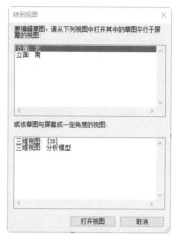

图9-18　"转到视图"对话框

（4）单击"结构"选项卡"钢筋"面板中的"钢筋"按钮，打开"修改|放置钢筋"选项卡，
单击"当前工作平面"按钮和"放置"面板中的"平行于工作平面"按钮。

（5）在"属性"选项板中选择"钢筋 12 HRB335"类型，在造型栏下拉列表中选择21或者在
"钢筋形状浏览器"对话框中选取21，设置布局规则为"单根"，如图9-19所示。

（6）在三角形承台的截面上放置钢筋，结果如图9-20所示，然后按Esc键退出钢筋命令。

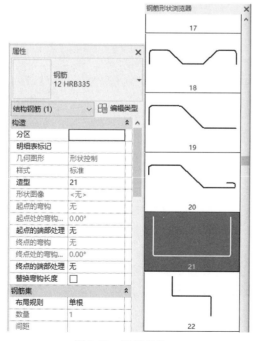

图9-19　设置参数

图9-20　放置钢筋

（7）将视图切换至-1F 结构平面视图。单击"修改"选项卡"修改"面板中的"阵列"按钮 ⊞（快捷键：AR），选取第（6）步绘制的钢筋作为阵列对象，按 Enter 键确认，打开"修改|结构钢筋"选项卡，在选项栏中单击"线性"按钮 ⊞，取消选中"成组并关联"复选框，输入项目数为 23，选取移动到"第二个"选项，如图 9-21 所示。捕捉钢筋上任意点为阵列起点，垂直于钢筋向下移动鼠标，输入数字 100 作为阵列距离，在状态栏中更改视觉样式为"线框"。阵列结果如图 9-22 所示。

（8）从图 9-22 中可以看出阵列后的钢筋超出承台边界，下面对阵列后的钢筋进行编辑。选取阵列后超出保护层的任意一根钢筋，这里选取最外侧钢筋并双击，打开如图 9-23 所示的"转到视图"对话框，选取"立面：北"视图，单击"打开视图"按钮，转到北视图，打开如图 9-24 所示的"修改|编辑钢筋草图"选项卡，视图上显示了钢筋保护层边界，如图 9-25 所示。

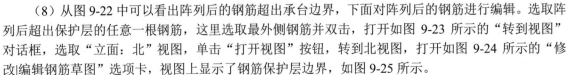

图 9-21 "修改|结构纲筋"选项栏

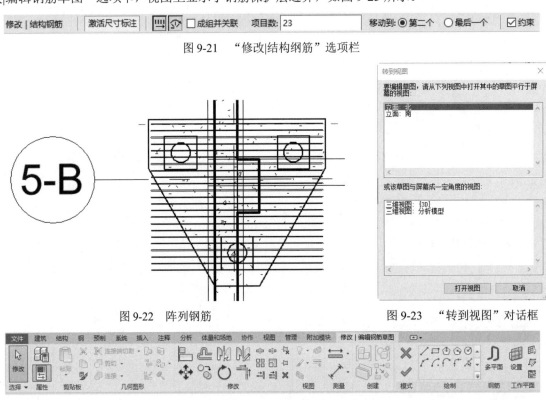

图 9-22 阵列钢筋

图 9-23 "转到视图"对话框

图 9-24 "修改|编辑钢筋草图"选项卡

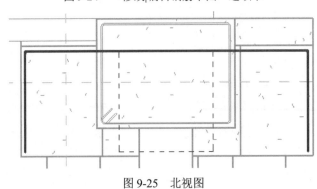

图 9-25 北视图

（9）选取视图中的竖直钢筋草图，拖动线（或利用键盘的左右方向键）调整线的位置，使其与钢筋保护层重合，如图 9-26 所示。单击"模式"面板中的"完成编辑模式"按钮 ✔，完成钢筋的编辑。

（10）采用相同的方法，编辑阵列后的其他超出保护层的钢筋草图，使其位于承台内，结果如图 9-27 所示。

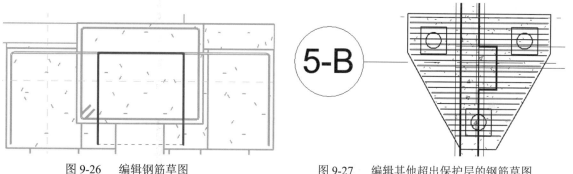

图 9-26　编辑钢筋草图　　　　　图 9-27　编辑其他超出保护层的钢筋草图

（11）单击"修改"选项卡"修改"面板中的"复制"按钮 ⬚（快捷键：CO），选取最下端的钢筋向下复制，间距为 100 mm；然后双击复制后的钢筋，调整钢筋草图与保护层重合，结果如图 9-28 所示。

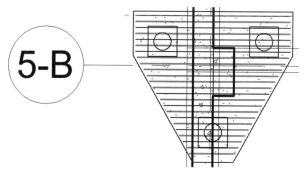

图 9-28　复制并编辑钢筋

（12）单击"结构"选项卡"工作平面"面板中的"设置"按钮 ⬚，打开"工作平面"对话框，选择"名称"选项，在下拉列表中选择"轴网：5-1"，单击"确定"按钮。

（13）打开"转到视图"对话框，选择"立面：西"视图，单击"打开视图"按钮，打开西立面视图，在状态栏中更改视觉样式为"线框"。

（14）单击"结构"选项卡"钢筋"面板中的"钢筋"按钮 ⬚，打开"修改|放置钢筋"选项卡，单击"当前工作平面"按钮 ⬚和"放置"面板中的"平行于工作平面"按钮 ⬚。

（15）在"属性"选项板中选择"钢筋 12 HRB335"类型，在造型栏下拉列表中选择 21 或者在"钢筋形状浏览器"对话框中选取 21，设置布局规则为"单根"。

（16）在三角形承台的截面上放置钢筋，结果如图 9-29 所示。然后按 Esc 键退出钢筋命令。

（17）将视图切换至-1F 结构平面视图。单击"修改"选项卡"修改"面板中的"阵列"按钮 ⬚（快捷键：AR），选取第（16）步绘制的钢筋作为阵列对象，按 Enter 键确认，打开"修改|结构钢筋"选项卡，在选项栏中单击"线性"按钮 ⬚，取消选中"成组并关联"复选框，输入项目数为 13，选取移动到"第二个"选项。捕捉钢筋上任意点为阵列起点，垂直于钢筋向左移动鼠标，输入数字 100 作为阵列距离，阵列结果如图 9-30 所示。

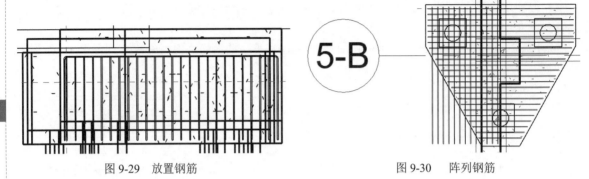

图 9-29　放置钢筋　　　　　　　　　　　图 9-30　阵列钢筋

（18）从图 9-29 中可以看出阵列后的钢筋超出承台边界，下面对阵列后的钢筋进行编辑。选取阵列后超出保护层的任意一根钢筋，这里选取最外侧钢筋并双击，打开"转到视图"对话框，选取"立面：西"视图，单击"打开视图"按钮，转到西视图，打开"修改|编辑钢筋草图"选项卡，视图上显示了钢筋保护层边界，如图 9-31 所示。

（19）选取视图中的右侧竖直钢筋草图，拖动线（或利用键盘的左右方向键）调整线的位置，使其与钢筋保护层重合，如图 9-32 所示。单击"模式"面板中的"完成编辑模式"按钮✔，完成钢筋的编辑。

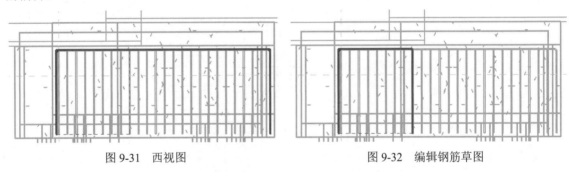

图 9-31　西视图　　　　　　　　　　　图 9-32　编辑钢筋草图

（20）采用相同的方法，编辑阵列后的其他超出保护层的钢筋草图，使其位于承台内，结果如图 9-33 所示。

（21）单击"修改"选项卡"修改"面板中的"镜像-拾取轴"按钮（快捷键：MM），选取阵列后的钢筋为镜像对象，然后选取外墙右侧边线为镜像平面，镜像钢筋如图 9-34 所示。

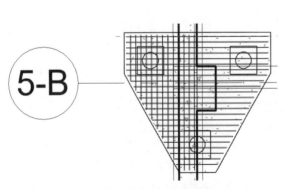

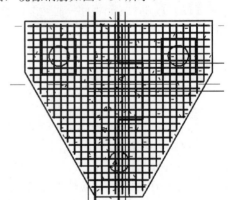

图 9-32　编辑其他超出保护层的钢筋草图　　　　　图 9-34　镜像钢筋

（22）单击"结构"选项卡"工作平面"面板中的"设置"按钮，打开"工作平面"对话框，选择"拾取一个平面"选项，单击"确定"按钮。

（23）在视图中选取水平参照平面，打开"转到视图"对话框，选择"结构平面：-1F"视图，单击"打开视图"按钮，打开-1F 结构平面视图。

（24）单击"结构"选项卡"钢筋"面板中的"钢筋"按钮，打开"修改|放置钢筋"选项卡，单击"当前工作平面"按钮和"放置"面板中的"平行于工作平面"按钮。

（25）单击"绘制"按钮，选取三角形承台为放置钢筋的主体，承台上显示了钢筋保护层边界，如图 9-35 所示。

（26）打开"修改|创建钢筋草图"选项卡，在"属性"选项板中选择"钢筋 8 HPB300"类型，更改起点的弯钩和终点的弯钩为"标准-135 度"，如图 9-36 所示。单击"绘制"面板中的"线"按钮，绘制如图 9-37 所示的钢筋草图，单击"将弯钩移动到下一个角"图标，调整弯钩的位置。

（27）单击"模式"面板中的"完成编辑模式"按钮，完成钢筋的绘制，如图 9-38 所示。

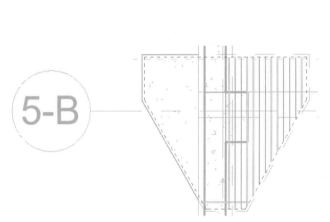

图 9-35 显示保护层边界

图 9-36 "属性"选项板

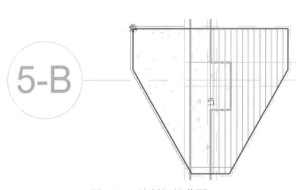

图 9-37 绘制钢筋草图

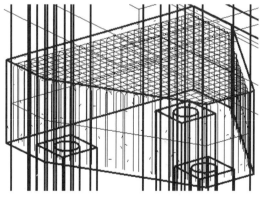

图 9-38 完成绘制钢筋

（28）选取第（27）步绘制的钢筋，在"属性"选项板中设置布局规则为"最大间距"，间距为"200mm"，如图 9-39 所示。

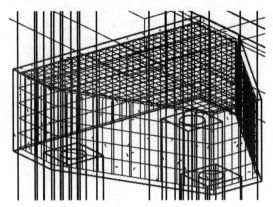

图 9-39　更改参数

（29）将视图切换至西立面视图。单击"创建"选项卡"基准"面板中的"参照平面"按钮 （快捷键：RP），打开"修改|放置 参照平面"选项卡，系统默认激活"线"按钮，在三角形承台的底面适当位置绘制水平参照平面，如图 9-40 所示。

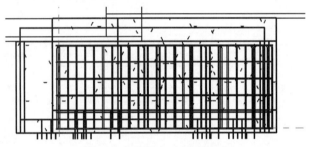

图 9-40　绘制水平参照平面

（30）单击"结构"选项卡"钢筋"面板中的"钢筋"按钮，打开"修改|放置钢筋"选项卡，单击"当前工作平面"按钮和"放置"面板中的"平行于工作平面"按钮。

（31）单击"绘制"按钮，选取三角形承台为放置钢筋的主体，承台上显示了钢筋保护层边界。

（32）打开"修改|创建钢筋草图"选项卡，在"属性"选项板中选择"钢筋 12 HRB335"类型，更改起点的弯钩和终点的弯钩为"无"，如图 9-41 所示，单击"绘制"面板中的"线"按钮，绘制如图 9-42 所示的钢筋草图。

图 9-41　"属性"选项板

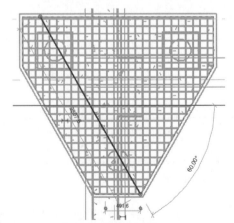

图 9-42　绘制钢筋草图

（33）单击"模式"面板中的"完成编辑模式"按钮✔，完成钢筋的绘制，如图 9-43 所示。

（34）单击"修改"选项卡"修改"面板中的"阵列"按钮▦（快捷键：AR），选取第（33）步绘制的钢筋作为阵列对象，按 Enter 键确认，打开"修改|结构钢筋"选项卡，在选项栏中单击"线性"按钮▦，取消选中"成组并关联"复选框，输入项目数为 7，选取移动到"第二个"选项。捕捉承台中心为阵列起点，垂直于钢筋移动鼠标，输入数字 100 作为阵列距离，阵列结果如图 9-44 所示。

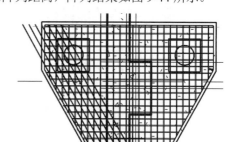

图 9-43 完成绘制钢筋　　　　　　　　图 9-44 阵列钢筋

（35）从图 9-44 中可以看出阵列后的钢筋超出承台边界，下面对阵列后的钢筋进行编辑。选取阵列后超出保护层的任意一根钢筋，这里选取最外侧钢筋并双击，打开"修改|编辑钢筋草图"选项卡，进入草图编辑状态，如图 9-45 所示。

（36）选取钢筋草图，拖动线的控制点调整线的长度，使其位于钢筋保护层内，如图 9-46 所示。单击"模式"面板中的"完成编辑模式"按钮✔，完成钢筋的编辑。

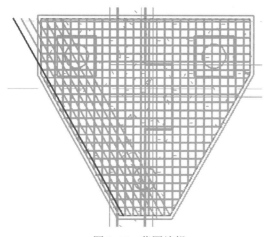
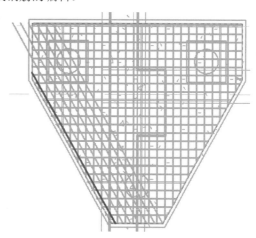

图 9-45 草图编辑　　　　　　　　图 9-46 编辑钢筋草图

（37）采用相同的方法，编辑阵列后的其他超出保护层的钢筋草图，使其位于承台内，结果如图 9-47 所示。

（38）单击"修改"选项卡"修改"面板中的"镜像-拾取轴"按钮▧（快捷键：MM），选取阵列后的钢筋为镜像对象，然后选取外墙右侧边线为镜像平面，镜像钢筋如图 9-48 所示。

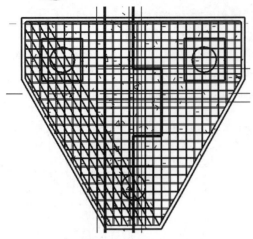

图 9-47　编辑其他超出保护层的钢筋草图

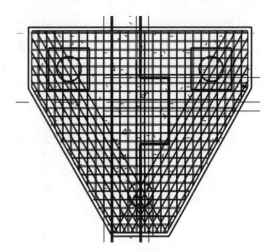

图 9-48　镜像钢筋

（39）单击"结构"选项卡"钢筋"面板中的"钢筋"按钮，打开"修改|放置钢筋"选项卡，单击"当前工作平面"按钮和"放置"面板中的"平行于工作平面"按钮。

（40）在"属性"选项板中选择"钢筋 12HRB335"类型，在造型栏下拉列表中选择 1 或者在"钢筋形状浏览器"对话框中选取 1，设置布局规则为"单根"。

（41）在三角形承台的截面上放置 7 根水平钢筋，更改视觉样式为隐藏线，结果如图 9-49 所示。然后按 Esc 键退出钢筋命令。

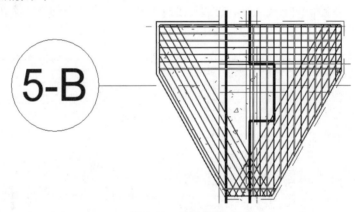

图 9-49　放置钢筋

（42）采用相同的方法，在其他承台上放置相同参数的钢筋。

（43）单击"文件"下拉菜单中的"另存为"→"项目"命令，打开"另存为"对话框，指定文件保存位置并输入文件名，单击"保存"按钮。

9.2　对结构柱添加配筋

视频讲解

下面以对轴线 5-1 和轴线 5-D 交点处的结构柱（标高为-0.050～8.950）添加配筋为例，介绍基础配筋的创建方法。

（1）打开 9.1 节绘制的项目文件，将视图切换至 1F 结构平面视图。

（2）单击"结构"选项卡"钢筋"面板中的"钢筋"按钮，打开"修改|放置钢筋"选项卡，单击"当前工作平面"按钮和"垂直于保护层"按钮。

（3）在"属性"选项板中选择"钢筋 25 HRB335"类型，设置布局规则为"单根"，在造型栏下拉列表中选择 01 或者在"钢筋形状浏览器"对话框中选取 01，如图 9-50 所示。

（4）在结构柱的 4 个角上放置角筋，可以通过修改临时尺寸调整角筋的位置，结果如图 9-51 所示。

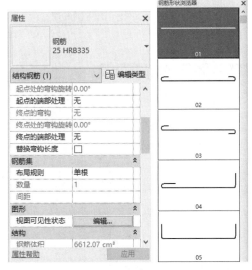

图 9-50　选取钢筋形状

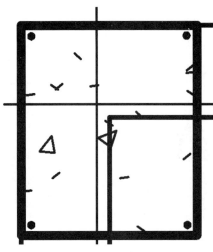

图 9-51　放置角筋

（5）单击"结构"选项卡"钢筋"面板中的"钢筋"按钮，打开"修改|放置钢筋"选项卡，单击"当前工作平面"按钮和"垂直于保护层"按钮。

（6）在"属性"选项板中选择"钢筋 22 HRB335"类型，设置布局规则为"单根"，在造型栏下拉列表中选择 01 或者在"钢筋形状浏览器"对话框中选取 01，如图 9-52 所示。

（7）在结构柱上放置 9 根通长筋，可以通过修改临时尺寸调整通长筋的位置，结果如图 9-53 所示。

图 9-52　选取钢筋形状

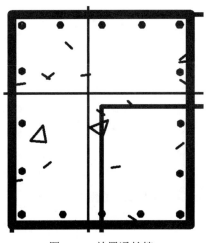

图 9-53　放置通长筋

Note

（8）单击"结构"选项卡"钢筋"面板中的"钢筋"按钮，打开"修改|放置钢筋"选项卡，单击"当前工作平面"按钮和"平行于工作平面"按钮。

（9）在"属性"选项板中选择"钢筋 10 HRB335"类型，设置布局规则为"最大间距"，输入间距为 100 mm，在造型栏下拉列表中选择 33 或者在"钢筋形状浏览器"对话框中选取 33，如图 9-54 所示。

（10）在结构柱上放置箍筋，结果如图 9-55 所示。

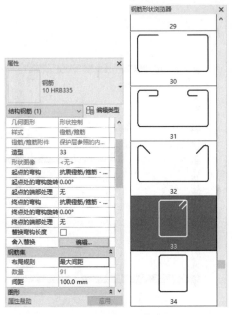

图 9-54　选取钢筋形状

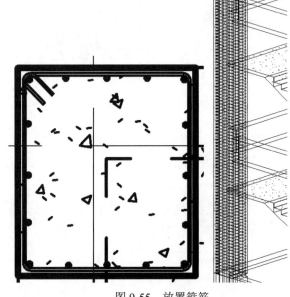

图 9-55　放置箍筋

（11）单击"结构"选项卡"钢筋"面板中的"钢筋"按钮，打开"修改|放置钢筋"选项卡，单击"当前工作平面"按钮和"平行于工作平面"按钮。

（12）在"属性"选项板中选择"钢筋 10 HRB335"类型，设置布局规则为"最大间距"，输入间距为 100 mm，在造型栏下拉列表中选择 33 或者在"钢筋形状浏览器"对话框中选取 33。

（13）单击"按两点"按钮，在结构柱上指定第一个角点和第二个角点放置箍筋，结果如图 9-56 所示。

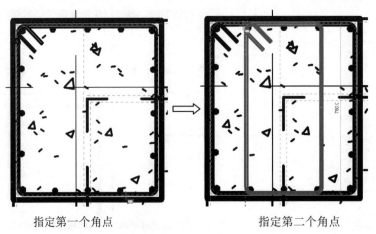

指定第一个角点　　　　　　　　　　　　指定第二个角点

图 9-56　放置箍筋

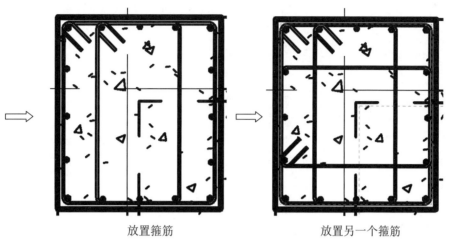

放置箍筋　　　　　　　　　　　　放置另一个箍筋

图 9-56　放置箍筋（续）

（14）单击"结构"选项卡"钢筋"面板中的"钢筋"按钮，单击"当前工作平面"按钮和"平行于工作平面"按钮，在"属性"选项板中选择"钢筋 10 HRB335"类型，设置布局规则为"最大间距"，输入间距为 100 mm，在造型栏下拉列表中选择 03 或者在"钢筋形状浏览器"对话框中选取 03，如图 9-57 所示。

（15）在结构柱上指定第一个角点和第二个角点放置 03 形状钢筋，如图 9-58 所示。

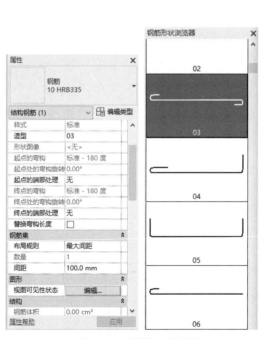

图 9-57　"属性"选项板

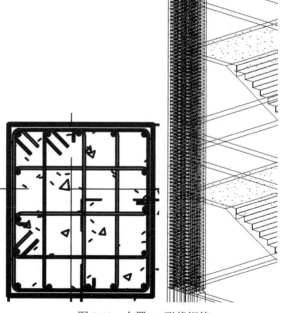

图 9-58　布置 03 形状钢筋

（16）采用上述方法，对结构柱添加箍筋、角筋和通长筋。

（17）单击"文件"下拉菜单中的"另存为"→"项目"命令，打开"另存为"对话框，指定文件保存位置并输入文件名，单击"保存"按钮。

9.3 对梁添加配筋

下面以对轴线 5-B 上的梁添加配筋为例，介绍梁配筋的创建方法。

（1）打开 9.2 节绘制的项目文件，将视图切换至 1F 结构平面视图。

（2）单击"结构"选项卡"工作平面"面板中的"设置"按钮，打开"工作平面"对话框，选中"名称"单选按钮，在下拉列表中选择"轴网：1/5-1"，如图 9-59 所示，单击"确定"按钮。

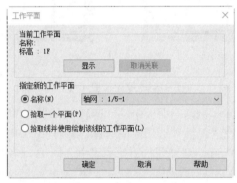

图 9-59 "工作平面"对话框

（3）打开"转到视图"对话框，如图 9-60 所示，选择"立面：西"视图，单击"打开视图"按钮，将视图转换到西立面视图。

（4）单击"结构"选项卡"钢筋"面板中的"钢筋"按钮，打开"修改|放置钢筋"选项卡，单击"当前工作平面"按钮和"平行于工作平面"按钮。

（5）在"属性"选项板中选择"钢筋 8 HRB335"类型，设置布局规则为"最大间距"，输入间距为"150mm"，在造型栏下拉列表中选择 33 或者在"钢筋形状浏览器"对话框中选取"钢筋形状：33"。

（6）在 F 轴线的梁截面上放置钢筋形状为 33 的箍筋，按 Space 键调整形状位置，如图 9-61 所示。继续在此截面的其他梁上放置箍筋。

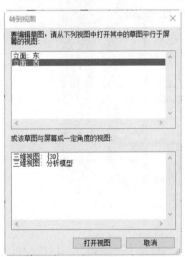

图 9-60 "转到视图"对话框

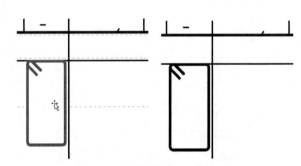

图 9-61 放置形状为 33 的箍筋

（7）单击"结构"选项卡"钢筋"面板中的"钢筋"按钮 ，打开"修改|放置钢筋"选项卡，单击"当前工作平面"按钮 和"垂直于保护层"按钮 。

（8）根据梁配筋 CAD 图纸，在"属性"选项板中选择钢筋类型为"25 HRB335"，设置布局规则为"单根"，在造型栏下拉列表中选择 01 或者在"钢筋形状浏览器"对话框中选取"钢筋形状：01"。

（9）在梁截面上放置 6 根钢筋形状为 01 的通长筋，如图 9-62 所示。

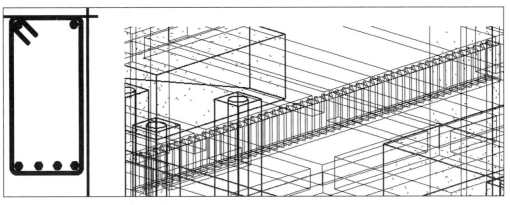

图 9-62　放置通长筋

（10）从图 9-62 中可以看出布置的钢筋没有布满整个梁，下面对钢筋进行调整。选取箍筋，拖动控制点，使箍筋布满整个梁，如图 9-63 所示。

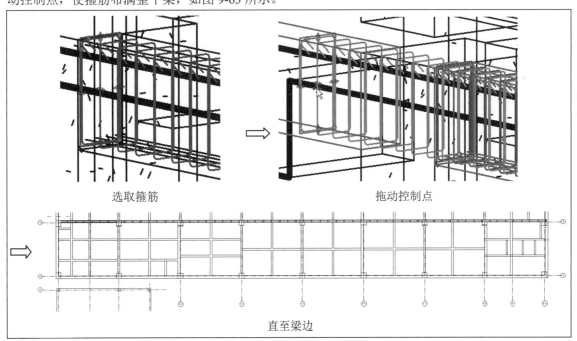

选取箍筋　　　　　　　　　　拖动控制点

直至梁边

图 9-63　调整箍筋长度

（11）选取任意通长筋，拖动控制点，使通长筋布满整个梁，如图 9-64 所示。采用相同的方法，调整其他 5 根通长筋的长度。

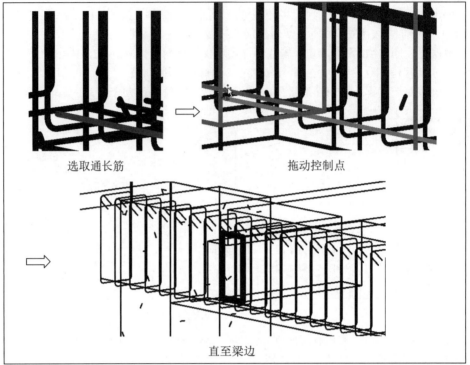

图 9-64　调整通长筋长度

（12）采用相同的方法，在其他截面上的梁上放置箍筋和通长筋。

（13）单击"文件"下拉菜单中的"另存为"→"项目"命令，打开"另存为"对话框，指定文件保存位置并输入文件名，单击"保存"按钮。

> **提示**：梁平面图中钢筋的表示方法如下。
>
> **1. 箍筋表示方法**
>
> ☑ φ10@100/200（2）：表示箍筋为 φ10，加密区间距 100 mm，非加密区间距 200 mm，全为双肢箍（箍筋的肢数是根据梁同一截面内在高度方向箍筋的根数。如一般的单个封闭箍筋，在高度方向就有两根钢筋，属于双肢箍）。
>
> ☑ φ10@100/200（4）：表示箍筋为 φ10，加密区间距 100 mm，非加密区间距 200 mm，全为四肢箍（截面宽较大的统一截面采用两个封闭箍，并相互错开高度方向就有四根钢筋，属于四肢箍）。
>
> ☑ φ10@200（2）：表示箍筋为 φ10，间距 200 mm，双肢箍。
>
> ☑ φ10@100（4）/150（2）：表示箍筋为 φ10，加密区间距 100 mm，四肢箍；非加密区间距 150 mm，双肢箍。
>
> **2. 梁上主筋和梁下主筋同时表示方法**
>
> ☑ 3φ22，3φ20：表示上部钢筋为 3φ22，下部钢筋为 3φ20。
>
> ☑ 2φ12，3φ18：表示上部钢筋为 2φ12，下部钢筋为 3φ18。
>
> **3. 梁上部钢筋表示方法（标在梁上支座处）**
>
> ☑ 2φ20：表示两个 φ20 的钢筋，通长布置用于双肢箍。
>
> ☑ 2φ20+（4φ12）：表示 2φ20 为通长筋，4φ12 为架立筋，用于六肢箍。

☑ 6φ20 4/2：表示上部钢筋上排为 4φ20，下排为 2φ20。

☑ 2φ20+2φ20：表示只有一排钢筋，两根在角部，两根在中部，均匀布置。

4. 梁腰中钢筋表示方法

☑ G2φ20：表示梁两侧的构造钢筋，每侧一根φ20。

☑ G4φ20：表示梁两侧的构造钢筋，每侧两根φ20。

☑ N2φ20：表示梁两侧的抗扭钢筋，每侧一根φ20。

☑ N4φ20：表示梁两侧的抗扭钢筋，每侧两根φ20。

5. 梁下部钢筋表示（标在梁的下部）

☑ 4φ20：表示只有一排主筋，4φ20 全部伸入支座内。

☑ 6φ20 2/4：表示有两排钢筋，上排筋为 2φ20，下排筋为 4φ20。

☑ 6φ20（-2）/4：表示有两排钢筋，上排钢筋为 2φ20，不伸入支座；下排筋为 4φ20，全部伸入支座。

☑ 2φ25+3φ22（-3）/5φ25：表示有两排钢筋，上排筋为 5 根。2φ25 伸入支座，3φ22 不伸入支座。下排筋为 5φ25，通长布置。

9.4　对楼板添加配筋

视频讲解

下面以对二层的结构楼板添加配筋为例，介绍楼板配筋的创建方法。

（1）打开 9.3 节绘制的项目文件，将视图切换到 2F 结构平面视图。

（2）单击"结构"选项卡"钢筋"面板中的"面积"按钮▦，选取 2F 结构层中厚度为 120mm 的结构楼板，如图 9-65 所示。

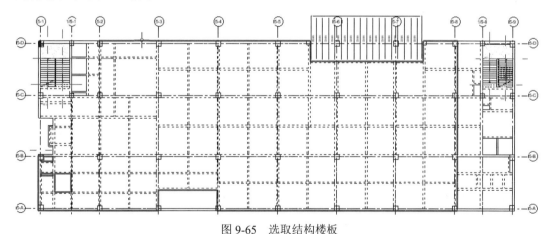

图 9-65　选取结构楼板

（3）打开"修改|创建钢筋边界"选项卡，单击"主筋方向"按钮▦和"线"按钮▱，如图 9-66 所示。沿着楼板的边界绘制如图 9-67 所示的主筋方向。

图 9-66　"修改|创建钢筋边界"选项卡

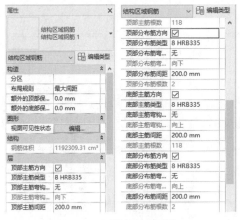

图 9-67   绘制主筋方向

（4）在"属性"选项板中设置布局规则为"最大间距"，额外的顶部保护层偏移和额外的底部保护层偏移为 0，设置顶部主筋类型/底部主筋类型为"8 HRB335"，设置顶部主筋间距/底部主筋间距为200mm，顶部分布筋类型/底部分布筋类型为"8 HRB335"，设置顶部分布筋间距/底部分布筋间距为200mm，其他参数采用默认设置，如图 9-68 所示。

"属性"选项板中的选项说明如下。

☑　分区：指定钢筋区域关联所在的分区。

☑　布局规则：指定钢筋布局的类型，包括最大间距和固定数量。

☑　额外的顶部/外部保护层偏移：指定与顶部/外部钢筋保护层的附加偏移。允许在不同的区域钢筋层一起放置多个钢筋图元，示意图如图 9-69 所示。

☑　额外的底部/内部保护层偏移：指定与底部/内部钢筋保护层的附加偏移。允许在不同的区域钢筋层一起放置多个钢筋图元，示意图如图 9-69 所示。

图 9-68   "属性"选项板   　　　 图 9-69   结构区域钢筋示意图

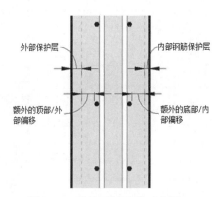

提示：结构墙的区域钢筋属性被识别为内部面或外部面，以反映钢筋的垂直方向。结构楼板的属性被识别为顶部或底部，以反映钢筋的水平方向。

☑　视图可见性状态：单击"编辑"按钮，打开如图 9-70 所示的"钢筋图元视图可见性状态"对话框，选择要使钢筋可在其中清晰查看的视图（无论采用何种视觉样式）。钢筋将不会被其他图元遮挡，而是保持显示在所有遮挡图元的前面。

☑　钢筋体积：计算并显示钢筋体积。

☑ 顶部/底部主筋方向：在该层中创建钢筋，取消选中此复选框，则在该层中禁用钢筋。

☑ 顶部/底部主筋类型：指定在主筋方向上放置的钢筋的类型。

☑ 顶部/底部主筋弯钩类型：指定在主筋方向上放置的钢筋的弯钩类型。

☑ 顶部/底部主筋弯钩方向：指定在主筋方向上放置的钢筋的弯钩方向。

☑ 顶部/底部主筋间距：指定在主筋方向上放置钢筋的间距。

☑ 顶部/底部主筋根数：指定钢筋中主钢筋实例的根数。

☑ 顶部/底部分布筋方向：在该层中创建钢筋，取消选中此复选框，则在该层中禁用钢筋。

☑ 顶部/底部分布筋类型：指定在分布筋方向上放置的钢筋的类型。

☑ 顶部/底部分布筋弯钩类型：指定在分布筋方向上放置的钢筋的弯钩类型。

☑ 顶部/底部分布筋弯钩方向：指定在分布筋方向上放置的钢筋的弯钩方向。

☑ 顶部/底部分布筋间距：指定在分布筋方向上放置钢筋的间距。

☑ 顶部/底部分布筋根数：指定钢筋中分布筋钢筋实例的根数。

（5）单击"属性"选项板中视图可见性状态栏中的"编辑"按钮 编辑... ，打开"钢筋图元视图可见性状态"对话框，选中结构平面 2F 栏中的"清晰的视图"复选框，其他参数采用默认设置，如图 9-70 所示，单击"确定"按钮，使钢筋在 2F 结构楼层中可见。

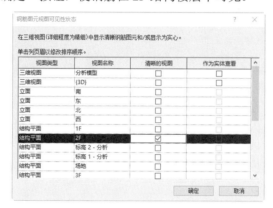

图 9-70　"钢筋图元视图可见性状态"对话框

（6）单击"修改|创建钢筋边界"选项卡"模式"面板中的"完成编辑模式"按钮✔，完成厚度 120mm 楼板上钢筋的创建，如图 9-71 所示。

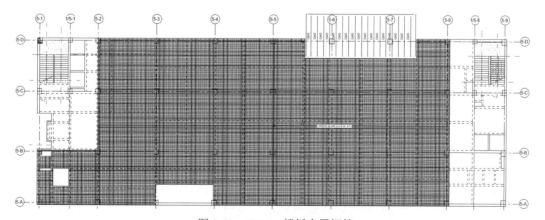

图 9-71　120mm 楼板布置钢筋

（7）选择厚度为 140mm 的楼板，打开如图 9-72 所示的"修改|楼板"选项卡，单击"钢筋"面板中的"面积"按钮▦。

图 9-72　"修改|楼板"选项卡

（8）打开如图 9-73 所示的"修改|创建钢筋边界"选项卡，单击"绘制"面板中的"线性钢筋"按钮▯和"拾取"按钮▯，提取边界线，单击"修改"面板中的"修剪/延伸为角"按钮▯，使边界线闭合，如图 9-74 所示。

图 9-73　"修改|创建钢筋边界"选项卡

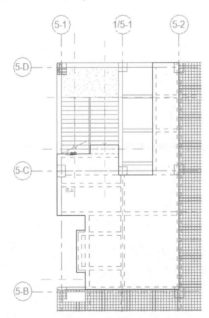

图 9-74　绘制边界线

（9）在"属性"选项板中设置布局规则为"最大间距"，额外的顶部保护层偏移和额外的底部保护层偏移为 0，设置顶部主筋类型/底部主筋类型为"8 HRB335"，设置顶部主筋间距/底部主筋间距为 200mm，顶部分布筋类型/底部分布筋类型为"8 HRB335"，设置顶部分布筋间距/底部分布筋间距为 200mm，其他参数采用默认设置。

（10）单击"属性"选项板中视图可见性状态栏中的"编辑"按钮 ▭ 编辑… ，打开"钢筋图元视图可见性状态"对话框，选中结构平面 2F 栏中的"清晰的视图"复选框，其他参数采用默认设置，单击"确定"按钮，使钢筋在 2F 结构楼层中可见。

（11）单击"修改|创建钢筋边界"选项卡"模式"面板中的"完成编辑模式"按钮✔，完成左侧 140mm 楼板钢筋的创建，如图 9-75 所示。

采用相同的方法，绘制右侧 140mm 楼板钢筋，如图 9-76 所示。

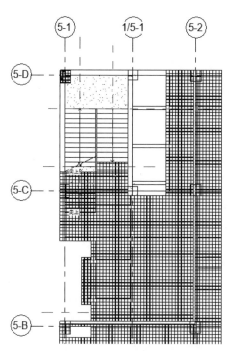

图 9-75　左侧 140mm 楼板钢筋

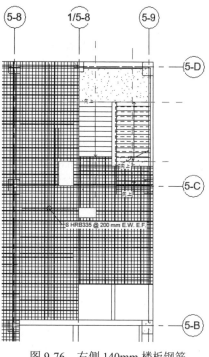

图 9-76　右侧 140mm 楼板钢筋

（12）选择右下角厚度为 120mm 的楼板，在打开的"修改|楼板"选项卡中单击"钢筋"面板中的"结构钢筋网区域"按钮 。

（13）打开"修改|创建钢筋边界"选项卡，单击"边界线"按钮 和"矩形"按钮 ，沿着楼板边界绘制钢筋网边界，如图 9-77 所示。

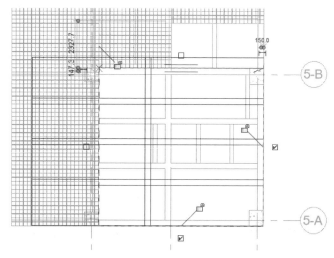

图 9-77　绘制钢筋网边界

（14）在"属性"选项板中设置钢筋网片的类型为"JW-1b"，搭接接头位置为"对齐"，主筋搭接接头长度为 100 mm，分布筋搭接接头长度为 100 mm，如图 9-78 所示。

Note

"属性"选项板中的主要选项说明如下。

☑ 分区：指定钢筋网区域关联所在的分区。

☑ 钢筋网片：在其下拉列表中选择钢筋网片的类型。

☑ 位置：指定钢筋网片在主体图元中的位置，如楼板和基础底板的顶部或底部、墙的内部或外部。

☑ 搭接接头位置：指定主筋或副筋搭接接头位置，包括对齐、主筋中间错开、主筋交错、分布筋中间错开和分布筋交错。

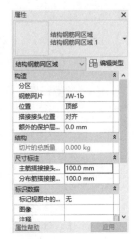

图 9-78　"属性"选项板

● 对齐：钢筋网片按行和列放置。两个方向上的所有搭接接头都位于同一条直线上。

● 主筋中间错开：钢筋网片按行放置。每隔一行将相对前一行移动一个钢筋网片长度的一半。

● 主筋交错：钢筋网片按行放置。每行从该行左侧和右侧交替放置的整个钢筋网片开始，剪切行中的最后一个钢筋网片，使之适合钢筋网边界。

● 分布筋中间错开：钢筋网片按列放置。每隔一列将相对前一列移动一个钢筋网片长度的一半。

● 分布筋交错：钢筋网片按列放置。每列从该列顶部和底部交替放置的整个钢筋网片开始，剪切列中的最后一个钢筋网片，使之适合钢筋网边界。

☑ 切片的总质量：计算并显示总网片体量。

☑ 主筋搭接接头长度：显示主筋方向各钢筋网片之间重叠的距离。

☑ 分布筋搭接接头长度：显示副筋方向各钢筋网片之间重叠的距离。

☑ 标记视图中的新成员：指示新钢筋网片的标记和符号在当前视图中的位置。

☑ 主搭接接头长度：指定主要的搭接拼接长度。

☑ 副搭接接头长度：指定副搭接拼接长度。

（15）选择控件以确定钢筋网片布局的开始/结束边缘。使用这些控件，可以指示钢筋网片对齐和搭接值。应该至少选择两个相邻控件来创建正确的钢筋网片布局。钢筋网片布局会将钢筋网片调整到钢筋网边界，如图 9-79 所示。

（16）单击"修改|创建钢筋网边界"选项卡"模式"面板中的"完成编辑模式"按钮✔，完成创建钢筋网区域，如图 9-80 所示。

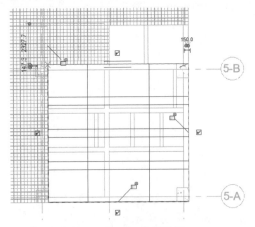

图 9-79　调整到钢筋网边界

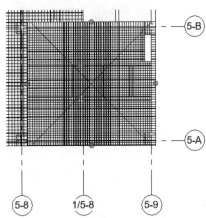

图 9-80　创建钢筋网区域

（17）选取第（16）步创建的钢筋网区域中的任意钢筋网片，在"属性"选项板中单击"编辑类型"按钮，打开"类型属性"对话框，设置默认主筋搭接接头长度为 200 mm，默认分布筋搭接接头长度为 200 mm，主筋方向钢筋条类型和分布筋方向钢筋条类型为 8，正面的切片间距为 200 mm，分布筋间距为 200 mm，其他参数采用默认设置，如图 9-81 所示。单击"确定"按钮，更改钢筋网，如图 9-82 所示。

图 9-81 "类型属性"对话框

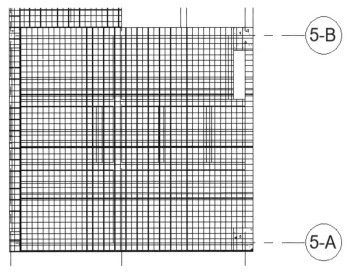

图 9-82 更改钢筋网

"类型属性"对话框中的主要选项说明如下。

☑ 默认主筋搭接接头长度：指定主筋搭接拼接长度。

☑ 默认分布筋搭接接头长度：指定分布筋搭接拼接长度。

☑ 主筋方向钢筋条类型：指定主筋方向中的钢筋网线类型。

☑ 分布筋方向钢筋条类型：指定分布筋方向中的钢筋网线类型。

☑ 舍入替换：为选定的钢筋网片类型指定舍入参数。

☑ 材质：指定要与钢筋网片一同使用的材质。

☑ 物理材质资源：显示物理材质资源的名称。

☑ 切片质量：指定切片质量的值。

☑ 每单位面积的切片质量：显示每单位面积的切片质量的值。

☑ 主筋钢筋面积：显示主钢筋面积的值。

☑ 分布筋钢筋面积：显示分布钢筋面积的值。

☑ 总长度：指定主筋方向中钢筋网片的长度。

☑ 长度：显示第一条和最后一条钢筋之间的距离。

☑ 主筋起始悬挑：指定网片的边缘到第一条网线之间的距离（按主筋方向测量）。

☑ 主筋结尾悬挑：指定最后一条网线到网片边缘之间的距离（按主筋方向测量）。

☑ 主筋布局模式：指定用来布置主筋方向网线的模式，包括固定数量、最大间距、间距数量、实际间距。

● 固定数量：指定均匀分布的网线数。

● 最大间距：指定网线之间的最大距离。网线数应调整到该参数范围内。

● 间距数量：指定网线之间的数量和距离。

● 实际间距：指定网线之间的距离。

☑ 主筋钢筋条数：指定用于主筋方向的网线数量（包括第一条和最后一条网线）。

☑ 总宽度：指定主筋方向中的钢筋网片的宽度。

☑ 宽度：显示第一条和最后一条钢筋之间的距离。

☑ 分布筋起始悬挑：指定网片的边缘到第一条网线之间的距离（按分布筋方向测量）。

☑ 分布筋结尾悬挑：指定最后一条网线到网片边缘之间的距离（按分布筋方向测量）。

☑ 分布筋布局模式：指定用来布置分布筋方向网线的模式。

☑ 分布筋钢筋条数：指定用于分布筋方向的网线数量（包括第一条和最后一条网线）。

☑ 分布筋间距：指定网线的间距。

（18）采用相同的方法，在"属性"选项板中设置位置为"底部"，在楼板的底部创建相同参数的钢筋网片。

（19）采用相同的方法，对其他结构楼板添加钢筋，这里不再一一进行介绍。

（20）单击"文件"下拉菜单中的"另存为"→"项目"命令，打开"另存为"对话框，指定文件保存位置并输入文件名，单击"保存"按钮。

9.5 对墙体添加配筋

视频讲解

（1）打开 9.4 节绘制的项目文件，在项目浏览器中双击三维视图节点下的 3D，将视图切换至 3D 视图。

（2）单击"结构"选项卡"钢筋"面板中的"面积"按钮，选择如图 9-83 所示的 5-D 上的墙体放置钢筋。

（3）打开"修改|创建钢筋边界"选项卡，单击"绘制"面板中的"主筋方向"按钮，然后单击"线"按钮，沿着墙体的上边线绘制一条线段，以确定钢筋的方向，如图 9-84 所示。

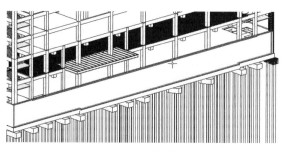

图 9-83　选取墙体

图 9-84　绘制主筋方向草图

（4）在"属性"选项板中设置布局规则为"最大间距"，额外的顶部保护层偏移和额外的底部保护层偏移为 0，设置顶部主筋类型/顶部分布筋类型/底部主筋类型/底部分布筋类型为"14 HRB335"，设置顶部主筋间距/顶部分布筋间距/底部主筋间距/底部分布筋间距为"200mm"，其他参数采用默认设置，如图 9-85 所示。

（5）单击"属性"选项板中视图可见性状态栏中的"编辑"按钮 ▭ 编辑... ，打开"钢筋图元视图可见性状态"对话框，选中三维视图栏中的"清晰的视图"复选框，其他参数采用默认设置，如图 9-86 所示，单击"确定"按钮，使钢筋在三维视图中可见。

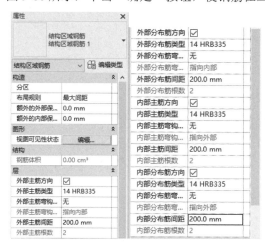

图 9-85　设置参数

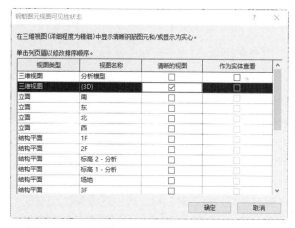

图 9-86　"钢筋图元视图可见性状态"对话框

（6）单击"修改|创建钢筋边界"选项卡"模式"面板中的"完成编辑模式"按钮 ✔ ，添加墙钢筋网，如图 9-87 所示。

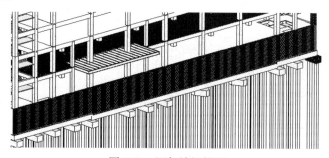

图 9-87　添加墙钢筋网

（7）将视图切换至东立面视图，选择外墙，打开如图 9-88 所示的"修改|墙"选项卡，单击"钢筋"面板中的"面积"按钮Ⅲ。

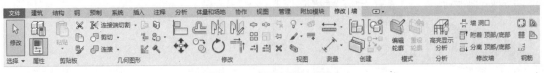

图 9-88　"修改|墙"选项卡

（8）打开如图 9-89 所示的"修改|创建钢筋边界"选项卡，单击"绘制"面板中的"线性钢筋"按钮Ⅱ和"矩形"按钮□，沿着墙边线绘制钢筋边界线，如图 9-90 所示。

图 9-89　"修改|创建钢筋边界"选项卡

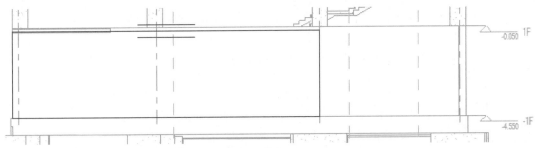

图 9-90　绘制边界线

（9）在"属性"选项板中设置布局规则为"最大间距"，额外的顶部保护层偏移和额外的底部保护层偏移为 0，设置顶部主筋类型/底部主筋类型为"14 HRB335"，设置顶部主筋间距/底部主筋间距为"200mm"，顶部分布筋类型/底部分布筋类型为"14 HRB335"，设置顶部分布筋间距/底部分布筋间距为"200mm"，其他参数采用默认设置。

（10）单击"属性"选项板中视图可见性状态栏中的"编辑"按钮 编辑... ，打开"钢筋图元视图可见性状态"对话框，选中三维视图和立面东栏中的"清晰的视图"复选框，其他参数采用默认设置，单击"确定"按钮，使钢筋在三维视图和东立面视图中可见。

（11）单击"修改|创建钢筋边界"选项卡"模式"面板中的"完成编辑模式"按钮✔，完成左侧外墙钢筋的创建，如图 9-91 所示。

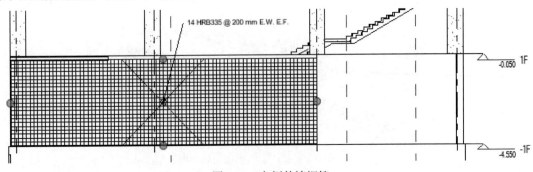

图 9-91　左侧外墙钢筋

（12）继续选择外墙，在"修改|墙"选项卡中单击"钢筋"面板中的"面积"按钮▦。打开"修改|创建钢筋边界"选项卡，单击"绘制"面板中的"线性钢筋"按钮↗和"矩形"按钮▢，沿着墙边线绘制钢筋边界线，如图 9-92 所示。

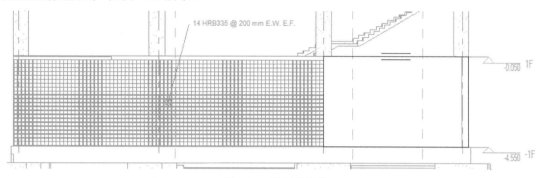

图 9-92　绘制边界线

（13）在"属性"选项板中设置布局规则为"最大间距"，额外的顶部保护层偏移和额外的底部保护层偏移为 0，设置顶部主筋类型/底部主筋类型为"16 HRB335"，设置顶部主筋间距/底部主筋间距为"200mm"，顶部分布筋类型/底部分布筋类型为"16 HRB335"，设置顶部分布筋间距/底部分布筋间距为"200mm"，其他参数采用默认设置。

（14）单击"属性"选项板中视图可见性状态栏中的"编辑"按钮 ▭编辑…，打开"钢筋图元视图可见性状态"对话框，选中三维视图和立面东栏中的"清晰的视图"复选框，其他参数采用默认设置，单击"确定"按钮，使钢筋在三维视图和东立面视图中可见。

（15）单击"修改|创建钢筋边界"选项卡"模式"面板中的"完成编辑模式"按钮✔，完成右侧外墙钢筋的创建，如图 9-93 所示。

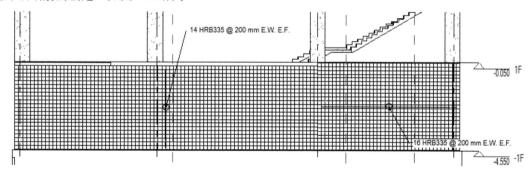

图 9-93　右侧外墙钢筋

（16）采用相同的方法，对其他墙体添加区域钢筋网。

（17）单击"文件"下拉菜单中的"另存为"→"项目"命令，打开"另存为"对话框，指定文件保存位置并输入文件名，单击"保存"按钮。

9.6　楼梯配筋

下面以二层的楼梯为例介绍楼梯配筋的创建过程。

（1）打开 9.5 节绘制的项目文件，将视图切换至-1F 结构平面视图。单击"建筑"选项卡"工作

视频讲解

平面"面板中的"设置"按钮🗐，打开"工作平面"对话框，选择"拾取一个平面"选项，如图9-94所示，单击"确定"按钮，在视图中拾取楼梯上的右侧竖直参照平面。

（2）打开"转到视图"对话框，选择"立面：西"视图，单击"打开视图"按钮，将视图切换至西立面视图参照平面截面。

（3）单击"结构"选项卡"钢筋"面板中的"钢筋"按钮🗐，打开"修改|放置"选项卡，单击"当前工作平面"按钮🗐和"平行于工作平面"按钮🗐。

（4）单击"放置方法"面板中的"绘制钢筋"按钮🖉，打开"修改|在当前工作平面中绘制钢筋"选项卡，选取楼梯为放置钢筋的主体。

（5）单击"绘制"面板中的"线"按钮🗹，绘制如图9-95所示的钢筋草图。

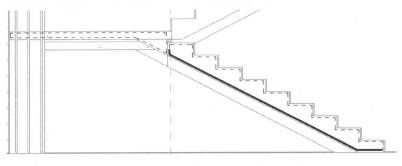

图9-94　"工作平面"对话框　　　　　　　　图9-95　绘制钢筋草图

（6）在"属性"选项板中选择"钢筋 10 HRB335"类型，设置起点的弯钩/终点的弯钩为"标准-135度"，其他参数采用默认设置，在视图中草图端点处单击"切换弯钩方向"图标🗔，添加弯钩，如图9-96所示。

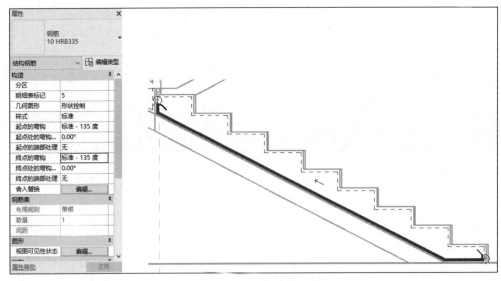

图9-96　添加弯钩

（7）单击"修改|创建钢筋草图"选项卡"模式"面板中的"完成编辑模式"按钮✔，完成钢筋草图的绘制。

（8）选取绘制的钢筋，在"属性"选项板中设置布局规则为"最大间距"，输入间距为150 mm，其他参数采用默认设置，结果如图9-97所示。

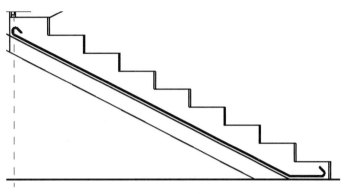

图 9-97 绘制的钢筋

（9）单击"结构"选项卡"钢筋"面板中的"钢筋"按钮，打开"修改|放置钢筋"选项卡，单击"当前工作平面"按钮和"垂直于保护层"按钮。

（10）在"属性"选项板中选择"钢筋 8 HRB335"类型，设置布局规则为"单根"，在造型栏下拉列表中选择 01 或者在"钢筋形状浏览器"对话框中选取 01。

（11）在梯段截面上放置钢筋，可以通过修改临时尺寸调整角筋的位置，结果如图 9-98 所示。

（12）单击"修改"选项卡"修改"面板中的"复制"按钮（快捷键：CO），选取创建的钢筋为复制对象，在选项栏中取消选中"约束"复选框，指定钢筋上任意点为起点，沿着斜钢筋移动鼠标，并输入距离为 200，结果如图 9-99 所示。

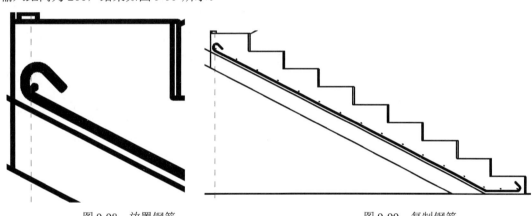

图 9-98 放置钢筋   图 9-99 复制钢筋

（13）单击"结构"选项卡"钢筋"面板中的"钢筋"按钮，打开"修改|放置"选项卡，单击"当前工作平面"按钮和"平行于工作平面"按钮。

（14）单击"放置方法"面板中的"绘制钢筋"按钮，打开"修改|在当前工作平面中绘制钢筋"选项卡，选取楼梯为放置钢筋的主体。

（15）在"属性"选项板中选择"钢筋 10HRB335"类型，设置起点的弯钩/终点的弯钩为"标准-135 度"，其他参数采用默认设置，单击"绘制"面板中的"线"按钮，绘制如图 9-100 所示的钢筋草图，单击"切换弯钩方向"图标。

（16）单击"修改|创建钢筋草图"选项卡"模式"面板中的"完成编辑模式"按钮，完成钢筋草图的绘制。

（17）选取绘制的钢筋，在"属性"选项板中设置布局规则为"最大间距"，输入间距为 150 mm，其他参数采用默认设置，结果如图 9-101 所示。

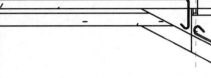

图 9-100　绘制钢筋草图　　　　　　　　　　图 9-101　绘制的钢筋

（18）单击"结构"选项卡"钢筋"面板中的"钢筋"按钮，打开"修改|放置钢筋"选项卡，单击"当前工作平面"按钮和"垂直于保护层"按钮。

（19）在"属性"选项板中选择"钢筋 8 HRB335"类型，设置布局规则为"单根"，在造型栏下拉列表中选择 01 或者在"钢筋形状浏览器"对话框中选取 01。

（20）在平台截面上放置钢筋，间距为 200 mm，结果如图 9-102 所示。

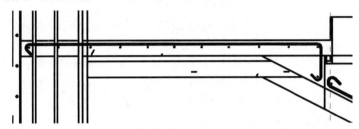

图 9-102　放置钢筋

（21）单击"结构"选项卡"钢筋"面板中的"钢筋"按钮，打开"修改|放置"选项卡，单击"当前工作平面"按钮和"平行于工作平面"按钮。

（22）单击"放置方法"面板中的"绘制钢筋"按钮，打开"修改|在当前工作平面中绘制钢筋"选项卡，选取楼梯为放置钢筋的主体。

（23）在"属性"选项板中选择"钢筋 10HRB335"类型，设置起点的弯钩/终点的弯钩为"标准-135 度"，其他参数采用默认设置，单击"绘制"面板中的"线"按钮，绘制如图 9-103 所示的钢筋草图，单击"切换弯钩方向"图标。

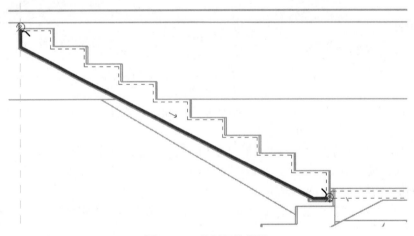

图 9-103　绘制钢筋草图

（24）单击"修改|创建钢筋草图"选项卡"模式"面板中的"完成编辑模式"按钮，完成钢

筋草图的绘制。

（25）选取绘制的钢筋，在"属性"选项板中设置布局规则为"最大间距"，输入间距为 150 mm，其他参数采用默认设置，结果如图 9-104 所示。

（26）单击"结构"选项卡"钢筋"面板中的"钢筋"按钮 🔲 ，打开"修改|放置钢筋"选项卡，单击"当前工作平面"按钮 🔲 和"垂直于保护层"按钮 🔲 。

（27）在"属性"选项板中选择"钢筋 8 HRB335"类型，设置布局规则为"单根"，在造型栏下拉列表中选择 01 或者在"钢筋形状浏览器"对话框中选取 01。

（28）在梯段截面上放置钢筋，间距为 200 mm，结果如图 9-105 所示。

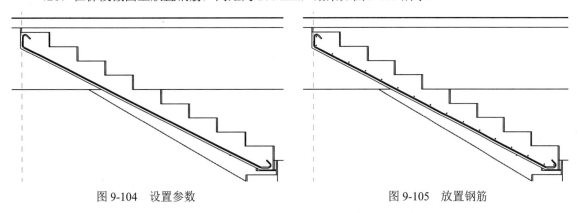

图 9-104　设置参数　　　　　　　　图 9-105　放置钢筋

（29）单击"结构"选项卡"钢筋"面板中的"钢筋"按钮 🔲 ，打开"修改|放置"选项卡，单击"当前工作平面"按钮 🔲 和"平行于工作平面"按钮 🔲 。

（30）单击"放置方法"面板中的"绘制钢筋"按钮 ✎ ，打开"修改|在当前工作平面中绘制钢筋"选项卡，选取楼梯为放置钢筋的主体。

（31）在"属性"选项板中选择"钢筋 10HRB335"类型，设置起点的弯钩/终点的弯钩为"标准-135 度"，其他参数采用默认设置，单击"绘制"面板中的"线"按钮 ✎ ，绘制钢筋草图，单击"切换弯钩方向"图标 ↻ ，如图 9-106 所示。

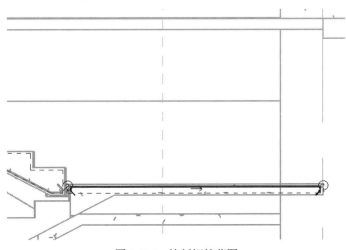

图 9-106　绘制钢筋草图

（32）单击"修改|创建钢筋草图"选项卡"模式"面板中的"完成编辑模式"按钮 ✔ ，完成钢筋草图的绘制。

（33）选取绘制的钢筋，在"属性"选项板中设置布局规则为"最大间距"，输入间距为 150 mm，其他参数采用默认设置，结果如图 9-107 所示。

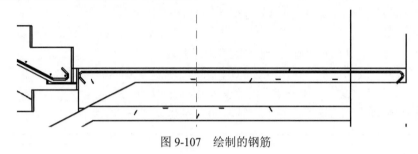

图 9-107　绘制的钢筋

（34）将视图切换至-1F 结构平面视图。单击"建筑"选项卡"工作平面"面板中的"设置"按钮，打开"工作平面"对话框，选择"拾取一个平面"选项，单击"确定"按钮，在视图中拾取楼梯上的左侧竖直参照平面。

（35）打开"转到视图"对话框，选择"立面：西"视图，单击"打开视图"按钮，将视图切换至西立面视图参照平面截面。

（36）单击"结构"选项卡"钢筋"面板中的"钢筋"按钮，打开"修改|放置"选项卡，单击"当前工作平面"按钮和"平行于工作平面"按钮。

（37）单击"放置方法"面板中的"绘制钢筋"按钮，打开"修改|在当前工作平面中绘制钢筋"选项卡，选取楼梯为放置钢筋的主体。

（38）在"属性"选项板中选择"钢筋 10HRB335"类型，设置起点的弯钩/终点的弯钩为"标准-135 度"，其他参数采用默认设置，单击"绘制"面板中的"线"按钮，绘制如图 9-108 所示的钢筋草图，单击"切换弯钩方向"图标。

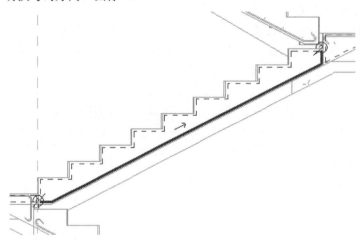

图 9-108　绘制钢筋草图

（39）单击"修改|创建钢筋草图"选项卡"模式"面板中的"完成编辑模式"按钮，完成钢筋草图的绘制。

（40）选取绘制的钢筋，在"属性"选项板中设置布局规则为"最大间距"，输入间距为 150 mm，其他参数采用默认设置，结果如图 9-109 所示。

（41）单击"结构"选项卡"钢筋"面板中的"钢筋"按钮，打开"修改|放置钢筋"选项卡，单击"当前工作平面"按钮和"垂直于保护层"按钮。

（42）在"属性"选项板中选择"钢筋 8 HRB335"类型，设置布局规则为"单根"，在造型栏下拉列表中选择 01 或者在"钢筋形状浏览器"对话框中选取 01。

（43）在梯段截面上放置钢筋，间距为 200 mm，结果如图 9-110 所示。

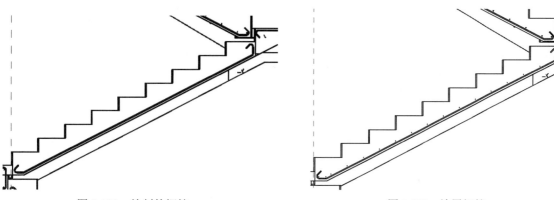

图 9-109　绘制的钢筋　　　　　　　　　　　　　图 9-110　放置钢筋

（44）单击"结构"选项卡"钢筋"面板中的"钢筋"按钮，打开"修改|放置"选项卡，单击"当前工作平面"按钮和"平行于工作平面"按钮。

（45）单击"放置方法"面板中的"绘制钢筋"按钮，打开"修改|在当前工作平面中绘制钢筋"选项卡，选取楼梯为放置钢筋的主体。

（46）在"属性"选项板中选择"钢筋 10HRB335"类型，设置起点的弯钩/终点的弯钩为"标准-135 度"，其他参数采用默认设置，单击"绘制"面板中的"线"按钮，绘制如图 9-111 所示的钢筋草图，单击"切换弯钩方向"图标。

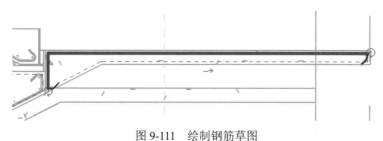

图 9-111　绘制钢筋草图

（47）单击"修改|创建钢筋草图"选项卡"模式"面板中的"完成编辑模式"按钮，完成钢筋草图的绘制。

（48）选取绘制的钢筋，在"属性"选项板中设置布局规则为最大间距，输入间距为 150 mm，其他参数采用默认设置，结果如图 9-112 所示。

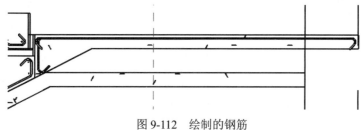

图 9-112　绘制的钢筋

（49）单击"结构"选项卡"钢筋"面板中的"钢筋"按钮，打开"修改|放置钢筋"选项卡，

单击"当前工作平面"按钮和"垂直于保护层"按钮。

（50）在"属性"选项板中选择"钢筋 8 HRB335"类型，设置布局规则为"单根"，在造型栏下拉列表中选择 01 或者在"钢筋形状浏览器"对话框中选取 01。

（51）在平台截面上放置钢筋，间距为 200 mm，结果如图 9-113 所示。

图 9-113　放置钢筋

（52）单击"结构"选项卡"钢筋"面板中的"钢筋"按钮，打开"修改|放置"选项卡，单击"当前工作平面"按钮和"平行于工作平面"按钮。

（53）单击"放置方法"面板中的"绘制钢筋"按钮，打开"修改|在当前工作平面中绘制钢筋"选项卡，选取楼梯为放置钢筋的主体。

（54）在"属性"选项板中选择"钢筋 10HRB335"类型，设置起点的弯钩/终点的弯钩为"标准-135 度"，其他参数采用默认设置，单击"绘制"面板中的"线"按钮，绘制如图 9-114 所示的钢筋草图，单击"切换弯钩方向"图标。

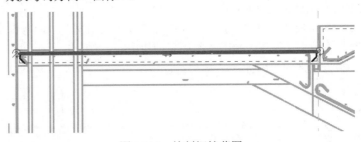

图 9-114　绘制钢筋草图

（55）单击"修改|创建钢筋草图"选项卡"模式"面板中的"完成编辑模式"按钮，完成钢筋草图的绘制。

（56）选取绘制的钢筋，在"属性"选项板中设置布局规则为"最大间距"，输入间距为 150 mm，其他参数采用默认设置，结果如图 9-115 所示。

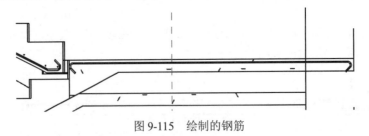

图 9-115　绘制的钢筋

（57）采用相同的步骤，在其他楼层的楼梯和平台上布置钢筋。

（58）单击"文件"下拉菜单中的"另存为"→"项目"命令，打开"另存为"对话框，指定文件保存位置并输入文件名，单击"保存"按钮。

第 **10** 章

结构分析模型

 知识导引

结构分析模型是对结构物理模型的全部工程说明进行简化后的三维表示。结构分析模型中包含了构成工程系统的结构构件、几何图形、材质属性和荷载。

结构的分析模型由一组结构构件分析模型组成,结构中的每个图元都与一个结构构件分析模型对应。

- ⊙ 分析模型设置
- ⊙ 边界条件
- ⊙ 荷载

 任务驱动&项目案例

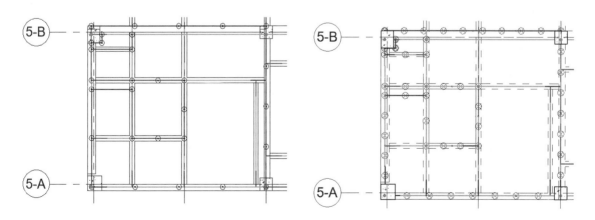

10.1 分析模型设置

单击"结构"选项卡"结构"面板中的"结构设置"按钮 ⅶ，打开"结构设置"对话框，切换至"分析模型设置"选项卡，如图 10-1 所示。

图 10-1 "结构设置"对话框

"结构设置"对话框中的主要选项说明如下。

1. 自动检查

在项目的分析模型可能出现问题时，自动分析模型检查功能会发出警报。当大部分结构建模后，且需要监视更改模型是否会使图元不受支持，或使分析模型变得不一致时，可以使用这些设置。建议不要在项目的早期阶段启用这些设置。

- ☑ 构件支座：如果在模型创建或修改期间，构件不受支持，则会发出警告。
- ☑ 分析/物理模型一致性：在图元创建或修改期间，对所有不支持的结构图元、分析模型中找到的所有不一致、分析模型和物理模型之间的所有不一致以及未指定"物理材质资源"的所有分析图元提出警告。

2. 允差

在此选项组中可设置"分析/物理模型一致性"检查的公差和分析模型的自动检测的公差。

- ☑ 支座距离：指定图元的物理模型和支撑图元的物理模型之间允许的最大距离。

☑　分析模型到物理模型的距离：指定分析模型和物理模型之间允许的最大距离。

☑　分析自动检测-水平：指定分析模型和物理模型之间的最大水平距离。

☑　分析自动检测-垂直：指定分析模型和物理模型之间的最大垂直距离。

☑　分析链接自动检测：指定三维空间（水平或垂直）中的最小距离，在此三维空间中将创建自动分析链接。分析链接在无须添加物理几何图形的情况下，将为分析模型提供刚性。

3. 构件支座检查

在自动由用户启动的构件支座检查过程中，会用到此选项。

☑　循环参照：启用圆形支座链检查。

10.2　边　界　条　件

10.2.1　边界条件设置

指定族符号和调整各个边界条件表示的间距。

单击"分析"选项卡"分析模型"面板中的"边界条件设置"按钮，打开"结构设置"对话框中的"边界条件设置"选项卡，如图 10-2 所示。

图 10-2　"边界条件设置"选项卡

在"族符号"栏中，包括"固定""铰支""滑动""用户定义"4 个边界条件状态选择符号，这 4 个符号族已预载入结构样板中。如果未载入族，则必须首先载入族以便在此下拉列表下进行指定。

在"面积符号和线符号的间距"文本框中可指定族符号和调整各个边界条件表示的间距。

10.2.2　对梁添加边界条件

（1）打开 9.6 节绘制的项目文件，将视图切换至三维视图，在状态栏中单击"显示分析模型"

视 频 讲 解

Note

按钮 ，显示分析模型。

（2）单击"分析"选项卡"分析模型"面板中的"边界条件"按钮 ，打开"修改|放置 边界条件"选项卡，如图 10-3 所示。

图 10-3　"修改|放置 边界条件"选项卡

"修改|放置 边界条件"选项卡中的主要选项说明如下。

☑　点 ：选取梁、支撑或柱的端点，添加点边界条件。

☑　线 ：拾取梁、柱或拾取墙、楼板、基础的边，创建线边界条件。

☑　面积 ：拾取楼板或墙，以创建面积边界条件。

☑　状态：在选项栏的状态下拉列表中选择固定、铰支、滑动或用户。

（3）单击"点"按钮 ，在选项栏的状态下拉列表中选择"固定"状态。

（4）在"属性"选项板中查看和修改用于定义边界条件实例属性的参数，这里采用默认设置，如图 10-4 所示。

"属性"选项板中的选项说明如下。

☑　定向到：选择要用来定向边界条件的坐标系。包括项目坐标系和主体局部坐标系。

● 项目坐标系：指定项目的全局 XYZ 坐标。

● 主体局部坐标系：指定相对于主体方向的 XYZ 坐标。

☑　边界条件类型：显示选择的边界类型。

☑　状态：指定应用到分析模型的边界条件类型，包括固定、铰支、滑动和用户。如果选择了用户，可以指定边界条件每个坐标的"转换"和"旋转"。

☑　X/Y/Z 向平动：指定应用到 X/Y/Z 轴平动的条件类型，包括固定、版本和弹簧。

☑　绕 X/Y/Z 轴转动：指定应用到特定坐标的条件类型，包括固定、版本和弹簧。

图 10-4　"属性"选项板

（5）在视图中选取梁上分析梁，在参照的端点添加固定支座，如图 10-5 所示。

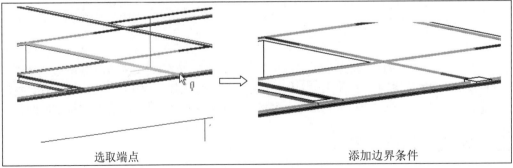

选取端点　　　　　　　　　　　　添加边界条件

图 10-5　添加固定支座

（6）在"属性"选项板的状态栏的下拉列表中选择"滑动"，或在选项栏的状态下拉列表中选择"固定"状态。

（7）在视图中选取梁上分析梁，在参照的另一侧端点添加滑动支座，如图 10-6 所示。

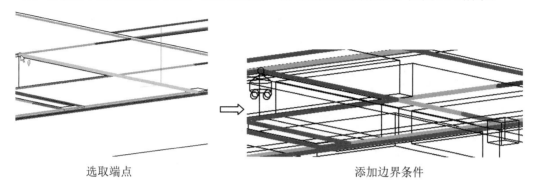

选取端点　　　　　　　　　　　　　　添加边界条件

图 10-6　添加滑动支座

（8）单击"文件"下拉菜单中的"另存为"→"项目"命令，打开"另存为"对话框，指定文件保存位置并输入文件名，单击"保存"按钮。

10.2.3　对楼板添加边界条件

（1）打开 10.2.2 节绘制的项目文件，将视图切换至 8F 结构平面视图。

（2）单击"分析"选项卡"分析模型"面板中的"边界条件"按钮 ，打开"修改|放置 边界条件"选项卡，如图 10-3 所示。

（3）单击"面积"按钮 ，在选项栏的状态下拉列表中选择"铰支"。

（4）在"属性"选项板中查看和修改用于定义边界条件实例属性的参数，如图 10-7 所示。

（5）在视图中拾取 120mm 厚度的楼板，如图 10-8 所示，以创建面积边界条件，如图 10-9 所示。

图 10-7　"属性"选项板

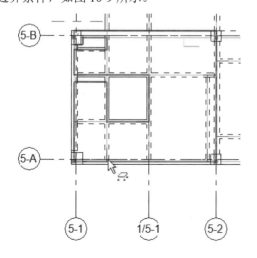

图 10-8　拾取楼板

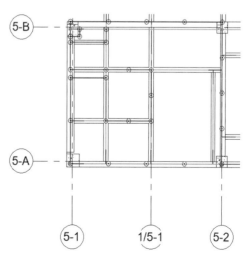

图 10-9　创建面积边界条件

视频讲解

（6）单击"文件"下拉菜单中的"另存为"→"项目"命令，打开"另存为"对话框，指定文件保存位置并输入文件名，单击"保存"按钮。

10.3　荷　　载

10.3.1　荷载工况或荷载性质

指定应用于分析模型的荷载工况和荷载性质。

（1）单击"分析"选项卡"分析模型"面板中的"荷载工况"按钮，打开"结构设置"对话框中的"荷载工况"选项卡，如图 10-10 所示。

图 10-10　"荷载工况"选项卡

（2）在"荷载工况"栏中单击"添加"按钮，在表格最后添加了"新工况 1"作为表记录，此时"添加"按钮也变成了"复制"按钮。

（3）单击该新荷载工况对应的"名称"单元格，并输入名称，如"Mechanical Unit"。

注意：表的"工况编号"列为只读，Revit 会提供唯一的编号。

（4）单击新荷载工况对应的"性质"单元格，然后选择一个性质。单击新荷载工况对应的"类别"单元格，然后选择一个类别。

（5）也可以选取表记录，然后单击"复制"按钮，复制荷载工况表记录，最后根据需要编辑新荷载工况。

（6）选取荷载工况表记录，然后单击"删除"按钮 ，打开如图 10-11 所示的"删除荷载工况"对话框，单击"是"按钮，即可删除所选的荷载工况。

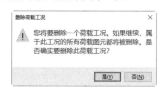

图 10-11　"删除荷载工况"对话框

（7）采用相同的方法，添加、复制和删除荷载性质。

10.3.2　对结构柱添加荷载

（1）打开 10.2.3 节绘制的项目文件，将视图切换至三维视图。

（2）单击"分析"选项卡"分析模型"面板中的"荷载"按钮 （快捷键：LD），打开"修改|放置荷载"选项卡，如图 10-12 所示。

图 10-12　"修改|放置荷载"选项卡

"修改|放置荷载"选项卡中的选项说明如下。

- ☑ 点荷载：在分析视图中沿结构图元放置点荷载。
- ☑ 线荷载：在分析视图中沿结构图元绘制线荷载。
- ☑ 面荷载：绘制加载到结构楼板或结构墙上的面荷载。
- ☑ 主体点荷载：在梁、支撑和柱的端点处放置主体点荷载。
- ☑ 主体线荷载：沿结构墙或楼板边缘放置主体线荷载。
- ☑ 主体面荷载：只有可选择分析模型，才能放置主体荷载。构件的物理几何图形将不接受此荷载。

（3）单击"荷载"面板中的"主体点荷载"按钮，在"属性"选项板中设置 Fz 为"-10kN"，其他参数采用默认设置，如图 10-13 所示。

"属性"选项板中的主要选项说明如下。

- ☑ 荷载工况：指定要应用的荷载工况。
- ☑ 性质：显示所选荷载工况的性质。
- ☑ 定向到：选择要用来定向荷载的坐标系，包括项目坐标系和工作平面。
  - 项目坐标系：指定项目的全局 xyz 坐标系。
  - 工作平面：指定当前工作平面到平面的 xyz 坐标系。
- ☑ Fx/ Fy/ Fz：指定在 x/y/z 轴方向上应用到点上的力。
- ☑ Mx：指定关于点的 x 轴应用的扭矩。
- ☑ My：指定关于点的 y 轴应用的弯矩。

图 10-13　"属性"选项板

☑ Mz：指定关于点的 z 轴应用的弯矩。

（4）在视图中选取结构柱上分析柱，在参照的上端点添加荷载，如图 10-14 所示。

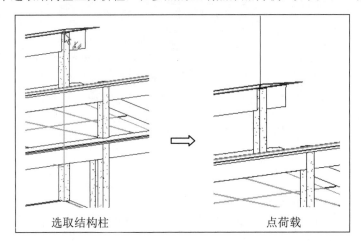

选取结构柱   点荷载

图 10-14　添加荷载

📢 **提示：** 荷载符号在三维分析视图或立面中显示为箭头线，与显示的面荷载表示类似。

（5）单击"文件"下拉菜单中的"另存为"→"项目"命令，打开"另存为"对话框，指定文件保存位置并输入文件名，单击"保存"按钮。

10.3.3　对墙体添加荷载

（1）打开 10.3.2 节绘制的项目文件，将视图切换至 1F 结构平面视图。

（2）单击"分析"选项卡"分析模型"面板中的"荷载"按钮🗒（快捷键：LD），打开"修改|放置荷载"选项卡。

（3）单击"荷载"面板中的"线荷载"按钮，在"属性"选项板中选中"均布负荷"复选框，设置 Fz1 为"−50kN/m"，其他参数采用默认设置，如图 10-15 所示。

"属性"选项板中的主要选项说明如下。

☑ 均布负荷：指定线性荷载为均匀分布。取消选中"均布负荷"复选框可以显示第二个分力（Fx2、Fy2 和 Fz2）和第二个力矩（Mx2、My2 和 Mz2）。

图 10-15　"属性"选项板

☑ 投影荷载：指定倾斜的线荷载投影上的投影荷载强度。

（4）单击"线荷载"按钮，打开"修改|放置荷载"选项卡，如图 10-16 所示，在"绘制"面板中单击"线"按钮，沿着墙体的中心线放置线荷载，如图 10-17 所示。

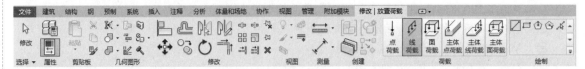

图 10-16　"修改|放置荷载"选项卡

提示： 如果在该视图中不显示荷载，单击"视图"选项卡"图形"面板中的"可见性/图形"按钮 ，打开"结构平面：1F 的可见性/图形替换"对话框，切换到"分析模型类别"选项卡，选中"在此视图中显示分析模型类别"复选框，在"过滤器列表"下拉列表中选择"结构"，选中全部选项，如图 10-18 所示，单击"确定"按钮，即可在视图中显示荷载。

（5）单击"文件"下拉菜单中的"另存为"→"项目"命令，打开"另存为"对话框，指定文件保存位置并输入文件名，单击"保存"按钮。

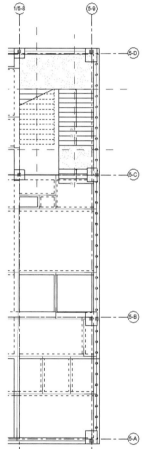

图 10-17 放置线荷载

图 10-18 "结构平面：1F 的可见性/图形替换"对话框

10.3.4 对梁添加荷载

（1）打开 10.3.3 节绘制的项目文件，将视图切换至三维视图。

（2）单击"分析"选项卡"分析模型"面板中的"荷载"按钮（快捷键：LD），打开"修改|放置荷载"选项卡。

（3）单击"荷载"面板中的"主体线荷载"按钮，在"属性"选项板中选中"均布负荷"复选框，设置 Fz1 为"−50kN/m"，其他参数采用默认设置。

（4）在模型中选取梁，放置基于主体的线荷载，如图 10-19 所示。

视 频 讲 解

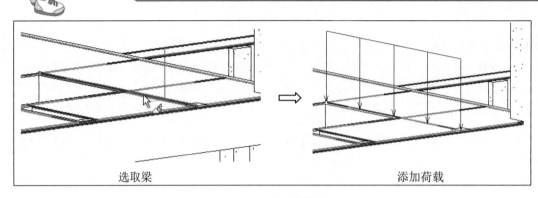

选取梁   添加荷载

图 10-19　放置线荷载

（5）单击"文件"下拉菜单中的"另存为"→"项目"命令，打开"另存为"对话框，指定文件保存位置并输入文件名，单击"保存"按钮。

10.3.5　对楼板添加荷载

（1）打开 10.3.4 节绘制的项目文件，将视图切换至 8F 结构平面视图。

（2）单击"分析"选项卡"分析模型"面板中的"荷载"按钮（快捷键：LD），打开"修改|放置荷载"选项卡。

（3）单击"荷载"面板中的"主体面荷载"按钮，在"属性"选项板中设置 Fz1 为"−5kN/m^2"，其他参数采用默认设置，如图 10-20所示。

（4）在模型中选择结构楼板，如图 10-21 所示，放置基于主体的面荷载，如图 10-22 所示。

（5）单击"文件"下拉菜单中的"另存为"→"项目"命令，打开"另存为"对话框，指定文件保存位置并输入文件名，单击"保存"按钮。

图 10-20　"属性"选项板

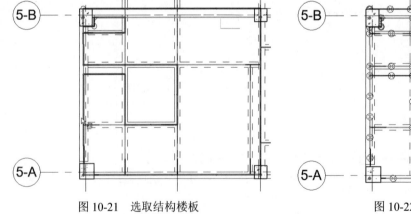

图 10-21　选取结构楼板　　　　　图 10-22　放置面荷载

第*11*章

出图

知识导引

利用 Revit 建立模型文件后，通常要进行施工图纸的创建，最后输出图纸，用以指导施工。

明细表是模型的另一种视图。可以在设计过程中的任何时候创建明细表，还可以将明细表添加到图纸中。也可以将明细表导出到其他软件中，如电子表格程序。

⊙　创建施工图纸　　　　　　　　⊙　创建结构柱统计表

⊙　打印出图

任务驱动&项目案例

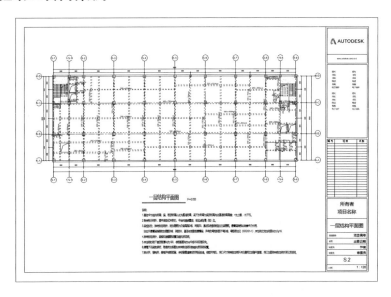

Note

视频讲解

11.1 创建施工图纸

结构施工图是根据建筑的要求，经过结构选项和构件布置以及力学计算，以确定建筑各承重构件的形状、材料、大小和内部构造等，把这些构件的位置、形状、大小和连接方式绘制成图样，用来指导施工，这种图样称为结构施工图。

11.1.1 创建柱平面布置图

本节以 6 层柱平面布置图为例介绍柱平面布置图的绘制。

（1）打开 10.3.5 节绘制的项目文件，将视图切换到 6F 结构平面视图。

（2）在项目浏览器中选择"楼层平面"→"1 层"节点，单击鼠标右键，在弹出的快捷菜单中选择"复制视图"→"带细节复制"选项，如图 11-1 所示。

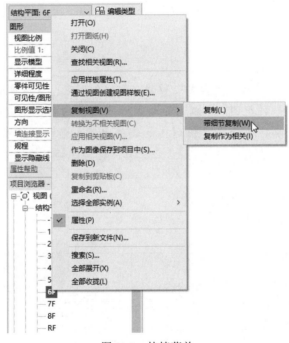

图 11-1 快捷菜单

（3）生成 6F 副本 1 视图，单击鼠标右键，在弹出的快捷菜单中单击"重命名"命令，将其重命名为"柱平面布置图"，并切换至此视图。

（4）单击"视图"选项卡"图形"面板中的"可见性/图形"按钮（快捷键：VG），打开"结构平面：柱平面布置图的可见性/图形替换"对话框，在"模型类别"选项卡中选中"结构柱"复选框，其他复选框都不选，在"注释类别"选项卡中取消选中"参照平面"和"立面"复选框，如图 11-2 所示。单击"确定"按钮，整理后的图形如图 11-3 所示。

"模型类别"选项卡

"注释类别"选项卡

图 11-2 "结构平面：柱平面布置图的可见性/图形替换"对话框

Note

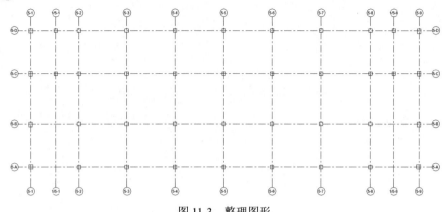

图 11-3 整理图形

（5）单击"注释"选项卡"文字"面板中的"文字"按钮 **A**（快捷键：TX），打开"修改|放置文字"选项卡，单击"两端"按钮 和"左中引线"按钮，如图 11-4 所示。

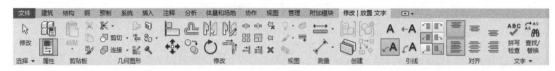

图 11-4 "修改|放置 文字"选项卡

（6）在"属性"选项板中选择"3.5mm 常规_仿宋"，在轴线 5-1 和轴线 5-D 交点处的结构柱右上角位置单击以确定引线的起点，斜向上拖动鼠标到适当位置单击以确定引线的转折点，然后水平移动鼠标到适当位置单击以确定引线的终点，并在显示的文本输入框中输入 KZ01，如图 11-5 所示。

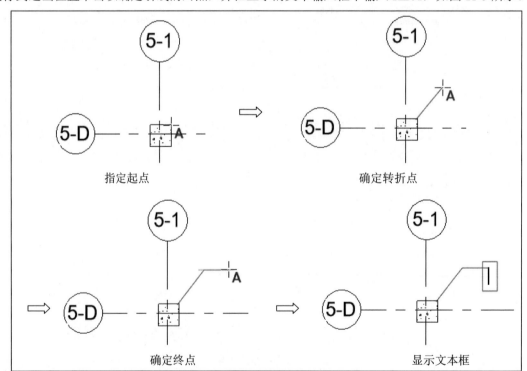

图 11-5 输入注释

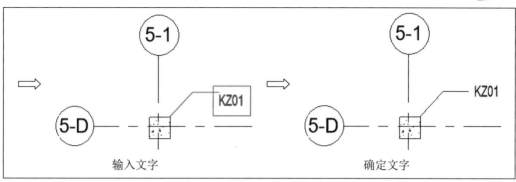

输入文字 确定文字

图 11-5 输入注释（续）

（7）采用相同的方法，在其他结构柱上标注注释文字，或者复制第（6）步标注的文字到其他结构，然后双击修改文字，如图 11-6 所示。

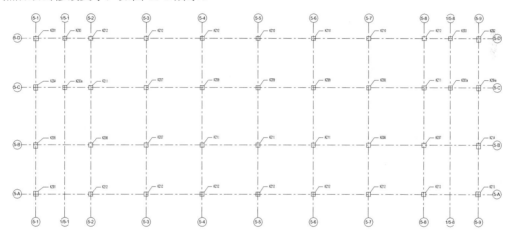

图 11-6 标注结构柱注释

（8）单击"注释"选项卡"尺寸标注"面板中的"对齐"按钮（快捷键：DI），在"属性"选项板中选择"线性尺寸标注样式 对角线-3mm RomanD-引线-文字在上"类型，标注细节尺寸，如图 11-7 所示。

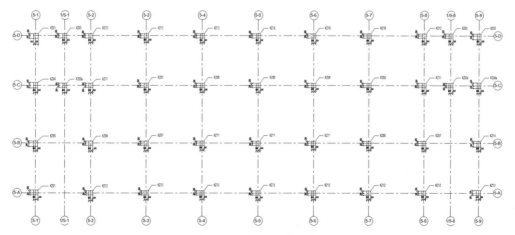

图 11-7 标注细节尺寸

（9）单击"注释"选项卡"尺寸标注"面板中的"对齐"按钮（快捷键：DI），标注外部尺寸，如图 11-8 所示。

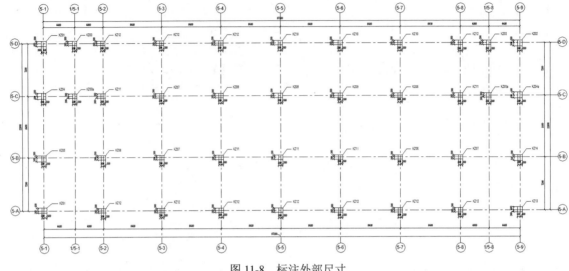

图 11-8　标注外部尺寸

（10）单击"视图"选项卡"图纸组合"面板中的"图纸"按钮，打开"新建图纸"对话框，在列表中选择"A1 公制"图纸，如图 11-9 所示，单击"确定"按钮，新建"S.1-未命名"图纸，如图 11-10 所示。

（11）单击"视图"选项卡"图纸组合"面板中的"放置视图"按钮，打开"视图"对话框，在列表中选择"结构平面：柱平面布置图"视图，如图 11-11 所示，然后单击"在图纸中添加视图"按钮，将视图添加到图纸中，如图 11-12 所示。

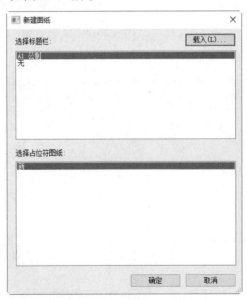

图 11-9　"新建图纸"对话框

图 11-10 新建"S.1-未命名"图纸

图 11-11 "视图"对话框

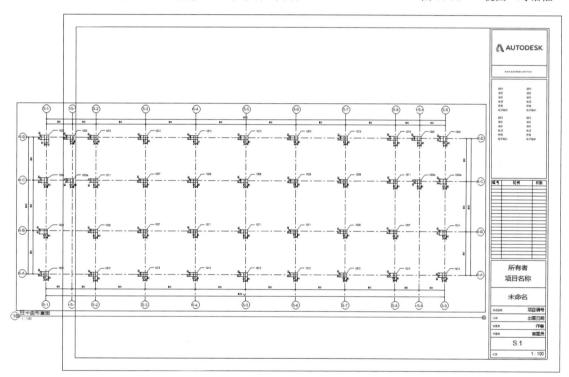

图 11-12 添加视图到图纸

（12）在"属性"选项板的视图比例栏中选择"自定义"，输入比例值 1：为 120，如图 11-13 所示，调整视图大小，结果如图 11-14 所示。

（13）选取图形中的视口标题，在"属性"选项板中选择"视口 没有线条的标题"类型，并将标题移动到图中适当位置，如图 11-15 所示。

图 11-13　设置视图比例　　　　　　　　　　图 11-14　调整视图大小

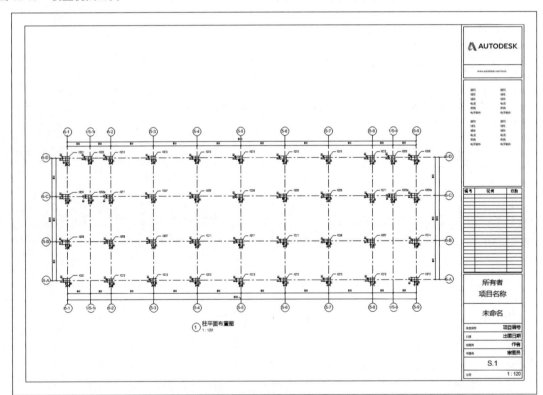

图 11-15　移动视图标题

（14）在项目浏览器中的"S.1-未命名"上单击鼠标右键，在弹出的快捷菜单中选择"重命名"选项，打开"图纸标题"对话框，输入名称为"柱平面布置图"，如图 11-16 所示，单击"确定"按钮，完成图纸的命名，结果如图 11-17 所示。

图 11-16　"图纸标题"对话框

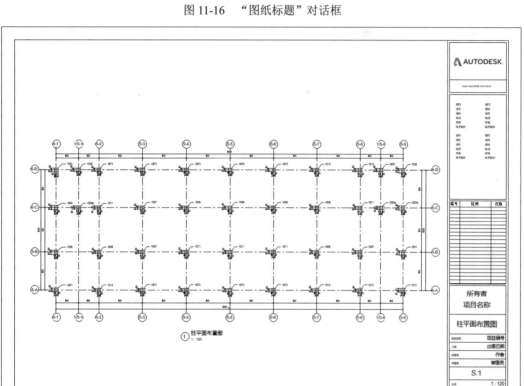

图 11-17　更改图纸名称

（15）单击"文件"下拉菜单中的"另存为"→"项目"命令，打开"另存为"对话框，指定文件保存位置并输入文件名，单击"保存"按钮。

读者可以根据上述柱平面布置图的创建方法创建其他楼层的柱平面布置图，这里就不再一一进行介绍了。

11.1.2　创建结构平面图

本节以 1 层结构平面图为例介绍结构平面图的绘制。

（1）打开 11.1.1 节绘制的项目文件，将视图切换到 1F 结构平面视图。

（2）在项目浏览器中选择"楼层平面"→"1 层"节点，单击鼠标右键，在弹出的快捷菜单中选择"复制视图"→"带细节复制"选项。

（3）生成 1F 副本 1 视图，单击鼠标右键，在弹出的快捷菜单中单击"重命名"命令，将其重命名为"一层结构平面图"，并切换至此视图。

视频讲解

Note

（4）单击"视图"选项卡"图形"面板中的"可见性/图形"按钮（快捷键：VG），打开"结构平面：一层结构平面图的可见性/图形替换"对话框，在"模型类别"选项卡中取消选中"结构钢筋""钢筋区域钢筋""结构钢筋网""结构钢筋网区域"复选框，在"注释类别"选项卡中取消选中"参照平面"和"立面"复选框，单击"确定"按钮。

（5）选取连廊部分的所有结构图元和轴线，单击"视图"面板"在视图中隐藏"下拉列表中的"隐藏图元"按钮（快捷键：EH），隐藏连廊部分；在控制栏中单击"隐藏分析模型"按钮，隐藏分析模型，整理后的图形如图 11-18 所示。

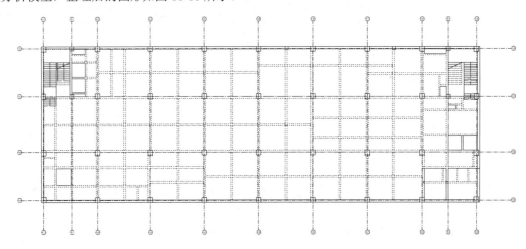

图 11-18　整理图形

（6）单击"注释"选项卡"标记"面板中的"梁注释"按钮，打开如图 11-19 所示的"梁注释"对话框。

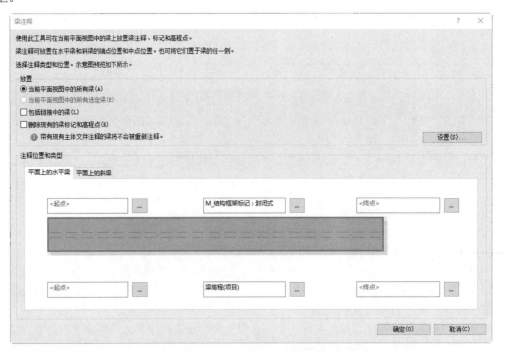

图 11-19　"梁注释"对话框

（7）单击"M_结构框架标记：封闭式"右侧的按钮 ，打开"选择注释类型"对话框，在结构框架标记类型下拉列表中选择"M_结构框架标记：标准"选项，如图 11-20 所示，单击"确定"按钮，返回"梁注释"对话框。

（8）单击"梁高程（项目）"右侧的按钮 ，打开"选择注释类型"对话框，在高程点类型下拉列表中选择"梁高程（相对）"选项，其他参数采用默认设置，如图 11-21 所示，单击"确定"按钮，返回"梁注释"对话框。

（9）单击"设置"按钮，打开"放置设置"对话框，设置水平端点偏移为 0 mm，选中"默认偏移"单选按钮，如图 11-22 所示。单击"确定"按钮，返回"梁注释"对话框，单击"确定"按钮，在平面图中添加梁注释，如图 11-23 所示。

图 11-20 选择结构框架标记类型

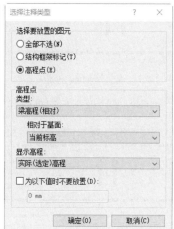

图 11-21 选择高程点类型

图 11-22 "选择注释类型"对话框

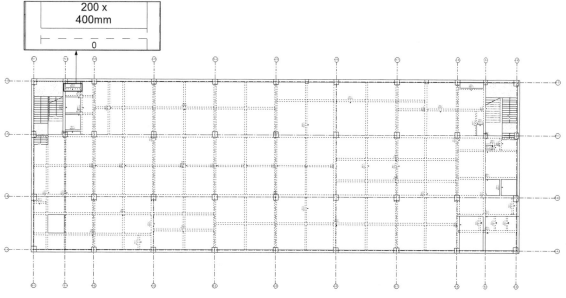

图 11-23 添加梁注释

（10）双击视图中的任意一个梁注释，进入 M_结构框架标记.rfa 族界面，如图 11-24 所示。

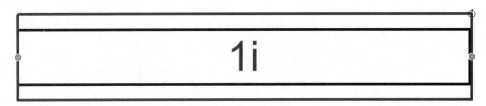

图 11-24　M_结构框架标记.rfa 族界面

（11）分别选取标记两侧的竖直线，拖动鼠标调整其位置，如图 11-25 所示。

图 11-25　调整竖直线位置

（12）选取标签，拖动标签的边框，调整标签边框与标记外侧线重合，如图 11-26 所示。

图 11-26　调整标签

（13）单击"族编辑器"面板中的"载入到项目并关闭"按钮，打开如图 11-27 所示的"保存文件"对话框，单击"是"按钮，打开如图 11-28 所示的"族已存在"对话框，选择"覆盖现有版本及其参数值"选项，更改梁注释，如图 11-29 所示。

图 11-27　"保存文件"对话框　　　　　图 11-28　"族已存在"对话框

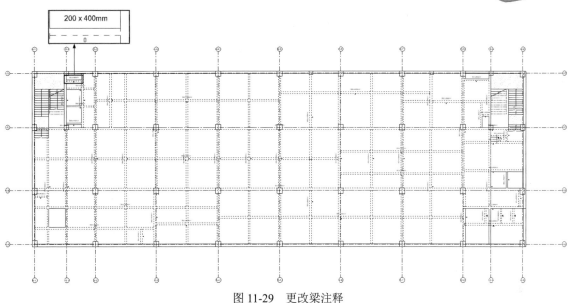

图 11-29　更改梁注释

（14）选取视图中高程为 0 的高程点，然后调整梁注释的位置，使其不与梁干涉，如图 11-30 所示。

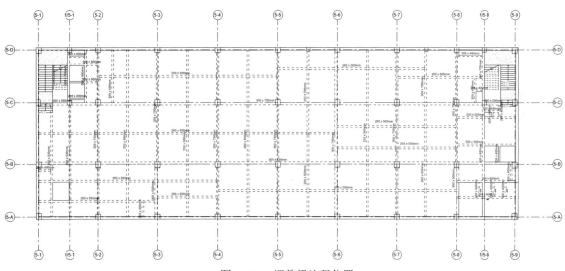

图 11-30　调整梁注释位置

（15）单击"注释"选项卡"详图"面板中的"详图线"按钮 ，（快捷键：DL），打开如图 11-31 所示的"修改|放置 详图线"选项卡，设置线样式为细线，在视图中洞口的位置绘制细线表示洞口，如图 11-32 所示。

图 11-31　"修改"选项卡

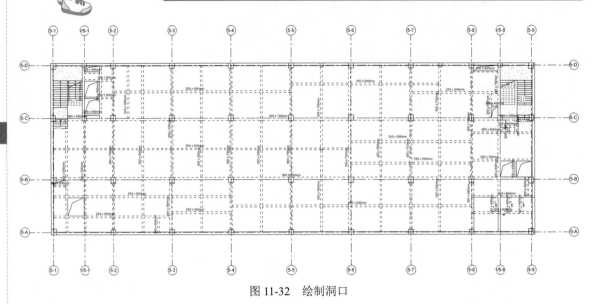

图 11-32　绘制洞口

（16）单击"注释"选项卡"尺寸标注"面板中的"对齐"按钮✎（快捷键：DI），在"属性"选项板中选择"对角线-5mm RomanD"类型，标注尺寸，如图 11-33 所示。

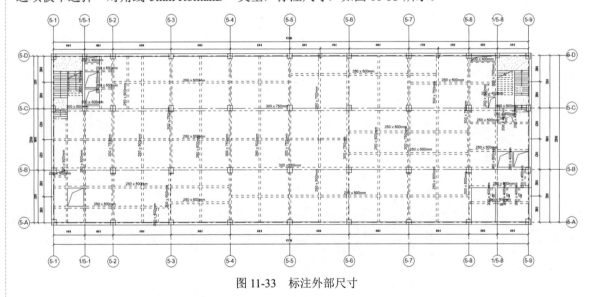

图 11-33　标注外部尺寸

（17）单击"视图"选项卡"图纸组合"面板中的"图纸"按钮🗋，打开"新建图纸"对话框，在列表中选择"A1 公制"图纸，单击"确定"按钮，新建"S.2-未命名"图纸。

（18）单击"视图"选项卡"图纸组合"面板中的"放置视图"按钮🗋，打开"视图"对话框，在列表中选择"结构平面：一层结构布置图"视图，然后单击"在图纸中添加视图"按钮，将视图添加到图纸中。在"属性"选项板的视图比例栏中选择自定义，输入比例值 1∶120，选择"无标题"类型，并将标题移动到图中适当位置，如图 11-34 所示。

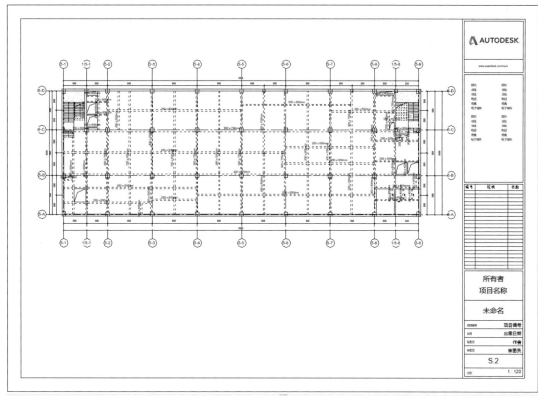

图 11-34　移动标题

（19）单击"注释"选项卡"文字"面板中的"文字"按钮**A**（快捷键：TX），打开"修改|放置文字"选项卡，单击"无引线"按钮和"左上引线"按钮，在"属性"选项板中选择"10mm 常规_仿宋"类型，在视图的下方输入文字"一层结构平面图"。

（20）单击"注释"选项卡"详图"面板中的"详图线"按钮（快捷键：DL），打开"修改|放置 详图线"选项卡，分别设置线样式为款线和细线，在文字下方绘制线条，如图 11-35 所示。

一层结构平面图

图 11-35　绘制线条

（21）单击"注释"选项卡"文字"面板中的"文字"按钮**A**（快捷键：TX），打开"修改|放置文字"选项卡，单击"无引线"按钮和"左上引线"按钮，在"属性"选项板中选择"5mm 常规_仿宋"类型，在视图的下方输入说明文字，如图 11-36 所示。

（22）在项目浏览器中的"S.2-未命名"上单击鼠标右键，在弹出的快捷菜单中选择"重命名"选项，打开"图纸标题"对话框，输入名称为"一层结构平面图"，单击"确定"按钮，完成图纸的命名，结果如图 11-37 所示。

（23）单击"文件"下拉菜单中的"另存为"→"项目"命令，打开"另存为"对话框，指定文件保存位置并输入文件名，单击"保存"按钮。

一层结构平面图 F=-0.050

说明:

1.图名中为结构标高；梁、板顶标高以此为基准标高；梁下方标高为梁顶标高与此基准标高高差；+为上翻，-为下沉。

2.除特别注明外，图中梁定位未标处，中线与轴线重合，或边线贴墙（柱）边。

3.梁相交处，除特别注明外，附加箍筋为次梁每侧3根，间距50，直径及肢数同相应主梁箍筋。悬臂梁端部如有集中力作用，

则应于悬臂梁端部附加箍筋3根，间距50，直径与肢数同悬臂梁，并将负弯矩钢筋下弯2根，弯筋做法见（03G101-1）,未注明之附加吊筋均为2φ16。

4.除特别注明外，梁侧构造腰筋设置见结构总说明。

5.未注明的地下室顶板板厚均为180，楼板配筋均为φ10@200双层双向。

6.隔墙下无梁支承时，板底附加钢筋如未特别注明则按结构总说明设置。

7.排水井、强电井、弱电井楼板预留，待设备管道铺设好用砼封堵。楼板开洞处，洞口尺寸除特别注明外详见建筑及设备平面图，洞口加筋除特别注明外详见总说明。

图 11-36 说明文字

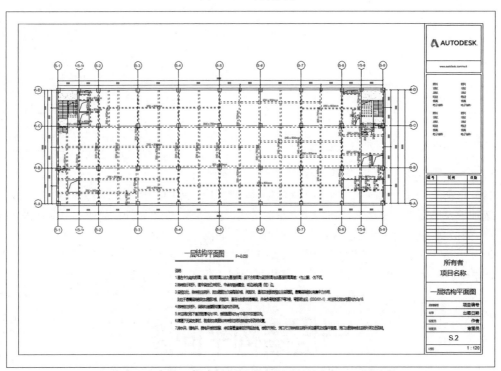

图 11-37 更改图纸名称

读者可以根据上述结构平面图的创建方法，创建其他楼层的结构平面图，这里就不再一一进行介绍了。

11.2 创建结构柱统计表

Revit 软件中包含了数量明细表、图形柱明细表、材质提取明细表、图纸明细表以及视图明细表的创建，本节主要介绍数量明细表的创建过程。

（1）打开 11.1.2 节绘制的项目文件。

（2）单击"视图"选项卡"创建"面板"明细表"下拉列表中的"明细表/数量"按钮，打开"新建明细表"对话框，如图 11-38 所示。

（3）在"类别"列表中选择"结构柱"对象类型，输入名称为"结构柱统计表"，选中"建筑构件明细表"单选按钮，其他参数采用默认设置，单击"确定"按钮，如图 11-39 所示。

图 11-38　"新建明细表"对话框

图 11-39　设置参数

（4）打开"明细表属性"对话框，在"选择可用的字段"下拉列表中选择"结构柱"，在"可用的字段"列表框中依次选择类型，单击"添加参数"按钮，将其添加到"明细表字段（按顺序排列）"列表中，依次选择结构材质、体积和合计字段，将其添加到"明细表字段（按顺序排列）"列表中，单击"上移"按钮和"下移"按钮可调整"明细表字段（按顺序排列）"列表中的排序，如图 11-40 所示。

图 11-40　"明细表属性"对话框

"明细表属性"对话框中的主要选项说明如下。

- ☑ "可用的字段"列表：显示"选择可用的字段"中设置的类别中所有可在明细表中显示的实例参数和类型参数。
- ☑ 添加参数 ⇲：将字段添加到"明细表字段"列表中。
- ☑ 移除参数 ⇱：从"明细表字段"列表中删除字段。移除合并参数时，合并参数会被删除。
- ☑ 上移 ⬆ 和下移 ⬇：将"明细表字段"列表中的字段上移或下移。
- ☑ 新建参数 ☐：添加自定义字段。单击此按钮，打开"参数属性"对话框，选择添加项目参数或者共享参数。
- ☑ 添加计算参数 *fx*：单击此按钮，打开如图 11-41 所示的"计算值"对话框。

图 11-41　"计算值"对话框

- ● 在对话框中输入字段的名称，设置其类型为公式，然后输入明细表中现有字段的公式。例如，要根据房间面积计算占用负荷，可以添加一个根据"面积"字段计算而来的称为"占用负荷"的自定义字段。公式支持和族编辑器中一样的数学功能。
- ● 在对话框中输入字段的名称，将其类型设置为百分比，然后输入要取其百分比的字段的名称。例如，按楼层对房间明细表进行成组，则可以显示该房间占楼层总面积的百分比。默认情况下，百分比是根据整个明细表的总数计算出来的。如果在"排序/成组"选项卡中设置成组字段，则可以选择此处的一个字段。

- ☑ 合并参数 ☐：合并单个字段中的参数。打开如图 11-42 所示的"合并参数"对话框，选择要合并的参数以及可选的前缀、后缀和分隔符。

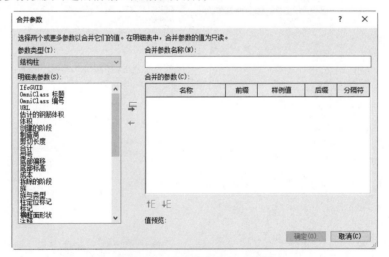

图 11-42　"合并参数"对话框

（5）在"外观"选项卡的图形栏中选中"网格线"和"轮廓"复选框，设置网格线为细线，轮廓为中粗线；取消选中"页眉/页脚/分隔符中的网格""数据前的空行""在图纸上显示斑马纹"复选框；在文字栏中选中"显示标题"和"显示页眉"复选框，分别设置标题文本、标题和正文为"5mm 常规_仿宋"，如图 11-43 所示。

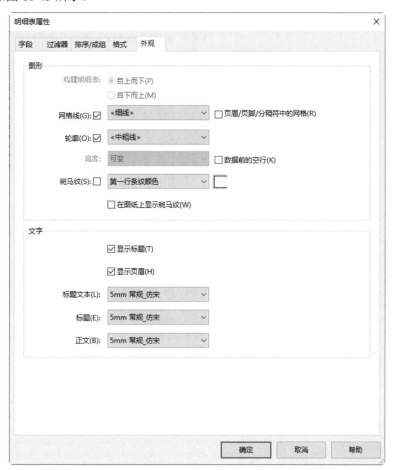

图 11-43 "外观"选项卡

"外观"选项卡中的主要选项说明如下。

☑ 网格线：选中此复选框，在明细表行周围显示网格线，可从列表中选择网格线样式。

☑ 页眉/页脚/分隔符中的网格：选中此复选框，将垂直网格线延伸至页眉、页脚和分隔符。

☑ 轮廓：选中此复选框，在明细表周围显示边界。

☑ 数据前的空行：选中此复选框，在数据行前插入空行。会影响图纸上的明细表和明细表视图。

☑ 斑马纹：选中此复选框，在明细表显示条纹。单击□按钮，打开"颜色"对话框，可设置条纹颜色。

☑ 显示标题：选中此复选框，显示明细表的标题。

☑ 显示页眉：选中此复选框，显示明细表的页眉。

☑ 标题文本/标题/正文：在其下拉列表中选择文字类型。

（6）在对话框中单击"确定"按钮，完成明细表属性设置。系统自动生成"结构柱统计表"，如图 11-44 所示。

Note

<table>
<tr><td colspan="4" align="center"><结构柱统计表></td></tr>
<tr><td align="center">A</td><td align="center">B</td><td align="center">C</td><td align="center">D</td></tr>
<tr><td align="center">类型</td><td align="center">结构材质</td><td align="center">体积</td><td align="center">合计</td></tr>
<tr><td>850 x 800mm</td><td>混凝土，现场浇注 - C40</td><td>0.97 m³</td><td>1</td></tr>
<tr><td>850 x 800mm</td><td>混凝土，现场浇注 - C40</td><td>1.73 m³</td><td>1</td></tr>
<tr><td>850 x 800mm</td><td>混凝土，现场浇注 - C40</td><td>0.99 m³</td><td>1</td></tr>
<tr><td>700 x 800mm</td><td>混凝土，现场浇注 - C40</td><td>5.59 m³</td><td>1</td></tr>
<tr><td>700 x 800mm</td><td>混凝土，现场浇注 - C40</td><td>6.13 m³</td><td>1</td></tr>
<tr><td>700 x 800mm</td><td>混凝土，现场浇注 - C40</td><td>5.73 m³</td><td>1</td></tr>
<tr><td>700 x 800mm</td><td>混凝土，现场浇注 - C40</td><td>2.42 m³</td><td>1</td></tr>
<tr><td>700 x 800mm</td><td>混凝土，现场浇注 - C40</td><td>2.42 m³</td><td>1</td></tr>
<tr><td>700 x 800mm</td><td>混凝土，现场浇注 - C40</td><td>2.42 m³</td><td>1</td></tr>
<tr><td>700 x 800mm</td><td>混凝土，现场浇注 - C40</td><td>2.42 m³</td><td>1</td></tr>
<tr><td>700 x 800mm</td><td>混凝土，现场浇注 - C40</td><td>2.42 m³</td><td>1</td></tr>
<tr><td>700 x 700mm</td><td>混凝土，现场浇注 - C40</td><td>5.37 m³</td><td>1</td></tr>
<tr><td>700 x 700mm</td><td>混凝土，现场浇注 - C40</td><td>6.43 m³</td><td>1</td></tr>
<tr><td>700 x 700mm</td><td>混凝土，现场浇注 - C40</td><td>4.30 m³</td><td>1</td></tr>
<tr><td>700 x 700mm</td><td>混凝土，现场浇注 - C40</td><td>5.35 m³</td><td>1</td></tr>
<tr><td>700 x 700mm</td><td>混凝土，现场浇注 - C40</td><td>5.35 m³</td><td>1</td></tr>
<tr><td>700 x 700mm</td><td>混凝土，现场浇注 - C40</td><td>6.13 m³</td><td>1</td></tr>
<tr><td>700 x 700mm</td><td>混凝土，现场浇注 - C40</td><td>6.13 m³</td><td>1</td></tr>
<tr><td>700 x 700mm</td><td>混凝土，现场浇注 - C40</td><td>5.38 m³</td><td>1</td></tr>
<tr><td>700 x 700mm</td><td>混凝土，现场浇注 - C40</td><td>5.35 m³</td><td>1</td></tr>
<tr><td>700 x 700mm</td><td>混凝土，现场浇注 - C40</td><td>6.41 m³</td><td>1</td></tr>
<tr><td>700 x 700mm</td><td>混凝土，现场浇注 - C40</td><td>6.41 m³</td><td>1</td></tr>
<tr><td>700 x 700mm</td><td>混凝土，现场浇注 - C40</td><td>5.37 m³</td><td>1</td></tr>
<tr><td>700 x 700mm</td><td>混凝土，现场浇注 - C40</td><td>5.35 m³</td><td>1</td></tr>
<tr><td>700 x 700mm</td><td>混凝土，现场浇注 - C40</td><td>6.41 m³</td><td>1</td></tr>
<tr><td>700 x 700mm</td><td>混凝土，现场浇注 - C40</td><td>5.35 m³</td><td>1</td></tr>
<tr><td>700 x 700mm</td><td>混凝土，现场浇注 - C40</td><td>5.41 m³</td><td>1</td></tr>
<tr><td>700 x 700mm</td><td>混凝土，现场浇注 - C40</td><td>6.41 m³</td><td>1</td></tr>
<tr><td>700 x 700mm</td><td>混凝土，现场浇注 - C40</td><td>6.41 m³</td><td>1</td></tr>
<tr><td>700 x 700mm</td><td>混凝土，现场浇注 - C40</td><td>5.35 m³</td><td>1</td></tr>
<tr><td>700 x 700mm</td><td>混凝土，现场浇注 - C40</td><td>5.41 m³</td><td>1</td></tr>
<tr><td>700 x 700mm</td><td>混凝土，现场浇注 - C40</td><td>4.29 m³</td><td>1</td></tr>
<tr><td>700 x 700mm</td><td>混凝土，现场浇注 - C40</td><td>4.29 m³</td><td>1</td></tr>
<tr><td>700 x 700mm</td><td>混凝土，现场浇注 - C40</td><td>5.35 m³</td><td>1</td></tr>
<tr><td>700 x 700mm</td><td>混凝土，现场浇注 - C40</td><td>5.35 m³</td><td>1</td></tr>
<tr><td>700 x 700mm</td><td>混凝土，现场浇注 - C40</td><td>6.41 m³</td><td>1</td></tr>
<tr><td>700 x 700mm</td><td>混凝土，现场浇注 - C40</td><td>6.13 m³</td><td>1</td></tr>
<tr><td>700 x 700mm</td><td>混凝土，现场浇注 - C40</td><td>5.35 m³</td><td>1</td></tr>
<tr><td>750 x 800mm</td><td>混凝土，现场浇注 - C40</td><td>1.40 m³</td><td>1</td></tr>
<tr><td>700 x 700mm</td><td>混凝土，现场浇注 - C40</td><td>4.91 m³</td><td>1</td></tr>
<tr><td>700 x 700mm</td><td>混凝土，现场浇注 - C40</td><td>4.96 m³</td><td>1</td></tr>
<tr><td>700 x 700mm</td><td>混凝土，现场浇注 - C40</td><td>13.00 m³</td><td>1</td></tr>
<tr><td>700 x 700mm</td><td>混凝土，现场浇注 - C40</td><td>13.34 m³</td><td>1</td></tr>
<tr><td>700 x 700mm</td><td>混凝土，现场浇注 - C40</td><td>12.99 m³</td><td>1</td></tr>
</table>

项目浏览器 - 服务中心 ✕
　　　标高 2 - 分析
　　三维视图
　　　　{3D}
　　　　分析模型
　　　立面 (建筑立面)
　　　　东
　　　　北
　　　　南
　　　　西
　　图例
　　明细表/数量 (全部)
　　　结构柱统计表
　　图纸 (全部)
　　　S.1 - 柱平面布置图
　　　S.2 - 一层结构平面图
　　　　结构平面: 一层结构平面

图 11-44　生成明细表

（7）在"属性"选项板中单击"排序/成组"栏中的"编辑"按钮，打开"明细表属性"对话框的"排序/成组"选项卡，设置排序方式为"类型""升序"，取消选中"逐项列举每个实例"复选框，如图 11-45 所示。单击"确定"按钮，明细表如图 11-46 所示。

"排序/成组"选项卡中的主要选项说明如下。

☑　排序方式：选择"升序"或"降序"。

☑　页眉：选中此复选框，将排序参数值作为排序组的页眉。

☑　页脚：选中此复选框，在排序组下方添加页脚信息。

☑　空行：选中此复选框，在排序组间插入一个空行。

☑　逐项列举每个实例：选中此复选框，在单独的行中显示图元的所有实例。取消选中此复选框，则多个实例会根据排序参数压缩到同一行中。

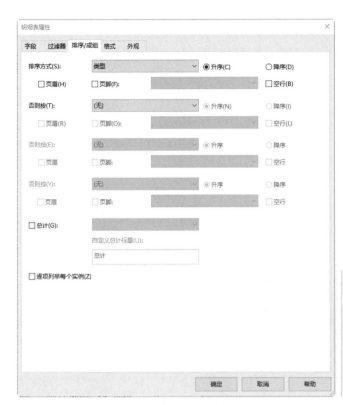

图 11-45　"排序/成组"选项卡

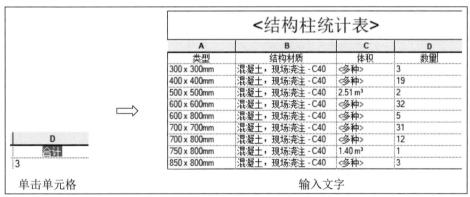

图 11-46　编辑后的明细表

（8）单击"合计"单元格，进入编辑状态，输入新的文字，修改其他表头名称，如图 11-47 所示。

图 11-47　修改表头名称

（9）在"属性"选项板的格式栏中单击"编辑"按钮 ，打开"明细表属性"对话框的"格式"选项卡，在"字段"列表框中选择"合计"（注意该字段已修改为"数量"），设置对齐为"中心线"。在"字段"列表框中选择"体积"，设置对齐为"中心线"，计算方式为"计算总数"，如图 11-48 所示。采用相同的方法，设置其他字段的对齐为"中心线"，单击"确定"按钮，结果如图 11-49 所示。

Note

图 11-48 "格式"选项卡

<结构柱统计表>			
A	B	C	D
类型	结构材质	体积	数量
300 x 300mm	混凝土，现场浇注 - C40	1.01 m³	3
400 x 400mm	混凝土，现场浇注 - C40	20.90 m³	19
500 x 500mm	混凝土，现场浇注 - C40	5.03 m³	2
600 x 600mm	混凝土，现场浇注 - C40	304.77 m³	32
600 x 800mm	混凝土，现场浇注 - C40	73.21 m³	5
700 x 700mm	混凝土，现场浇注 - C40	197.00 m³	31
700 x 800mm	混凝土，现场浇注 - C40	46.86 m³	12
750 x 800mm	混凝土，现场浇注 - C40	1.40 m³	1
850 x 800mm	混凝土，现场浇注 - C40	3.69 m³	3

图 11-49 居中显示

（10）单击"文件"下拉菜单中的"另存为"→"项目"命令，打开"另存为"对话框，指定文件保存位置并输入文件名，单击"保存"按钮。

11.3 打印出图

视频讲解

（1）打开 11.2 节绘制的项目文件，将视图切换到 S.2-一层结构平面图图纸视图。

（2）单击"文件"→"打印"→"打印设置"命令，打开"打印设置"对话框，设置纸张尺寸为 A1，页面位置为"中心"，缩放为"匹配页面"，方向为"横向"，其他参数采用默认设置，如图 11-50 所示。

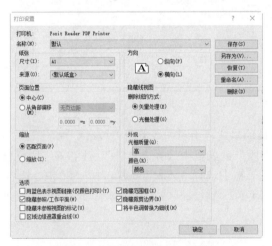

图 11-50 "打印设置"对话框

"打印设置"对话框中的选项说明如下。

☑ 打印机：选择要使用的打印机或打印驱动。

☑ 名称：要用作起点的预定义打印设置。

☑ 纸张：从下拉列表中选择纸张尺寸和来源。

☑ 方向：选择"纵向"或"横向"进行页面垂直或水平定向。

☑ 页面位置：指定视图在图纸上的打印位置。

☑ 隐藏线视图：选择一个选项，以提高在立面、剖面和三维视图中隐藏视图的打印性能。

☑ 缩放：指定是将图纸与页面的大小匹配，还是缩放到原始大小的某个百分比。

☑ 光栅质量：控制传送到打印设置的光栅数据的分辨率。质量越高，打印时间越长。

☑ 颜色：包括黑白线条、灰度和颜色 3 个选项。

- 黑白线条：所有文字、非白色线、填充图案线和边缘以黑色打印。所有的光栅图像和实体填充图案以灰度打印。
- 灰度：所有颜色、文字、图像和线以灰度打印。
- 颜色：如果打印支持彩色，则会保留并打印项目中的所有颜色。

☑ 用蓝色表示视图链接：默认情况下用黑色打印视图链接，但是也可以选择用蓝色打印。

☑ 隐藏参照/工作平面：选中此复选框，不打印参照平面和工作平面。

☑ 隐藏未参照视图的标记：如果不希望打印不在图纸中的剖面、立面和详图索引视图的视图标记，选中此复选框。

☑ 区域边缘遮罩重合线：选中此复选框，遮罩区域和填充区域的边缘覆盖和它们重合的线。

☑ 隐藏范围框：选中此复选框，不打印范围框。

☑ 隐藏裁剪边界：选中此复选框，不打印裁剪边界。

☑ 将半色调替换为细线：如果视图以半色调显示某些图元，则选中此复选框将半色调图形替换为细线。

（3）单击"文件"→"打印"→"打印"命令，打开"打印"对话框，设置打印属性打印文件，如图 11-51 所示。在对话框中的"名称"下拉列表中选择第（2）步设置的打印机，打印范围为"当前窗口"。

图 11-51　"打印"对话框

（4）在"打印"对话框中单击"预览"按钮，或单击"文件"→"打印"→"打印预览"命令。

（5）预览视图打印效果，如图 11-52 所示。若确认没有问题，可以直接单击"打印"按钮，进行打印。

注意： 如果同时打印多个图纸或视图，则不能使用打印预览。

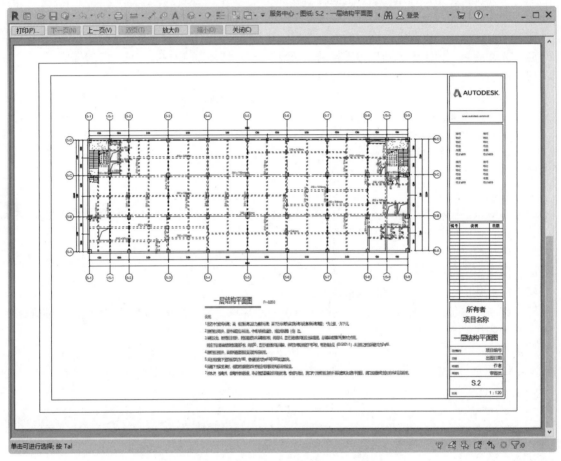

图 11-52　打印预览